“十四五”职业教育国家规划教材
住房和城乡建设部“十四五”规划教材
全国住房和城乡建设职业教育教学指导委员会规划推荐教材

地基与基础

（第五版）

杨太生 陈 鹏 主编
胡兴福 梁建明 主审

中国建筑工业出版社

图书在版编目（CIP）数据

地基与基础 / 杨太生，陈鹏主编. — 5 版. — 北京：中国建筑工业出版社，2024.5

“十四五”职业教育国家规划教材　住房和城乡建设部“十四五”规划教材　全国住房和城乡建设职业教育教学指导委员会规划推荐教材

ISBN 978-7-112-29738-2

Ⅰ. ①地… Ⅱ. ①杨… ②陈… Ⅲ. ①地基—高等职业教育—教材②基础（工程）—高等职业教育—教材 Ⅳ. ①TU47

中国国家版本馆 CIP 数据核字（2024）第 072551 号

《地基与基础》（第五版）根据最新的专业技术规范标准和近年来高职教育教学深化发展对本课程的基本要求，在第四版的基础上经广泛征求意见修订而成。全书共分 10 个教学单元，内容包括：工程地质常识、土的物理性质及工程分类、地基中的应力、土的压缩性与地基沉降、土的抗剪强度与地基承载力、土方边坡与基坑支护、建筑场地的工程地质勘察、浅基础、桩基础、地基处理。

为便于本课程学习，书中还配有全书及各教学单元的导学视频、部分拓展知识教学小视频，以及较全面的例题、思考与练习题。内容简明，突出应用，思路清晰，易学易懂。可作为各类院校高等职业教育土建类专业的教学用书，也可供相关专业工程技术人员参考使用。

为更好地支持本课程的教学，我们向使用本书的教师免费提供教学课件，有需要者请与出版社联系，索要方式为：1. 邮箱 jckj@cabp.com.cn；2. 电话（010）58337285；3. 建工书院 http://edu.cabplink.com。

责任编辑：刘平平　李　阳

责任校对：赵　力

“十四五”职业教育国家规划教材

住房和城乡建设部“十四五”规划教材

全国住房和城乡建设职业教育教学指导委员会规划推荐教材

地基与基础（第五版）

杨太生　陈　鹏　主　编

胡兴福　梁建明　主　审

*

中国建筑工业出版社出版、发行（北京海淀三里河路 9 号）

各地新华书店、建筑书店经销

北京红光制版公司制版

北京同文印刷有限责任公司印刷

*

开本：787 毫米×1092 毫米　1/16　印张：16¾　字数：383 千字

2024 年 6 月第五版　2024 年 6 月第一次印刷

定价：**49.00** 元（赠教师课件）

ISBN 978-7-112-29738-2

（42805）

版权所有　翻印必究

如有内容及印装质量问题，请联系本社读者服务中心退换

电话：（010）58337283　QQ：2885381756

（地址：北京海淀三里河路 9 号中国建筑工业出版社 604 室　邮政编码：100037）

出版说明

党和国家高度重视教材建设。2016 年，中办国办印发了《关于加强和改进新形势下大中小学教材建设的意见》，提出要健全国家教材制度。2019 年 12 月，教育部牵头制定了《普通高等学校教材管理办法》和《职业院校教材管理办法》，旨在全面加强党的领导，切实提高教材建设的科学化水平，打造精品教材。住房和城乡建设部历来重视土建类学科专业教材建设，从“九五”开始组织部级规划教材立项工作，经过近 30 年的不断建设，规划教材提升了住房和城乡建设行业教材质量和认可度，出版了一系列精品教材，有效促进了行业部门引导专业教育，推动了行业高质量发展。

为进一步加强高等教育、职业教育住房和城乡建设领域学科专业教材建设工作，提高住房和城乡建设行业人才培养质量，2020 年 12 月，住房和城乡建设部办公厅印发《关于申报高等教育职业教育住房和城乡建设领域学科专业“十四五”规划教材的通知》（建办人函〔2020〕656 号），开展了住房和城乡建设部“十四五”规划教材选题的申报工作。经过专家评审和部人事司审核，512 项选题列入住房和城乡建设领域学科专业“十四五”规划教材（简称规划教材）。2021 年 9 月，住房和城乡建设部印发了《高等教育职业教育住房和城乡建设领域学科专业“十四五”规划教材选题的通知》（建人函〔2021〕36 号）。为做好“十四五”规划教材的编写、审核、出版等工作，《通知》要求：(1) 规划教材的编著者应依据《住房和城乡建设领域学科专业“十四五”规划教材申请书》（简称《申请书》）中的立项目标、申报依据、工作安排及进度，按时编写出高质量的教材；(2) 规划教材编著者所在单位应履行《申请书》中的学校保证计划实施的主要条件，支持编著者按计划完成书稿编写工作；(3) 高等学校土建类专业课程教材与教学资源专家委员会、全国住房和城乡建设职业教育教学指导委员会、住房和城乡建设部中等职业教育专业指导委员会应做好规划教材的指导、协调和审稿等工作，保证编写质量；(4) 规划教材出版单位应积极配合，做好编辑、出版、发行等工作；(5) 规划教材封面和书脊应标注“住房和城乡建设部‘十四五’规划教材”字样和统一标识；(6) 规划教材应在“十四五”期间完成出版，逾期不能完成的，不再作为《住房和城乡建设领域学科专业“十四五”规划教材》。

住房和城乡建设领域学科专业“十四五”规划教材的特点，一是重点以修订教育部、住房和城乡建设部“十二五”“十三五”规划教材为主；二是严格按照专业标准规范要求编写，体现新发展理念；三是系列教材具有明显特点，满足不同层次和类型的学校专业教学要求；四是配备了数字资源，适应现代化教学的要求。规划教材的出版凝聚了作者、主审及编辑的心血，得到了有关院校、出版单位的大力支持，教材建设管理过程有严格保障。希望广大院校及各专业师生在选用、使用过程中，对规划教材的编写、出版质量进行反馈，以促进规划教材建设质量不断提高。

住房和城乡建设部“十四五”规划教材办公室

2021 年 11 月

修订版前言

本教材是住房和城乡建设职业教育教学指导委员会土建施工类专业教学指导委员会精心打造的系列教材之一，自 2004 年出版以来，主动适应高职教育教学不断深化发展对建筑工程技术专业人才培养的新要求，先后进行了四次系统修订，较好地体现了“及时修订、不断完善、动态发展、常用常新、强调服务、保持先进”的教材建设思路。本次修订主要进行了以下方面的工作：增加了全书及各教学单元的导学视频和部分拓展知识教学小视频；补充完善了多媒体教学课件；针对新规范标准内容和“四新”涌现等方面的变化，对内容陈旧、没有涵盖或不够深入的内容进行了补充、更正或剔除。力求做到教材内容与工程实际紧密结合，注重基础理论知识在工程实际中的应用，简明扼要，精益求精，更好地为我国职业教育改革发展、高素质技术技能人才培养服务。

全书共 10 个教学单元，绪论和教学单元 1、2、6、10 由山西工程科技职业大学杨太生修订，教学单元 3 由北京农业职业学院杨欣修订，教学单元 4、5 由大连海洋大学应用技术学院苏德利修订，教学单元 7、9 由泰州职业技术学院陈鹏修订，教学单元 8 由黑龙江建筑职业技术学院王秀兰修订，导学视频由陈鹏制作。由杨太生担任第一主编，陈鹏担任第二主编，王秀兰担任副主编，由四川建筑职业技术学院胡兴福教授和山西省建筑工程质量监督管理总站梁建明教授级高工担任主审。在修订过程中，得到许多院校领导、教师、读者的鼎力支持，参阅了一些公开出版和发表的文献，在此一并致谢。

限于编者水平和局限性，恳请广大读者对书中疏漏与错误、改进与充实等方面提出宝贵意见，使本教材日臻完善。

前 言

本书是根据高等学校土建学科教学指导委员会高等职业教育专业委员会制定的建筑工程技术专业教育标准、培养方案及主干课程教学基本要求，并按照国家颁布的《建筑地基基础设计规范》GB 5007—2002 等有关设计新规范、新标准编写的。

编写过程中，编者结合长期教学实践的经验，以培养技术应用能力为主线，对基本理论的讲授以应用为目的，教学内容取材以必须够用为原则，注意针对性和实用性，强调基本概念、基本原理和基本方法，并尽力做到理论与工程实际相联系，力求反映高等职业教育的特点。

本书由杨太生任主编，王秀兰任副主编。参加本书编写工作的有杨太生（绪论、第 1 章、第 2 章）、苏德利（第 3 章、第 4 章）、袁萍（第 5 章、土工试验指导书）、陈鹏（第 6 章、第 8 章）、王秀兰（第 7 章）、陈松才（第 9 章、第 10 章及实践教学内容与要求）。

本书由四川建筑职业技术学院胡兴福副教授担任主审，并提出了许多宝贵意见，编者非常感谢主审胡兴福严谨、认真的审稿工作。在本书的编写过程中得到了山西建筑职业技术学院、黑龙江建筑职业技术学院、四川建筑职业技术学院、大连水产学院职业技术学院、湖北城建职业技术学院、泰州职业技术学院等单位的大力支持，并参考了一些公开出版和发表的文献，在此一并致谢。

限于编者的理论水平和实践经验，加之编写时间仓促，书中不妥之处在所难免，恳请广大读者和同行专家批评指正。

目 录

绪 论

全书导学视频

1. 土力学、地基与基础的概念

土是地壳岩石经过物理、化学、生物等风化作用的产物，是各种矿物颗粒组成的松散集合体，是由固体颗粒、水和空气组成的三相体系。土从大类上可以分成颗粒间互不连接、完全松散的无黏性土和颗粒间虽有连接，但连接强度远小于颗粒本身强度的黏性土。土的最主要特点是它的松散性和三相组成，这是它在强度、变形等力学性质上与其他连续固体介质根本不同的内在原因。

土力学是运用力学基本原理和土工测试技术，研究土的生成、组成、密度和软硬状态等物理性质以及土的应力、变形、强度和稳定性等静力、动力性状及其规律的一门学科。由于土与其他连续固体介质的根本不同，仅靠具备系统理论和严密公式的力学知识，尚不能描述土体在受力后所表现的性状及由此引起的工程问题，而必须借助经验、现场实验、室内试验辅以理论计算，因此也可以说土力学是一门依赖于实践的学科。

土层受到建筑物的荷载作用后，其原有的应力状态就会发生变化，使土层产生附加应力和变形，并随着深度增加向四周土中扩散并逐渐减弱。我们把土层中附加应力和变形所不能忽略的那部分土层称为地基，把埋入土层一定深度的建筑物向地基传递荷载的下部承重结构称为基础。由于土的压缩性比建筑材料大得多，我们通常把建筑物与土层接触部分的断面尺寸适当扩大，以减小接触部分的压强。

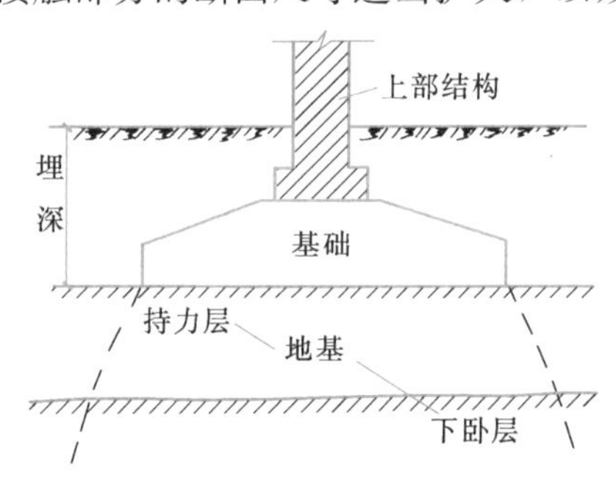

图 0-1　上部结构、地基与基础示意

地基具有一定深度与范围，当地基由两层及两层以上土层组成时，将直接与基础接触的土层称为持力层，持力层以下的土层称为下卧层，对承载力低于持力层的下卧层称为软弱下卧层。上部结构、地基与基础的相互关系如图 0-1 所示。

良好的地基一般应具有较高的承载力与较低的压缩性，以满足地基基础设计的两个基本条件(强度条件与变形条件)。软弱地基的工程性质较差，需经过人工地基处理才能达到设计要求。我们把不需处理而直接利用天然土层的地基称为天然地基；把经过人工加工处理才能作为地基的称为人工地基。人工地基施工周期长、造价高，因此建筑物一般宜建造在良好的天然地基上。

基础根据不同的分类方法可以有多种形式(在后续教学单元中将详细介绍)，但不论是何种基础形式，其结构本身均应具有足够的承载力和刚度，在地基反力作用下不发生破坏，并应具有改善沉降与不均匀沉降的能力。

2. 地基基础在建筑工程中的重要性

由房屋荷载传递路径可知，上部结构荷载将通过墙、柱传给基础，再由基础传给地基。由此可见，没有一个坚固而耐久的地基基础，上部结构即使建造的再结实，也是要出问题的。基础是建筑物十分重要的组成部分，应具有足够的强度、刚度和耐久性以保证建筑物的安全和使用年限。地基虽不是建筑物的组成部分，但它的好坏却直接影响整个建筑物的安危。实践证明，建筑物的事故很多是与地基基础有关的，轻则上部结构开裂、倾斜，重则建筑物倒塌，危及生命与财产安全。例如：著名的意大利比萨斜塔，由于地基不均匀沉降，使南北两侧沉降差达 1.8m（图 0-2）；加拿大特朗斯康谷仓，由于地基强度破坏发生整体滑动使谷仓倾倒（图 0-3）；我国重点文物保护单位苏州虎丘塔，由于地基不均匀沉降，塔身向东北方向严重倾斜，塔顶偏离中心线 2.3m（图 0-4）；唐山某学院书库，1976 年地震时地基液化失效，使一层楼全部沉入地面以下，室外地面与二层楼地面相近。除地基不均匀沉降、地基液化引起的工程事故外，还有基坑工程质量缺陷、基础工程质量缺陷等方面原因造成的工程事故。总之地基基础事故的例子在建筑工程史上为数不少，应引以为鉴，在设计和施工中高度重视。

图 0-2　比萨斜塔

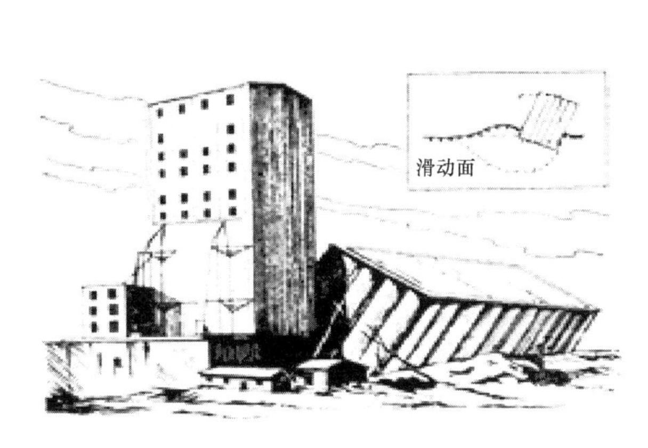

图 0-3　特朗斯康谷仓

图 0-4　虎丘塔

地基基础设计要充分掌握地基土的工程性质，从实际出发作多种方案比较，更不能盲目套用，以免发生工程事故。并且地基基础位于地面以下，系隐蔽工程，一旦发生质量事故，补救和处理往往比上部结构困难得多，有时甚至是不可能的。地基基础工程的造价和工期占建筑总造价和总工期的比例与多种因素有关，一般约占 20%～25%，对高层建筑或需地基处理时，则所需费用更高，工期更长，因此搞好地基基础设计具有很重要的意义。

3. 课程的主要内容与基本要求

“地基与基础”是土建类专业的一门重要课程，包括土力学和地基基础两部分，其任务是保证各类建筑物安全可靠，使用正常，不发生上述各种地基基础工程质量事故。为此需要学习和掌握土力学的基本理论与地基基础设计原理，运用这些原理和概念并结合建筑物设计方法和施工知识，分析和解决地基基础的工程问题。

本课程是一门理论性和实践性均较强的课程。由于地基土形成的自然条件不同，因而它们的性质是千差万别的，不同地区的土有不同的特性，即使是同一地区的土，其特性也存在较大差异。所以，在设计地基基础前，必须通过各种测试和试验，获得地基土的各种计算资料，从某种意义上讲，一个优秀的地基基础设计更依赖于完整的地质、地基土资料和符合实际情况的周密分析。读者在学习本课程时要特别注意理论联系实际，注意理论的适用条件和应用范围，不可不问具体情况，盲目照搬硬套，要学会从实际出发分析问题和解决问题。

本课程是一门综合性很强的课程，它涉及工程地质、土力学、建筑力学、建筑结构、建筑材料、建筑施工技术等学科领域。因此在学习本课程时，既要注意与其他学科的联系，又要注意紧紧抓住土的应力、强度和变形这一核心问题。学会阅读和使用工程地质勘察资料，掌握土的现场原位测试和室内土工试验。并应用这些基本知识和原理，结合建筑结构和施工技术等知识，解决地基基础工程问题。

本教材共分 10 个教学单元，主要介绍土力学基本理论和地基基础的一般设计原则、计算方法及构造要求。

教学单元 1“工程地质常识”，主要介绍不良地质、第四纪沉积物、地下水对地基基础工程的影响、地震区的地基基础。该单元作为认知内容，应侧重有关概念的理解，可结合本地区实际情况组织教学。

教学单元 2“土的物理性质及工程分类”，主要介绍土的组成、土的物理性质与物理状态、土的压实性与渗透性、地基岩土的工程分类与鉴别。应结合土工试验和参观基坑开挖现场等实践环节组织教学，熟悉土的工程分类、主要指标测定；掌握三相比例关系对土体性质的影响，土的物理性质、物理状态指标在工程中的应用等知识与技能。

教学单元 3“地基中的应力”，主要介绍土体自重应力、基底压力、竖向荷载作用下地基附加应力的基本概念和计算方法。通过本单元的学习，应熟练掌握各类应力（压力）的基本概念、简化计算方法及分布规律。

教学单元 4“土的压缩性与地基沉降”，主要介绍土的压缩性、地基最终沉降量、建筑物的沉降观测与地基允许变形值。应结合土体压缩试验和参观现场载荷试验、沉降观测等实践环节组织教学，熟悉土体压缩试验、固结概念、常用的地基沉降量计算方法；掌握建筑物的沉降观测、压缩指标及工程应用等内容。

教学单元 5“土的抗剪强度与地基承载力”，主要介绍土的抗剪强度与试验方法、地基破坏形式与地基承载力。应结合相关的试验组织教学，熟悉土体强度理论及其表述方式、地基变形阶段与破坏形式、相关试验方法与适用条件；掌握抗剪强度指标的确定方法及工程应用、地基承载力概念及特征值修正等内容。

教学单元6“土方边坡与基坑支护”，主要介绍土压力概念与计算、挡土墙的类型、重力式挡土墙的计算与构造、土方边坡与稳定、基坑支护。土压力计算与挡土墙设计可结合本校实际有选择的组织教学，理解基本概念并熟悉常用的计算方法；土方边坡与基坑支护是一个技术要求高、施工难度大且复杂的系统工程，特别是大型基坑工程更是如此，今后还需专门的学习与研究。教学中应结合现场参观组织教学，熟悉一般工程的特点与适用条件，具备正确实施施工方案与现场监测的能力。

教学单元7“建筑场地的工程地质勘察”，主要介绍基本概念、工程地质勘察报告的编制与阅读使用、基槽检验与地基的局部处理。应结合工程地质勘察报告的阅读和施工验槽等实践环节组织教学，达到能够正确分析与使用工程地质勘察报告和掌握地基钎探、施工验槽方法的目的。

教学单元8“浅基础”，主要介绍浅基础类型、埋置深度、基础底面尺寸、无筋扩展基础、扩展基础、塔式起重机基础、基础施工图的表达与识读、钢筋混凝土梁板基础简介、减少不均匀沉降的措施。应熟悉浅基础类型、构造与受力特点，掌握一般浅基础结构设计计算方法和施工图识读。教学中结合课程设计和识读施工图实训，加深对从荷载计算到绘制施工图整个设计过程和平法制图规则及构造详图的理解，培养独立思考和查阅现行规范、标准及有关资料的能力。

教学单元9“桩基础”，主要介绍桩基础类型、适用范围、构造要求、桩的承载力、设计要点、施工图的表达与识读。应熟悉单桩与群桩承载力的确定方法和桩基础设计原理，掌握桩基础的类型及特点、构造要求、施工图识读，结合施工技术等课程的相关知识，具备正确进行桩基础施工的能力。

教学单元10“地基处理”，主要介绍地基处理的对象与处理方法的分类、常见处理方法的原理与适用范围、特殊土地基的特性与工程措施。可结合本地区实际组织教学，重点掌握本地区常见软弱土、特殊土的特性，处理方法的基本原理、适用条件、局限性、设计与施工要点等内容。

读者在学习本课程时，要特别注意土的特性，搞清概念，抓住重点，掌握原理，理论联系实际，学会设计、计算与工程应用。

教学单元 1

工程地质常识

教学单元1　导学视频

1.1 地质年代与不良地质简介

1.1.1 地质年代

地球形成距今大约有46亿年以上的历史，在这漫长的地质历史中，地球经历了一系列的演变过程。根据地质体形成和生物发展的先后顺序，按地球上各种地质事件发生时代划分的若干自然阶段称为地质年代，表述单位为：宙、代、纪、世、期、时。

地质年代分为相对地质年代和绝对地质年代。相对地质年代主要是根据岩层的叠复原理、生物群的演化规律和地质体之间的切割关系确定的地质体形成或地质事件发生的先后顺序，只说明各地质事件发生的早晚，而没有绝对的数量关系。绝对地质年代是利用岩石中某些放射性元素的衰变规律，依据同位素年龄测定地质体形成或地质事件发生时距今多少年，是以“年”来表达地质时间的方法，也称为同位素地质年龄。这两方面结合，构成对地质事件及地球、地壳演变时代的完整认识，并在此基础上建立地质年代表（表1-1）。

地壳是由一层一层的岩石构成的，这种在地壳发展过程中所形成的各种成层岩石（包括松散沉积层）及其间的非成层岩石的系统，叫作地层系统。其分类表述单位为：宇、界、系、统、阶、带，是指在特定时间间隔内形成的全部地层，是以地质年代（同位素年龄值）为依据划分的地层单位。

地质年代表　　表1-1

<table>
<tr><th>宙</th><th>代</th><th>纪</th><th>世</th><th>距今时间(年)</th><th colspan="2">生物进化阶段</th></tr>
<tr><td rowspan="13">显生宙</td><td rowspan="7">新生代</td><td rowspan="2">第四纪</td><td>全新世</td><td>1.2万</td><td rowspan="2">人类时代</td><td rowspan="7">被子植物</td></tr>
<tr><td>更新世</td><td>200万</td></tr>
<tr><td rowspan="5">第三纪</td><td>上新世</td><td>600万</td><td rowspan="5">哺乳动物</td></tr>
<tr><td>中新世</td><td>2200万</td></tr>
<tr><td>渐新世</td><td>3800万</td></tr>
<tr><td>始新世</td><td>5500万</td></tr>
<tr><td>古新世</td><td>6500万</td></tr>
<tr><td rowspan="3">中生代</td><td>白垩纪</td><td rowspan="6"></td><td>1.37亿</td><td rowspan="3">恐龙时代
爬行动物</td><td rowspan="3">裸子植物</td></tr>
<tr><td>侏罗纪</td><td>1.95亿</td></tr>
<tr><td>三叠纪</td><td>2.30亿</td></tr>
<tr><td rowspan="3">古生代</td><td>二叠纪</td><td>2.85亿</td><td rowspan="2">两栖动物</td><td rowspan="3">蕨类植物</td></tr>
<tr><td>石炭纪</td><td>3.50亿</td></tr>
<tr><td>泥盆纪</td><td>4.05亿</td><td>鱼类时代</td></tr>
</table>

续表

<table>
<tr><th>宙</th><th>代</th><th>纪</th><th>世</th><th>距今时间(年)</th><th colspan="2">生物进化阶段</th></tr>
<tr><td rowspan="3">显生宙</td><td rowspan="3">古生代</td><td>志留纪</td><td rowspan="8"></td><td>4.40 亿</td><td>鱼类时代</td><td rowspan="4">藻类繁盛时期</td></tr>
<tr><td>奥陶纪</td><td>5.00 亿</td><td rowspan="2">无脊椎动物</td></tr>
<tr><td>寒武纪</td><td>6.00 亿</td></tr>
<tr><td rowspan="5">隐生宙</td><td rowspan="3">元古代</td><td rowspan="2">震旦纪</td><td>13.0 亿</td><td rowspan="3">动物开始出现</td></tr>
<tr><td>19.0 亿</td><td rowspan="2">细菌藻类时代</td></tr>
<tr><td rowspan="3"></td><td>34.0 亿</td></tr>
<tr><td rowspan="2">太古代</td><td>46.0 亿</td><td colspan="2">地球形成与化学进化期</td></tr>
<tr><td>>50 亿</td><td colspan="2">太阳系行星系统形成期</td></tr>
</table>

1.1.2 不良地质

1. 断层与节理

当岩层所受的构造应力超过岩石强度时，岩石的连续完整性遭到破坏，产生断裂，称为断裂构造。按断裂后两侧岩层沿断裂面有无明显的相对位移，又分为断层和节理（裂隙）两种类型。断裂面两侧岩体发生明显的相对位移称为断层，没有明显的相对位移者称为节理（图 1-1）。

断层与节理破坏了岩石的整体性，对岩体的强度和稳定性均有不利影响，对建筑工程的危害极大，永久性建筑物、隧道、水库大坝等要避免横跨其上，否则一旦在新的地壳运动发生时产生新的移动，后果不堪设想。

图 1-1 断层示意

2. 岩溶与土洞

岩溶是可溶性岩层在水溶蚀的化学溶解作用为主并伴随机械作用而形成沟槽、裂隙和洞穴，以及洞顶塌落等一系列现象和作用的总称。可溶性岩层包括碳酸盐类岩层（石灰岩、白灰岩等）或硫酸盐类岩层（石膏）等其他可溶性岩石。土洞是在有覆盖土的岩溶发育区，其特定的水文地质条件，使岩面以上的土体遭到流失迁移而形成土中的洞穴和洞内塌落堆积物以及引发地面变形破坏的总称。土洞是岩溶的一种特殊形态，是岩溶范畴内的一种不良地质现象。

岩溶或土洞继续发展扩大，洞顶就会不断塌落，塌落一直发展到地表就形成地面塌陷（图 1-2）。塌陷会毁坏铁路、公路、桥梁、管道等工程设施，也会使工业与民用建筑物开裂、歪斜、倒塌，甚至随地面一起下陷。岩溶地区塌陷灾害是我国主要地质灾害之一，塌陷虽有突发性，但多数是在某些因素作用下长期发育而形成的。因此，调查、勘探、治理和预报是岩溶地区重要的岩土工程工作之一。

图 1-2　岩溶或土洞造成地面塌陷

3. 滑坡与崩塌

滑坡是指斜坡上大量不稳定的岩体或土体在重力作用下，沿一定的滑动面（或滑动带）整体向下滑动的地质现象（图 1-3）。崩塌是指在陡峻斜坡或悬崖上的岩石、土体，由于裂隙发育或其他因素的影响，在重力作用下突然而剧烈地向下崩落、翻滚、坍塌的地质现象（图 1-4）。

图 1-3　滑坡示意

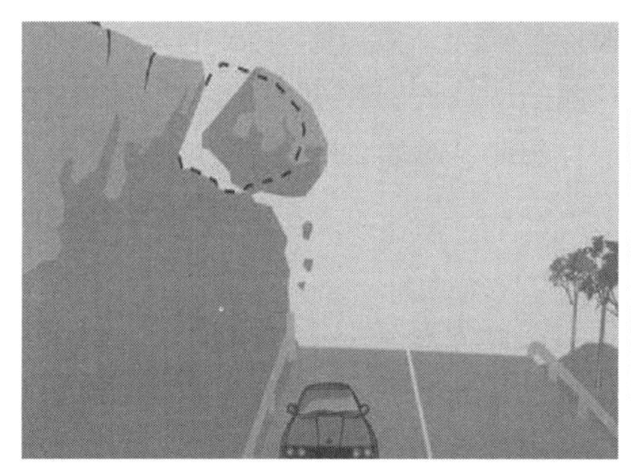

图 1-4　崩塌示意

滑坡与崩塌的形成与地层岩性、地质构造、地形地貌、水文地质、地震等因素密切相关，有时也与人类活动因素有关，如：不合理的开挖高陡边坡，不合理的在坡体上方堆载，不合理的开采矿藏等，都能引起滑坡或崩塌。

我国人口众多，但耕地少，因建工厂、住宅、道路等需占用大量农田，若新建大工厂企业靠山近山不占农田，则具有重要的意义。因此，山坡稳定性对建筑物的安危就显得尤为重要。除进行调查、勘察、稳定性验算外，设计方面应注意在滑坡区或潜在滑坡区进行工程建设和滑坡整治时应执行以防为主、防治结合、先治坡、后建房的原则，结合滑坡特性采取治坡与治水相结合的措施，合理有效地整治滑坡；崩塌的防治应以根治为原则，当不能根治时，可采用遮挡、支撑、拦截、加固、排水以及避让等措施。

4. 泥石流

泥石流是指发生在山区的泥、砂、碎块石等松散土体与水体的混合流体，在重力作用下，沿坡面或小溪沟快速流动的一种不良地质现象（图 1-5）。其形成一般具有三个基本条件：①物源条件（因地质构造、岩性、不良地质作用、人类活动等造成大量的松散碎屑堆积）；②水源条件（因强度较大的降雨、冰川积雪的强烈消融等造成骤发洪流物）；③地形条件（陡峻的地形）。典型的泥石流流域，从上游到下游一般可分为形成、流通、堆积三个区。

图 1-5　泥石流示意

泥石流具有突然爆发、流速快、流量大、物质容量大和破坏力强等特点，比一般洪水具有更大的能量，能在很短的时间内冲出数万至数百万立方米的固体物质，往往成为山区破坏生态环境、毁坏工程设施、危害工农业生产及人民生命财产的重大地质灾害。因此，应在可行性研究或初步勘察阶段，通过测绘、调查、识别、判断、勘探、测试等方法，查明泥石流的形成条件和泥石流的类型、规模、发育阶段、活动规律，并对工程场地作出适宜性评价，提出防治方案的建议。

5. 采空区

地下矿层被开采后产生的空间称为采空区，可分为老采空区、现采空区和未来采空区。老采空区是指已停止开采的采空区，或开采已达充分采动，盆地内的各种变形已经稳定的采空区。现采空区是指正在开采的采空区，或开采未达充分采动，地表移动盆地内各种变形仍在继续发展的采空区。未来采空区是指计划开采而目前尚未开采的采空区。

地下矿层被采空后采空区上方覆盖的岩层将失去支撑，原来的平衡条件将被破坏，致使上方岩层产生移动变形，直到破坏塌落。使地表大面积下沉、凹陷，导致地表各类建筑物（包括线路、桥涵等）变形破坏，甚至倒塌，如图1-6、图1-7所示。

图1-6　采空区塌陷

图1-7　地面沉降引起墙体开裂

采空区应通过勘察查明老采空区上覆岩层的稳定性，预测现采空区和未来采空区的地表移动、变形特征和规律性；判定其作为工程场地的适宜性，划分不宜建筑的场地和相对稳定的场地。

1.2　第四纪沉积物

土是岩石经风化、剥蚀、破碎、搬运、沉积等过程，在复杂的自然环境中所生成的各类松散沉积物。在漫长的地质历史中，地壳岩石在相互交替的地质作用下风化、破碎为散碎体，在风、水和重力等作用下，被搬运到一个新的位置沉积下来形成“沉积土”。这些“沉积土”基本是在离我们最近的新生代第四纪（Q）形成的，因此我们也把土称为“第四纪沉积物”。由于沉积的历史不长，尚未胶结岩化，通常是松散软弱的多孔体，与岩石的性质有很大的差别。第四纪沉积物的成因类型复杂多样，下面简要介绍常见的几种成因类型。

1.2.1　残积物

残积物是指残留在原地未被搬运的那一部分原岩风化剥蚀后的产物，如图1-8所示。它的分布主要受地形的控制，在宽广的分水岭上，由雨水产生的地表径流速度很小，风化产物易于保留，残积物就比较厚，在平缓的山坡上也常有残积物覆盖。由于风化剥蚀产物是未经搬运的，颗粒不可能被磨圆或分选，没有层理构造，多为棱角状的碎石、角砾、砂砾和黏性土。孔隙大，无层次，平面分布和厚度不均匀。若作为建筑物地基应当注意不均匀沉降和土坡稳定性问题。

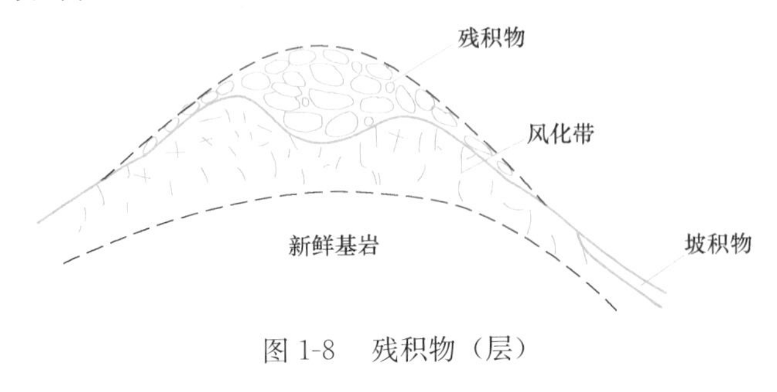

图 1-8　残积物（层）

1.2.2　坡积物

坡积物是雨雪水流的地质作用将高处岩石风化产物缓慢地洗刷剥蚀，顺着斜坡向下逐渐移动，沉积在较平缓的山坡上而形成的沉积物，如图 1-9 所示。它一般分布在坡腰上或坡脚下，坡积物质随斜坡自上而下呈现由粗到细的分选现象，其矿物成分与下卧基岩没有直接关系，这是它与残积物的明显区别。坡积物粗细颗粒混杂，土质不均匀，厚度变化很大，通常孔隙大，压缩性高。若作为建筑物地基应当注意不均匀沉降和稳定性。

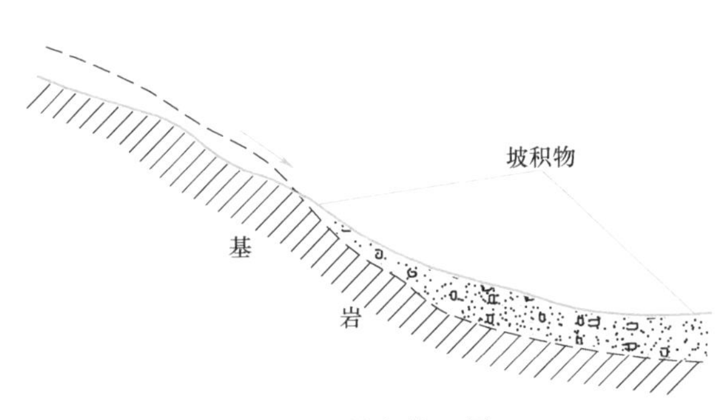

图 1-9　坡积物（层）

1.2.3　洪积物

由暴雨或大量融雪形成暂时性山洪急流，冲刷地表并搬运大量碎屑物质，流至山谷出口或山前倾斜平原，堆积而成洪积物。山洪流出谷口后流速减慢，被搬运的较大碎屑（如块石、砾石、粗砂等）首先大量堆积下来，较远处颗粒随之变细，分布范围也逐渐扩大。其地貌特征：靠谷口处窄而陡，谷口外逐渐变为宽而缓，形如扇状，故称为洪积扇（锥）。由于山洪的发生是周期性的，每次的大小不尽相同，堆积物的粗细也随之不同。因此，洪积物常呈现不规则的层理构造，往往存在夹层、局部尖灭和透镜体等产状，如图 1-10 所示。若作为建筑地基应注意土层的尖灭和透镜体等引起的不均匀沉降。

1.2.4 冲积物

冲积物是由河流流水将两岸基岩及其上部覆盖的坡积、洪积物剥蚀搬运，沉积在河床较平缓地带而形成的沉积物。其特点是呈现明显的层理构造。由于搬运作用显著，碎屑物质由带棱角颗粒（块石、碎石、角砾）经滚磨、碰撞逐渐形成亚圆形或圆形颗粒（漂石、卵石、圆砾），搬运距离越长，沉积的颗粒越细。

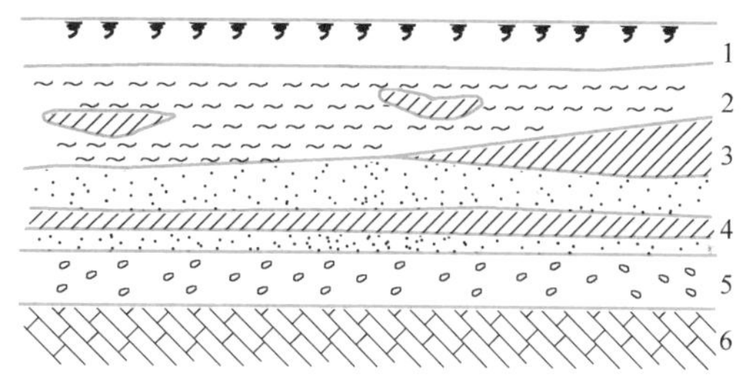

图 1-10 层理构造

1—表土层；2—淤泥夹黏土透镜体；3—黏土尖灭层；4—砂土夹黏土层；5—砾石层；6—石灰岩层

河流冲积物在地表的分布很广，可分为平原河谷冲积物和山区河谷冲积物等类型。

平原河谷通常不深而宽度很大，除河床外，大多数都有河漫滩及阶地等地貌单元，如图 1-11 所示。正常流量时，河水仅在河床中流动，洪水期间，河水会溢出河床，泛滥于河漫滩之上。阶地是在地壳的升降运动与河流的侵蚀、沉积等作用下形成的。当地壳下降时，河流坡度变小，发生沉积作用，河谷中的冲积层增厚；地壳上升时，则河流因竖向侵蚀作用增强而下切原有的冲积层，在河谷中冲刷出一条较窄的河床，新河床两岸原有的冲积物即成为阶地。如果地壳交替发生多次升降运动，就可以形成多级阶地。阶地的位置越高，形成的年代则越早，通常土质较好。

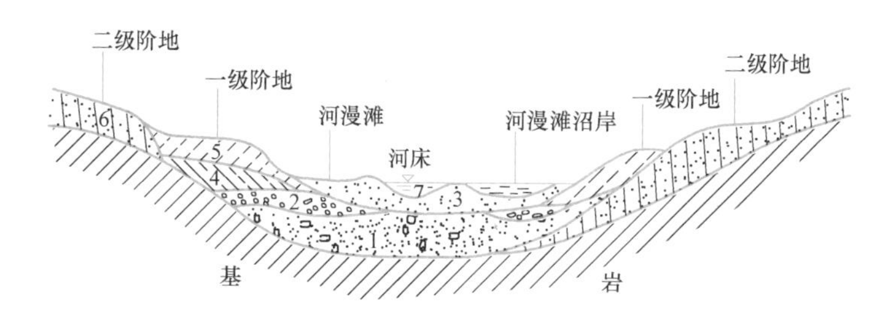

图 1-11 平原河谷

1—砾卵石；2—中粗砂；3—粉细沙；4—粉质黏土；5—粉土；6—黄土；7—淤泥

古河道沉积物是由蛇曲的河道截弯取直改道的牛轭湖逐渐淤塞而成，如图 1-12 所示。通常为较厚的淤泥、泥炭土，压缩性高，强度低，为不良地基。

山区河谷两岸陡峭，大多仅有河谷阶地，如图 1-13 所示。河流坡度大，流速大，因而沉积物颗粒较粗，大多为砂粒所填充的漂石、卵石与圆砾等。在山间盆地和宽谷中才有河漫滩冲积物。

1.2.5 海相沉积物

海相沉积物按分布地带不同，可分为滨海沉积物、大陆架浅海沉积物、陆坡沉积物和深海沉积物，如图 1-14 所示。

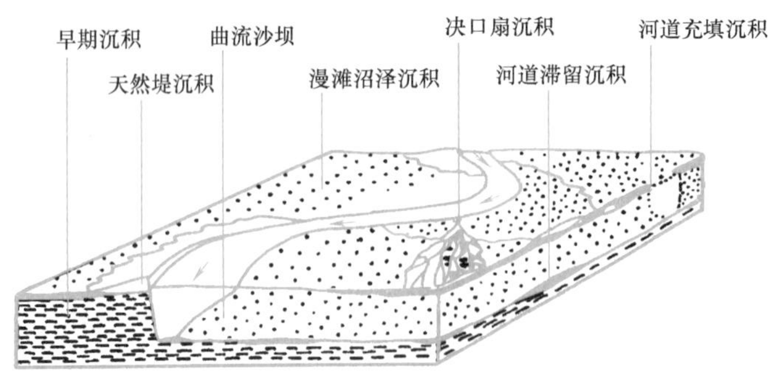

图 1-12　古河道

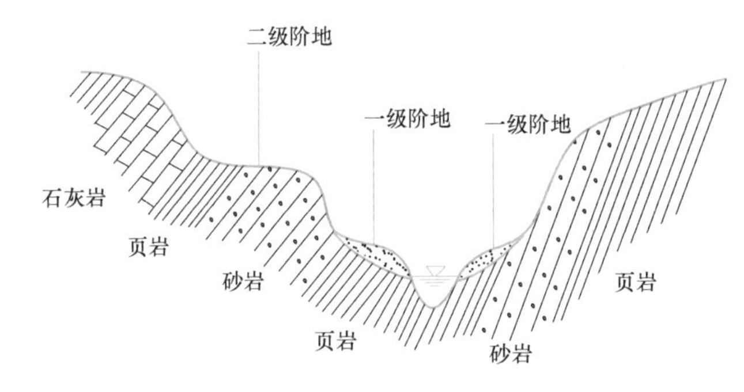

图 1-13　山区河谷

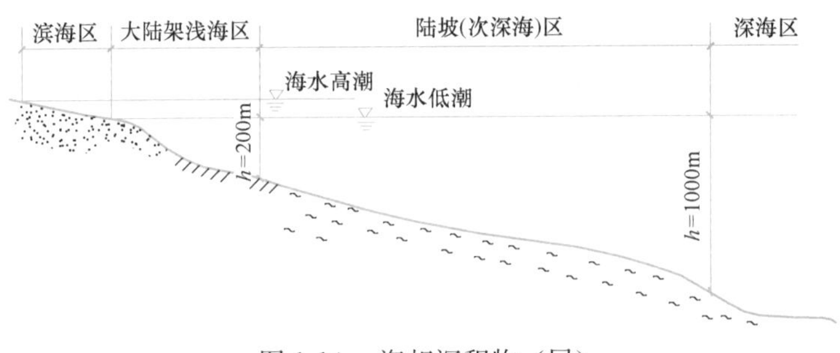

图 1-14　海相沉积物（层）

海水高潮与低潮之间的地区称为滨海区。此地区的沉积物主要为卵石、圆砾和砂土，有的地区存在黏性土夹层。

海水深度 $h<200$m，宽度 $B\approx(100\sim200)$ m 的地区称为大陆架浅海区。此地区的沉积物主要为细砂、黏性土、淤泥和生物化学沉积物。离海岸近，颗粒粗，离海岸越远，沉积物的颗粒越细。具有层理构造，密度小，压缩性高。

浅海区与深海区的过渡地带称为陆坡区或次深海区，水深 $h\leqslant(200\sim1000)$m，宽度 $B\approx(100\sim200)$ km。此地区的沉积物主要为有机质软泥。

海水深度 $h>1000$m 的地区称为深海区。此地区的沉积物主要为有机质软泥。

1.2.6　其他沉积物

除了上述五种成因类型的沉积物外，还有湖泊沉积物、冰川沉积物、风积物等，不再一一介绍。

1.3　地下水对地基基础工程的影响

1.3.1　地下水的类型

存在于地面下岩、土体中的水称为地下水。地下水的分类方法很多，按埋藏条件不同可分为上层滞水、潜水和承压水，如图 1-15 所示。

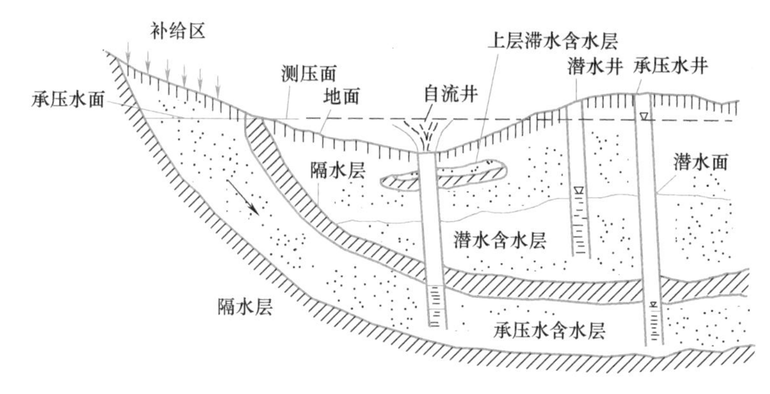

图 1-15　地下水埋藏示意

上层滞水是指埋藏在地表浅处局部隔水层上，具有自由水面的地下水。上层滞水分布范围有限，靠大气降水及地表水补给，水量不大并随季节变化，旱季可能干涸。

潜水是指埋藏在地表下第一个连续分布的稳定隔水层之上，具有自由水面的地下水。自由水面为潜水面，水面的标高称为地下水位，地面至潜水面的距离为地下水的埋藏深度，潜水面至隔水层的距离为含水层的厚度。潜水由大气降水及河流补给，水位变化直接受气候条件变化的影响。

承压水是指埋藏在两个连续分布的稳定隔水层之间的含水层中，完全充满含水层并承受静水压力的重力水。它通常存在于卵石层中呈倾斜状分布，在地势高处水位高，对地势低处产生静水压力。若凿井打穿承压水顶面的第一隔水层，则承压水因有压力而上涌，至某一高度稳定下来（压力大的可以喷出地面），这一水位高程称为承压水位，含水层顶面至承压水位之间的距离称为承压水头。由于承压水的上面存在隔水顶板，受局部气候条件变化的影响不明显。

1.3.2　地下水位

工程勘察遇地下水时所测得的水位称为初见水位。经过一定的稳定时间后量测的水位称为稳定水位，即实测地下水位。量测稳定水位的间隔时间按地层的渗透性确定，对砂土和碎石土不得少于 0.5h，对粉土和黏性土不得少于 8h，并宜在勘察结束后统一量测。

建筑场地的地下水位并非固定不变，通常夏季地下水位高，冬季低，称为丰水期和枯水期。若施工季节与勘察季节不同时，应考虑季节变化。另外各年之间也有丰水年、枯水年之别，地下水位也不相同。在同一地区进行多年长期观测地下水位，将实测数据以时间为横坐标，水位深度为纵坐标绘制曲线，每年地下水位有一峰值即丰水期，在各年峰值中找出最高值即为历年最高水位。对跨年度施工的重大地下工程，应考虑历年最高水位的影响，以保证工程顺利进行。

1.3.3 地下水对地基基础工程的影响

地下水对工程的设计方案、施工方法与工期、工程投资与使用都有着密切的关系，若处理不当还可能产生不良影响，甚至发生工程事故。评价地下水对工程的影响，应根据工程的特点、气候条件等，分析地下水位、水质及动态变化对岩土体及建筑物的力学、物理、化学作用。

地下水对建筑工程的主要影响如下：

1. 基础埋深

通常基础的埋置深度应小于地下水位深度，否则在基坑开挖和基础施工时必须进行施工排（降）水。在寒冷地区当基础底面的持力层为粉砂或黏性土，若地下水位深度低于冻结深度 1.5～2.0m 时，冬季可能因毛细水上升使地基冻胀顶起基础，导致墙体开裂。

2. 地下水位升降

当地下水位在地基持力层中上升，会使黏性土软化，增大压缩性；湿陷性黄土则产生严重湿陷，膨胀土则吸水膨胀，从而导致一些工程问题。当地下水位在地基持力层中大幅度下降，使地基中原有水位以下的有效自重应力增加，会使建筑物产生附加沉降，后果严重。

3. 水质侵蚀性

大多数地区地下水的水质洁净，不含有害化学物质，可作为饮用水或工业用水。但是，当地下水中含有害化学物质时，对地下水位以下的工程结构具有侵蚀性，需采取必要的措施。

4. 空心结构物浮起

地面下的水池、油罐等空心结构物位于地下水位以下时，在竣工使用前因地下水的浮力，可能将空心结构物浮起，需进行计算并采取适当的措施来解决。

5. 承压水冲破基槽

存在承压水的地区，基槽开挖的深度要考虑承压水上面隔水层的自重压力应大于承压水的压力，否则，承压水可能冲破基槽底部的隔水层涌上基槽，造成流土破坏。

6. 地下室防水

建筑物的地下室若常年或雨季处于地下水位以下，则必须做好防水层，否则产生渗漏、倒灌，无法使用。

7. 地下水流动

地下水在重力作用下通过土中孔隙由高处向低处流动，这种现象称为渗流。水流通过土中孔隙难易程度的性质称为土的渗透性。水在土孔隙中的渗流，渗透水流作用在土颗粒上的作用力称为渗透力。当渗透力较大时，就会引起土颗粒的移动，使土体产生变形，称为土的渗透变形，若渗透水流把土颗粒带出土体（如流砂、管涌或潜蚀等），造成土体的破坏，称为渗透破坏。这种渗透现象会危及建筑物的安全和稳定，必须采取措施加以防治。

8. 施工排（降）水

当地下水位埋藏浅，基础埋深大于地下水位深度时，基槽开挖与基础施工必须进行排（降）水。涌水量不大时可以采用挖排水沟与集水井排水，涌水量大时应采用井点法降低地下水位，使施工难度、工期、造价增加。措施不当还会破坏地基土的原状结构，形成软烂泥或“橡皮土”，使地基承载力降低，形成工程隐患，甚至对周围环境造成不利影响。

1.4 地震区的地基基础问题

1.4.1 建筑场地

1. 地段的类别

建筑场地指具有相似反应谱特征的房屋群体所在地，其范围相当于厂区、居民小区和自然村，在平坦地区面积一般不小于 1km^2。多次震害调查表明，在具有不同工程地质条件的建筑场地上，建筑物在地震中的破坏程度是明显不同的。为了合理选择建筑场地以达到减轻建筑物震害的目的，现行《建筑抗震设计规范（2016 年版）》GB 50011—2010（以下简称《抗震规范》）按场地上建筑物的震害轻重程度把建筑场地划分为对建筑抗震有利、一般、不利和危险的地段（表 1-2），并规定：对不利地段，应提出避让要求；当无法避开时应采取有效措施。对危险地段，严禁建造甲、乙类建筑，不应建造丙类建筑。

有利、一般、不利和危险地段的划分　　表 1-2

地段类别	地质、地形、地貌
有利地段	稳定基岩，坚硬土，开阔、平坦、密实、均匀的中硬土等
一般地段	不属于有利、不利和危险的地段
不利地段	软弱土，液化土，条状突出的山嘴，高耸孤立的山丘，陡坡，陡坎，河岸和边坡的边缘，平面分布上成因、岩性、状态明显不均匀的土层（含故河道、疏松的断层破碎带、暗埋的塘浜沟谷和半填半挖地基），高含水量的可塑黄土，地表存在结构性裂缝等
危险地段	地震时可能发生滑坡、崩塌、地陷、地裂、泥石流等及发震断裂带上可能发生地表位错的部位

2. 场地的类别

建筑场地类别是场地条件的基本表征，目前世界各国对场地类别的划分并不一致。通过总结国内外对场地划分的经验以及对震害的总结、理论分析和实际勘察资料，《抗震规范》按土层等效剪切波速和场地覆盖层厚度划分为四类，其中Ⅰ类分为$Ⅰ_0$和$Ⅰ_1$两个亚类，见表1-3。

各类建筑场地的覆盖层厚度　　表1-3

岩石的剪切波速或土的等效剪切波速（m/s）	场地类别				
	$Ⅰ_0$	$Ⅰ_1$	Ⅱ	Ⅲ	Ⅳ
$v_s>800$	0				
$800\geqslant v_s>500$		0			
$500\geqslant v_{se}>250$		<5	≥5		
$250\geqslant v_{se}>150$		<3	3～50	>50	
$v_{se}\leqslant 150$		<3	3～15	15～80	>80

剪切波速v_s的大小反应场地土（场地范围内的地基土）的坚硬程度，需通过工程地质勘察测试得到。由于地基只有单一场地土的情况很少见，多数地基土层的组成比较复杂，这时就需要根据地基土计算深度范围内土层的分层数、每一层的剪切波速、每一土层的厚度等因素按《抗震规范》给出的公式换算为土层的等效剪切波速v_{se}。岩土的剪切波速或等效剪切波速通常可以由工程地质勘察报告中直接查用，对于丁类建筑或丙类建筑中层数不超过10层、高度不超过24m的多层建筑，当无实测剪切波速时，可根据岩土名称和性状划分土的类型，再利用当地经验在表1-4的剪切波速范围内估算各土层的剪切波速。

土的类型划分和剪切波速范围　　表1-4

土的类型	岩土名称和性状	土层剪切波速范围（m/s）
岩石	坚硬、较硬且完整的岩石	$v_s>800$
坚硬土或软质岩石	破碎和较破碎的岩石或软和较软的岩石，密实的碎石土	$800\geqslant v_s>500$
中硬土	中密、稍密的碎石土，密实、中密的砾、粗、中砂，$f_{ak}>150$的黏性土和粉土，坚硬黄土	$500\geqslant v_s>250$
中软土	稍密的砾、粗、中砂，除松散外的细、粉砂，$f_{ak}\leqslant 150$的黏性土和粉土，$f_{ak}>130$的填土，可塑新黄土	$250\geqslant v_s>150$
软弱土	淤泥和淤泥质土，松散的砂，新近沉积的黏性土和粉土，$f_{ak}\leqslant 130$的填土，流塑黄土	$v_s\leqslant 150$

注：f_{ak}为由载荷试验等方法得到的地基承载力特征值（kPa）；v_s为岩土剪切波速。

场地覆盖层厚度不同所产生的震害具有明显的差异，一般来讲，震害随覆盖层厚度的增加而加重。目前，国内外对覆盖层厚度的定义方法有所不同，我国《抗震规范》则规定按下列要求确定场地覆盖层厚度：

1）一般情况下，取地面至剪切波速大于500m/s且其下卧各层岩土的剪切波速均不小于500m/s的土层顶面的距离。

2）当地面5m以下存在剪切波速大于其上部各土层剪切波速2.5倍的土层，且该层及其下卧各层岩土的剪切波速均不小于400m/s时，可取地面至该土层顶面的距离。

3）剪切波速大于500m/s的孤石、透镜体，应视同周围土层。

4）土层中的火山岩硬夹层，应视为刚体，其厚度应从覆盖土层中扣除。

3. 液化土地基

1）液化的概念

地震时，饱和砂土或粉土的颗粒在强烈振动下发生相对位移，使土的颗粒结构趋于密实，如土本身的渗透系数较小，将使孔隙水在短时间内排泄不走而受到挤压，使孔隙水压力急剧上升。当孔隙水压力增加到与剪切面上的法向压应力接近或相等时，土受到的有效压应力（即原来由土颗粒通过其接触点传递的压应力）下降乃至完全消失。这时，土颗粒局部或全部将处于悬浮状态，土体的抗剪强度等于零，形成了犹如“液体”的现象，称为场地土的液化。这时，液化区下部地下水向上涌，并把土颗粒带出地面，形成喷水冒砂现象，严重时会造成地基不均匀沉陷，使建筑物不均匀下沉、倾斜，甚至翻到，类似的震害在国内外地震中都有发生。

2）液化的判别

当建筑物的地基存在饱和砂土或饱和粉土时，除6度外，都应进行液化判别。为了减少判别场地土液化的勘察工作量，液化判别可分两步进行，即初步判别和标准贯入试验判别。

① 初步判别

《抗震规范》规定：饱和砂土或粉土（不含黄土），当符合下列条件之一时，可初步判别为不液化或可不考虑液化影响：

a. 地质年代为第四纪晚更新世（Q_3）及其以前时，7、8度时可判为不液化。

b. 粉土的黏粒（粒径小于0.005mm的颗粒）含量百分率，7、8度和9度分别不小于10、13和16时，可判为不液化土。

c. 浅埋天然地基的建筑，当上覆非液化土层厚度和地下水位深度满足《抗震规范》相关条件时，可不考虑液化影响。

② 标准贯入试验判别

当初步判别认为需要进一步进行液化判别时，应采用标准贯入试验方法判别地面下20m范围内土的液化（对于《抗震规范》规定可不进行天然地基及基础的抗震承载力验算的各类建筑，可只判别地面下15m范围内土的液化）。通过标准贯入试验，当实测标准贯入锤击数小于或等于液化判别标准贯入锤击数临界值时（锤击数临界值公式不再介绍），应判为液化土，否则即为不液化土。

3）液化的等级

试验和震害调查表明，在同一地震强度的作用下，可液化土层的厚度越大，埋藏越浅，土的密度越低，地下水位越高，液化对建筑物所造成的危害程度亦越大。因此，对判定为可液化的场地土，还需进一步进行液化危害程度的分析。《抗震规范》规定在探明各液化土层的深度和厚度后，先按规范规定的公式计算每个钻孔的液化指数（公式不再介绍），再按表 1-5 综合划分地基的液化等级。一般液化指数越大，场地的喷水冒砂情况和建筑物的液化震害就越严重。

液化等级与液化指数的对应关系　　表 1-5

液化等级	轻微	中等	严重
液化指数 I_{LE}	$0<I_{LE}\leqslant 6$	$6<I_{LE}\leqslant 18$	$I_{LE}>18$

4）抗液化措施

地基的液化会给建筑物造成严重的后果，倾斜场地还往往会造成土体滑动和严重的地裂。为了保障建筑物的安全，应根据建筑物的抗震设防类别和地基的液化等级，并结合具体的工程情况综合考虑，选择恰当的抗液化措施。切不可将未经处理的液化土层作为天然地基持力层。当液化土层较平坦且均匀时，可按表 1-6 选用合理的抗液化措施。

抗液化措施　　表 1-6

建筑抗震设防类别	地基的液化等级		
	轻微	中等	严重
乙类	部分消除液化沉陷，或对基础和上部结构处理	全部消除液化沉陷，或部分消除液化沉陷且对基础和上部结构处理	全部消除液化沉陷
丙类	基础和上部结构处理，亦可不采取措施	基础和上部结构处理，或更高要求的措施	全部消除液化沉陷，或部分消除液化沉陷且对基础和上部结构处理
丁类	可不采取措施	可不采取措施	基础和上部结构处理，或其他经济的措施

注：甲类建筑的地基抗液化措施应进行专门研究，但不宜低于乙类建筑的相应要求。

全部消除地基液化沉陷时，可采用桩基（桩端伸入液化深度以下稳定土层中，其长度按计算确定）、深基础（基础底面埋入液化深度以下的稳定土层中，其深度不小于 0.5m）、土层加密法（如振冲、振动加密、挤密碎石桩、强夯等，并处理至液化深度下界）、换土法（用非液化土替换全部液化土层）等措施。

部分消除地基液化沉陷时，处理深度应使处理后的地基液化指数减小，其值不宜大于 5；大面积筏基、箱基的中心区域不宜大于 4；对独立基础和条形基础，尚不应小于基础底面下液化土特征深度和基础底面宽度的较大值。

基础和上部结构处理时，可综合考虑选择合适的基础埋置深度；调整基础底面积，减少基础偏心；加强基础的整体性和刚度；减轻荷载，增加上部结构的整体刚度和均匀对称性，合理设置沉降缝，避免采用对不均匀沉降敏感的结构形式等；管道穿过建筑处应预留足够尺寸或采用柔性接头等措施。

1.4.2　天然地基的抗震验算

各类建筑在地震荷载作用下，基底压力和地基土的承载能力发生变化，因此地震作用时地基能否满足承载力的要求，需进行验算。

天然地基的抗震承载力应按下式计算：

$$f_{aE}=\zeta_a f_a \quad (1\text{-}1)$$

式中 f_{aE}——调整后的地基抗震承载力；

ζ_a——地基抗震承载力调整系数，按表1-7采用；

f_a——深宽修正后的地基承载力特征值。

地基抗震承载力调整系数　　表1-7

岩土名称及性状	ζ_a
岩石，密实的碎石土，密实的砾、粗、中砂，$f_{ak}\geqslant300$kPa的黏性土和粉土	1.5
中密、稍密的碎石土，中密、稍密的砾、粗、中砂，密实和中密的细、粉砂，$150\text{kPa}\leqslant f_{ak}<300$kPa的黏性土和粉土，坚硬黄土	1.3
稍密的细、粉砂，$100\text{kPa}\leqslant f_{ak}<150$kPa的黏性土和粉土，可塑黄土	1.1
淤泥，淤泥质土，松散的砂，杂填土，新近堆积黄土及流塑黄土	1.0

天然地基地震作用下的竖向承载力应按下式验算：

$$p\leqslant f_{aE} \quad (1\text{-}2)$$

$$p_{max}\leqslant1.2f_{aE} \quad (1\text{-}3)$$

式中 p——地震作用效应标准组合的基础底面平均压力；

p_{max}——地震作用效应标准组合的基础边缘的最大压力。

《抗震规范》规定对下列建筑可不进行天然地基及基础的抗震承载力验算：

（1）《抗震规范》规定可不进行上部结构抗震验算的建筑。

（2）地基主要受力层范围内不存在软弱黏性土层的下列建筑：

1）一般的单层厂房和单层空旷房屋；

2）砌体房屋；

3）不超过8层且高度在24m以下的一般民用框架房屋和框架抗震墙房屋；

4）基础荷载与3）项相当的多层框架厂房和多层混凝土抗震墙房屋。

注：软弱黏性土层指7、8度和9度时，地基承载力特征值分别小于80、100、120kPa的土层。

复习思考题

1. 什么是断层？断层与节理有何不同？
2. 土洞发育区必然是岩溶发育区吗？为什么？
3. 滑坡的形成条件有哪些？
4. 具备哪些基本条件的地区有可能发生泥石流？
5. 采空区是指构造活动形成的陷落盆地吗？
6. 坡积层是怎样形成的？有什么特性？
7. 洪积层是怎样形成的？若作为建筑物地基需注意什么问题？

8. 冲积层有哪些主要类型和特点?

9. 潜水和承压水各有什么特征?

10. 地下水位是指哪个类型水的水面标高?建筑场地的地下水位是固定不变的吗?

11. 地下水对工程的影响有哪些?

12. 我国《抗震规范》对建筑场地类别划分的依据是什么?

13. 什么是地基土液化?哪些土类地震时可能产生液化?

14. 某场地液化土层的液化指数为 20，则液化等级是什么?

15. 某场地为中等液化，建筑抗震设防类别为乙类，规范要求的抗液化措施有哪些?

16. 天然地基抗震承载力验算时，应取什么乘以抗震承载力调整系数?

教学单元 2

土的物理性质及工程分类

教学单元2　导学视频

2.1 土的组成

土是由固体颗粒、水和气体组成的三相分散体系。固体颗粒构成土的骨架，是三相体系中的主体，水和气体填充土骨架之间的空隙，土体三相组成中每一相的特性及三相比例关系对土的性质有显著影响。

2.1.1 土中固体颗粒

土中固体颗粒的大小、形状、矿物成分及粒径大小的搭配情况是决定土的物理力学性质的主要因素。

1. 粒组的划分

自然界的土都是由大小不同的土粒所组成，土的粒径发生变化，其主要性质也相应发生变化。例如土的粒径从大到小，则可塑性从无到有；黏性从无到有；透水性从大到小；毛细水从无到有。现行《土的工程分类标准》GB/T 50145—2007 将各种不同的土粒按其粒径范围，划分为若干粒组，见表 2-1。

土粒粒组的划分　　表 2-1

粒组	颗粒名称		粒径 d 的范围（mm）	一般特征
巨粒	漂石（块石）		$d>200$	透水性很大，无黏性，无毛细水
	卵石（碎石）		$60<d\leqslant200$	
粗粒	砾粒	粗砾	$20<d\leqslant60$	透水性大，无黏性，毛细水上升高度不超过粒径大小
		中砾	$5<d\leqslant20$	
		细砾	$2<d\leqslant5$	
	砂粒	粗砂	$0.5<d\leqslant2$	易透水，无黏性，遇水不膨胀，干燥时松散，毛细水上升高度不大
		中砂	$0.25<d\leqslant0.5$	
		细砂	$0.075<d\leqslant0.25$	
细粒	粉粒		$0.005<d\leqslant0.075$	透水性小，湿时稍有黏性，遇水膨胀小，干时稍有收缩，毛细水上升高度较大，易冻胀
	黏粒		$d\leqslant0.005$	透水性很小，湿时有黏性，可塑性，遇水膨胀大，干时收缩显著，毛细水上升高度大

2. 土的颗粒级配

土的颗粒级配是指大小土粒的搭配情况，通常以土中各个粒组的相对含量（即各粒组占土粒总量的百分数）来表示。

天然土常常是不同粒组的混合物，其性质主要取决于不同粒组的相对含量。为了了解其颗粒级配情况，就需进行颗粒分析试验，工程上常用的方法有筛分法和密度计法两种。现行《土工试验方法标准》GB/T 50123—2019 规定：筛分法适用于粒径在

0.074～60mm 的土。它用一套孔径不同的标准筛，按从上至下筛孔逐渐减小放置，将称过重量的烘干土样放入，经筛析机振动将土粒分开，称出留在各筛上的土重，即可求出占土粒总重的百分数；密度计法适用于粒径小于 0.074mm 的土，根据粒径不同，在水中下沉的速度也不同的特性，用密度计进行测定分析。

将试验结果绘制颗粒级配曲线如图 2-1 所示。图中纵坐标表示小于（或大于）某粒径的土粒含量百分比；横坐标表示土粒的粒径，由于土体中粒径往往相差很大，为清楚表示，将粒径坐标取为对数坐标表示。

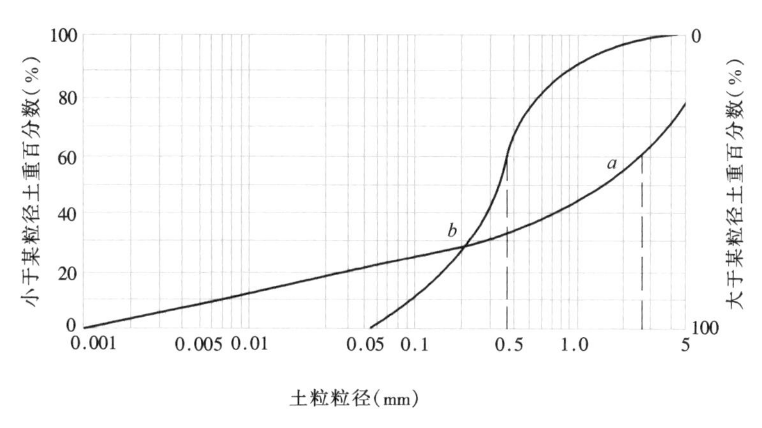

图 2-1 颗粒级配曲线

从级配曲线 a 和 b 可看出，曲线 a 所代表的土样所含土粒粒径范围广，粒径大小相差悬殊，曲线较平缓；而曲线 b 所代表的土样所含土粒粒径范围窄，粒径较均匀，曲线较陡。当土粒粒径大小相差悬殊时，较大颗粒间的孔隙被较小的颗粒所填充，土的密实度较好，称为级配良好的土，粒径相差不大，较均匀时称为级配不良的土。

为了定量反映土的级配特征，工程上常用两个级配指标来描述：

不均匀系数
$$C_u=\frac{d_{60}}{d_{10}} \tag{2-1}$$

曲率系数
$$C_c=\frac{d_{30}^2}{d_{10}\cdot d_{60}} \tag{2-2}$$

式中 d_{10}——有效粒径，小于某粒径的土粒质量占总质量的 10%时相应的粒径；

d_{60}——限定粒径，小于某粒径的土粒质量占总质量的 60%时相应的粒径；

d_{30}——小于某粒径的土粒质量占总质量的 30%时相应的粒径。

不均匀系数 C_u 反映大小不同粒组的分布情况，C_u 越大，表示土粒分布越不均匀，土的级配良好。曲率系数 C_c 则是反映级配曲线的整体形状。一般认为$C_u<5$ 的土视为级配不好；$C_u>10$，同时 $C_c=1\sim3$ 时为级配良好的土。

3. 土粒的矿物成分

土粒的矿物成分主要决定于母岩的矿物成分及其所经受的风化作用，可分为原生矿物和次生矿物两大类。

风化作用一般分为物理风化、化学风化和生物风化三种。由于气温变化，岩石胀缩开裂，崩解为碎块的属于物理风化，这种风化作用只改变颗粒的大小与形状，不改变矿物成分，形成的土颗粒较大，称为原生矿物。由于水溶液、大气等因素影响，使岩石的矿物成分不断溶解水化、氧化，碳酸盐化引起岩石破碎的属于化学风化，这种风化作用使岩石的矿物成分发生改变，土的颗粒变的很细，产生次生矿物。由于动、植物的生长使岩石破碎的属于生物风化。

粗大的土粒往往是岩石经物理风化作用形成的原生矿物，其矿物成分与母岩相同，一般砾石、砂等都属此类。这种矿物成分的性质较稳定，由其组成的土表现出无黏性、透水性较大、压缩性较低等性质。细小的土粒主要是岩石经化学风化作用形成的次生矿物，其矿物成分与母岩完全不相同，如黏性土与粉质黏土。次生矿物性质不稳定，具有较强的亲水性，遇水膨胀，脱水收缩。

2.1.2 土中水

土中水按其形态可分为液态水、固态水、气态水。固态水是指土中的水在温度降至0℃以下时结成的冰。水结冰后体积会增大，使土体产生冻胀，破坏土的结构，冻土融化后使土体强度大大降低。气态水是指土中出现的水蒸气，一般对土的性质影响不大。液态水除结晶水紧紧吸附于固体颗粒的晶格内部外，还存在结合水和自由水两大类。

1. 结合水

结合水是受土粒表面电场吸引的水，分强结合水和弱结合水两类。

强结合水指紧靠于土粒表面的结合水，所受电场的作用力很大，几乎完全固定排列，丧失液体的特性而接近于固体。弱结合水是强结合水以外，电场作用范围以内的水，但电场作用力随着与土粒距离增大而减弱，可以因电场引力从一个土粒的周围转移到另一个土粒的周围。其性质呈黏滞状态，在外界压力下可以挤压变形，对黏性土的物理力学性质影响较大。

2. 自由水

自由水是不受土粒电场吸引的水，其性质与普通水相同，分重力水和毛细水两类。

重力水存在于地下水位以下的土孔隙中，它能在重力或压力差作用下流动，能传递水压力，对土粒有浮力作用。毛细水存在于地下水位以上的土孔隙中，由于水和空气交界处弯液面上产生的表面张力作用，土中自由水从地下水位通过毛细管（土粒间的孔隙贯通，形成无数不规则的毛细管）逐渐上升，形成毛细水。根据物理学可知，毛细管直径越小，毛细水的上升高度越高，故粉粒土中毛细水上升高度比砂类土高，在工程中要注意地基土湿润、冻胀及基础防潮。

2.1.3 土中气体

土中气体常与大气连通或以封闭气泡的形式存在于未被水占据的土孔隙中，前者在受压力作用时能够从孔隙中挤出，对土的性质影响不大；后者在受压力作用时被压缩或溶解于水中，压力减小时又能有所复原，对土的性质有较大影响，如透水性减小，延长变形稳定的时间等。

2.2　土的物理性质指标

2.2.1　土的三相图

土是由固体颗粒、水和气体组成的三相分散体系，三相的相对含量不同，对土的工程性质有重要的影响。表示土的三相组成比例关系的指标，称为土的三相比例指标。为便于分析，将互相分散的三相，抽象地各自集中起来，如图 2-2 所示，图中符号意义如下：

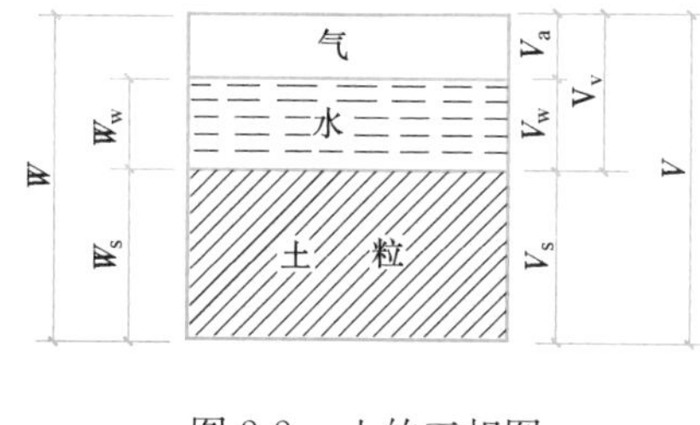

图 2-2　土的三相图

W_s——土粒重量；

W_w——土中水重量；

W——土的总重量，$W=W_s+W_w$；

V_s——土粒体积；

V_w——土中水体积；

V_a——土中气体体积；

V_v——土中孔隙体积，$V_v=V_w+V_a$；

V——土的总体积，$V=V_s+V_w+V_a$。

2.2.2　指标定义

土的物理性质指标共 9 个，其中重度 γ、含水量 w、相对密度 d_s 三个指标可以由室内试验直接测得，故称为基本指标。

1. 土的重度 γ

土单位体积的重量称为土的重度，即：

$$\gamma=\frac{W}{V}\qquad (\text{kN/m}^3) \tag{2-3}$$

土的重度一般用环刀法测定。天然状态下土的重度变化范围在 16～22kN/m^3 之间，$\gamma>20$kN/m^3 的土一般是比较密实的，$\gamma<18$kN/m^3 时一般较松软。

2. 土的含水量 w

土中水的重量与土粒重量之比称为土的含水量，用百分数表示，即：

$$w=\frac{W_w}{W_s}\times 100\% \tag{2-4}$$

土的含水量通常用烘干法测定，亦可近似采用酒精燃烧法快速测定。

土的含水量反映土的干湿程度。含水量愈大，说明土愈湿，一般说来也就愈软。天然状态下土的含水量变化范围较大，一般砂土 0～40%，黏性土 20%～60%，甚至更高。

3. 土粒相对密度 d_s

土粒重量与同体积 4℃时水的重量之比称为土粒相对密度（或称为土粒比重），即：

$$d_s = \frac{W_s}{V_s} \cdot \frac{1}{\gamma_w} \tag{2-5}$$

式中　γ_w——纯水在 4℃时的重度，$\gamma_w = 9.8kN/m^3$，实用上常近似取值 $10kN/m^3$。

土粒的相对密度通常用比重瓶法测定。由于天然土是由不同的矿物颗粒所组成，而这些矿物颗粒的相对密度各不相同，因此试验测定的是平均相对密度。

土粒相对密度的变化范围不大，一般砂土为 2.65～2.95，黏性土为2.70～2.75。

4. 土的干重度 γ_d，饱和重度 γ_{sat} 和有效重度 γ'

土单位体积中土粒的重量称为土的干重度 γ_d，即：

$$\gamma_d = \frac{W_s}{V} \quad (kN/m^3) \tag{2-6}$$

土的干重度反映土的紧密程度，工程上常用它作为控制人工填土密实度的指标。

土孔隙中全部充满水时单位体积的重量称为土的饱和重度 γ_{sat}，即：

$$\gamma_{sat} = \frac{W_s + V_v \cdot \gamma_w}{V} \quad (kN/m^3) \tag{2-7}$$

水下土单位体积的重量称为土的有效重度，或称为浮重度 γ'，即：

$$\gamma' = \frac{W_s - V_s \cdot \gamma_w}{V} \quad (kN/m^3) \tag{2-8}$$

处于水下的土，由于受到水的浮力作用，使土的重力减轻，土受到的浮力等于同体积的水重 $V \cdot \gamma_w$。

5. 土的孔隙比 e 和孔隙率 n

土中孔隙体积与土粒体积之比称为土的孔隙比，即：

$$e = \frac{V_v}{V_s} \tag{2-9}$$

土的孔隙比可用来评价天然土层的密实程度。一般 $e<0.6$ 的土是密实的低压缩性土；$e>1$ 的土是疏松的高压缩性土。

土中孔隙体积与土的总体积之比称为土的孔隙率，用百分数表示，即：

$$n = \frac{V_v}{V} \times 100\% \tag{2-10}$$

土的孔隙率亦用来反映土的密实程度，一般粗粒土的孔隙率比细粒土的小。

6. 土的饱和度 S_r

土中水的体积与孔隙体积之比称为土的饱和度，用百分数表示，即：

$$S_r = \frac{V_w}{V_v} \times 100\% \tag{2-11}$$

土的饱和度反映土中孔隙被水充满的程度。当土处于完全干燥状态时 $S_r = 0$；当土处于完全饱和状态时 $S_r = 100\%$。

2.2.3　指标换算

上述表示土的三相比例关系的指标中，只要通过试验直接测定土的重度 γ、土的含水量 w、土粒相对密度 d_s，便可根据定义，利用三相图推算出其他各个指标。

为便于推导，令 $V_s=1$，利用指标定义得土的三相比例指标换算图（图 2-3）。

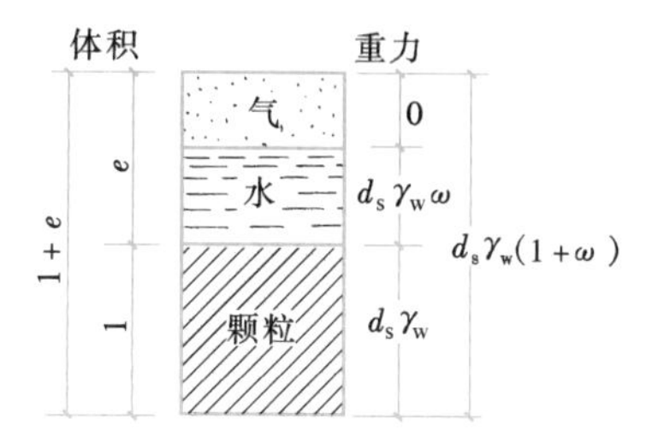

图 2-3　三相比例指标换算图

由式（2-9）得　$V_v=e$

所以　$V=1+e$

由式（2-5）得　$W_s=V_s\cdot d_s\cdot\gamma_w=d_s\gamma_w$

由式（2-4）得　$W_w=W_s\cdot w=d_s\gamma_w\omega$

所以　$W=W_s+W_w=d_s\gamma_w(1+\omega)$

根据图 2-3，可由指标定义得换算公式（表 2-2）。

土的三相比例指标换算公式　　表 2-2

指标名称	符号	表达式	单位	换算公式	备　注
重　度	γ	$\gamma=\dfrac{W}{V}$	kN/m³	$\gamma=\dfrac{d_s+s_re}{1+e}\gamma_w$ $\gamma=\dfrac{d_s(1+\omega)\gamma_w}{1+e}$	试验测定
土粒相对密度	d_s	$d_s=\dfrac{W_s}{V_s}\cdot\dfrac{1}{\gamma_w}$		$d_s=\dfrac{s_re}{\omega}$	试验测定
含 水 量	w	$w=\dfrac{W_w}{W_s}\times100\%$		$w=\dfrac{s_re}{d_s}\times100\%$ $=\left(\dfrac{\gamma}{\gamma_d}-1\right)\times100\%$	试验测定
孔 隙 比	e	$e=\dfrac{V_v}{V_s}$		$e=\dfrac{d_s\gamma_w(1+\omega)}{\gamma}-1$	
孔 隙 率	n	$n=\dfrac{V_v}{V}\times100\%$		$n=\dfrac{e}{1+e}\times100\%$	
饱 和 度	S_r	$s_r=\dfrac{V_w}{V_v}\times100\%$		$s_r=\dfrac{wd_s}{e}=\dfrac{w\gamma_d}{nr_w}$	
干 重 度	γ_d	$\gamma_d=\dfrac{W_s}{V}$	kN/m³	$\gamma_d=\dfrac{\gamma}{1+\omega}$	
饱和重度	γ_{sat}	$\gamma_{sat}=\dfrac{W_s+V_v\gamma_w}{V}$	kN/m³	$\gamma_{sat}=\dfrac{d_s+e}{1+e}\gamma_w$	
浮 重 度	γ'	$\gamma'=\dfrac{W_s-V_s\gamma_w}{V}$	kN/m³	$\gamma'=\gamma_{sat}-\gamma_w=\dfrac{(d_s-1)\gamma_w}{1+e}$	

【例 2-1】 某土样测得重量为 1.87N，体积为 $100cm^3$，烘干后重量为 1.67N，已知土粒的相对密度 $d_s=2.66$，试求：γ、w、e、s_r、γ_d、γ_{sat}、γ'。

【解】

$$\gamma=\frac{W}{V}=\frac{1.87\times10^{-3}}{100\times10^{-6}}=18.7kN/m^3$$

$$w=\frac{W_w}{W_s}\times100\%=\frac{1.87-1.67}{1.67}\times100\%=11.98\%$$

$$e=\frac{d_r\gamma_w(1+w)}{\gamma}-1=\frac{2.66\times10(1+0.1198)}{18.7}-1=0.593$$

$$s_r=\frac{wd_s}{e}=\frac{0.1198\times2.66}{0.593}=0.537=53.7\%$$

$$\gamma_d=\frac{\gamma}{1+w}=\frac{18.7}{1+0.1198}=16.7kN/m^3$$

$$\gamma_{sat}=\frac{d_s+e}{1+e}\gamma_w=\frac{2.66+0.593}{1+0.593}\times10=20.4kN/m^3$$

$$\gamma'=\gamma_{sat}-\gamma_w=20.4-10=10.4kN/m^3$$

【例 2-2】 某完全饱和土，已知干重度 $\gamma_d=16.2kN/m^3$，含水量 $w=20\%$，试求土粒相对密度 d_s、孔隙比 e 和饱和重度 γ_{sat}。

【解】 已知完全饱和土 $S_r=1$

由公式 $S_r=\frac{w\gamma_d}{n\gamma_w}$ 得 $n=\frac{w\gamma_d}{S_r\gamma_w}=\frac{0.2\times16.2}{1\times10}=0.324$

由公式 $n=\frac{e}{1+e}$ 得 $e=\frac{n}{1-n}=\frac{0.324}{1-0.324}=0.48$

代入公式 $d_s=\frac{S_re}{w}=\frac{1\times0.48}{0.2}=2.40$

$$\gamma_{sat}=\frac{d_s+e}{1+e}\gamma_w=\frac{2.4+0.48}{1+0.48}\times10=19.46kN/m^3$$

2.3 土的物理状态指标

2.3.1 无黏性土的密实度

无黏性土一般是指具有单粒结构的碎石土与砂土，土粒之间无黏结力，呈松散状态。它们的工程性质与其密实程度有关，密实状态时，结构稳定，强度较高，压缩性小，可作为良好的天然地基；疏松状态时，则是不良地基。

1. 碎石土的密实度

碎石土的颗粒较粗，试验时不易取得原状土样，规范根据重型圆锥动力触探锤击数 $N_{63.5}$ 将碎石土的密实度划分为松散、稍密、中密和密实（表2-3），也可根据野外鉴别方法确定其密实度（表2-4）。

碎石土的密实度　　表2-3

重型圆锥动力触探锤击数 $N_{63.5}$	密实度	重型圆锥动力触探锤击数 $N_{63.5}$	密实度
$N_{63.5} \leqslant 5$	松散	$10 < N_{63.5} \leqslant 20$	中密
$5 < N_{63.5} \leqslant 10$	稍密	$N_{63.5} > 20$	密实

注：1. 本表适用于平均粒径小于等于50mm且最大粒径不超过100mm的卵石、碎石、圆砾、角砾。对于平均粒径大于50mm或最大粒径大于100mm的碎石土，可按表2-5鉴别其密实度；
2. 表内 $N_{63.5}$ 为经综合修正后的平均值。

碎石土的密实度野外鉴别方法　　表2-4

密实度	骨架颗粒含量和排列	可挖性	可钻性
密实	骨架颗粒含量大于总重的70%，呈交错排列，连续接触	锹镐挖掘困难，用撬棍方能松动，井壁一般稳定	钻进极困难，冲击钻探时，钻杆、吊锤跳动剧烈，孔壁较稳定
中密	骨架颗粒含量等于总重的60%～70%，呈交错排列，大部分接触	锹镐可挖掘，井壁有掉块现象，从井壁取出大颗粒处能保持颗粒凹面形状	钻进较困难，冲击钻探时，钻杆、吊锤跳动不剧烈，孔壁有坍塌现象
稍密	骨架颗粒含量等于总重的55%～60%，排列混乱，大部分不接触	锹可挖掘，井壁易坍塌，从井壁取出大颗粒后，砂土立即塌落	钻进较容易，冲击钻探时，钻杆、稍有跳动，孔壁易坍塌
松散	骨架颗粒含量小于总重的55%，排列十分混乱，绝大部分不接触	锹易挖掘，井壁极易坍塌	钻进很容易，冲击钻探时，钻杆无跳动，孔壁极易坍塌

注：1. 骨架颗粒系指与表2-11相对应粒径的颗粒；
2. 碎石土的密实度应按表列各项要求综合确定。

2. 砂土的密实度

通常采用相对密实度 D_r 来判别，其表达式为：

$$D_r = \frac{e_{max} - e}{e_{max} - e_{min}} \tag{2-12}$$

式中　e——砂土在天然状态下的孔隙比；

e_{max}——砂土在最松散状态下的孔隙比，即最大孔隙比；

e_{min}——砂土在最密实状态下的孔隙比，即最小孔隙比。

由上式可以看出：当 $e=e_{min}$ 时，$D_r=1$，表示土处于最密实状态；当 $e=e_{max}$ 时，$D_r=0$，表示土处于最松散状态。判定砂土密实度的标准如下：

$0.67 < D_r \leqslant 1$　　密实

$0.33 < D_r \leqslant 0.67$　　中密

$0 \leqslant D_r \leqslant 0.33$　　松散

相对密实度从理论上讲是判定砂土密实度的好方法，但由于天然状态的 e 值不易测准，测定 e_{max} 和 e_{min} 的误差较大等实际困难，故在应用上存在许多问题。规范根据标准贯入试验锤击数 N 来评定砂土的密实度（表 2-5）。

砂土的密实度　　表 2-5

标准贯入试验锤击数 N	密实度	标准贯入试验锤击数 N	密实度
$N\leqslant10$	松散	$15<N\leqslant30$	中密
$10<N\leqslant15$	稍密	$N>30$	密实

2.3.2 黏性土的物理特征

黏性土的主要物理状态特征是其软硬程度。由于黏性土主要成分是黏粒，土颗粒很细，土的比表面大（单位体积的颗粒总表面积），与水相互作用的能力较强，故水对其工程性质影响较大。

1. 界限含水量

当土中含水量很大时，土粒被自由水所隔开，土处于流动状态；随着含水量的减少，逐渐变成可塑状态，这时土中水分主要为弱结合水；当土中主要含强结合水时，土处于固体状态。如图 2-4 所示。

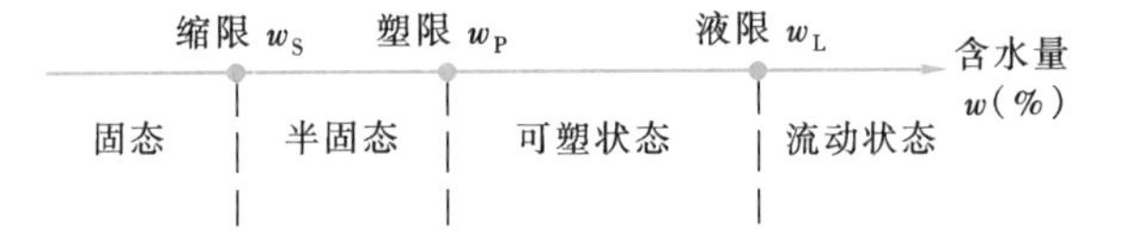

图 2-4　黏性土的物理状态与含水量的关系

黏性土由一种状态转变到另一种状态的分界含水量称为界限含水量。液限是土由流动状态转变到可塑状态时的界限含水量（也称为流限或塑性上限）；塑限是土由可塑状态转变到半固态时的界限含水量（也称为塑限下限）；缩限是土由半固态转变到固态时的界限含水量。工程上常用的界限含水量有液限和塑限，可通过土工试验测得，它对黏性土工程性质的评价具有重要意义。

2. 塑性指数

液限与塑限的差值（计算时略去百分号）称为塑性指数，用符号 I_P 表示，即：

$$I_P=w_L-w_P \tag{2-13}$$

塑性指数表示土的可塑性范围，它主要与土中黏粒（直径小于 0.005mm 的土粒）含量有关。黏粒含量增多，土的比表面积增大，土中结合水含量高，塑性指数就大。

塑性指数是描述黏性土物理状态的重要指标之一，工程上常用它对黏性土进行分类。

3. 液性指数

土的天然含水量与塑限的差值除以塑性指数称为液性指数，用符号 I_L 表示，即：

$$I_L=\frac{w-w_P}{I_P}=\frac{w-w_P}{w_L-w_P} \tag{2-14}$$

由上式可见：$I_L<0$，即 $w<w_P$，土处于坚硬状态；$I_L>1.0$，即 $w>w_L$，土处于

流动状态。因此，液限指数是判别黏性土软硬程度的指标。规范根据液限指数将黏性土划分为坚硬、硬塑、可塑、软塑及流塑五种状态（表 2-6）。

黏性土的状态　　表 2-6

液限指数 I_L	$I_L \leqslant 0$	$0 < I_L \leqslant 0.25$	$0.25 < I_L \leqslant 0.75$	$0.75 < I_L \leqslant 1$	$I_L > 1$
状态	坚硬	硬塑	可塑	软塑	流塑

4. 黏性土的灵敏度和触变性

黏性土的一个重要特征是具有天然结构性，当天然结构被破坏时，黏性土的强度降低，压缩性增大。反映黏性土结构性强弱的指标称为灵敏度，用 S_t 表示。

$$S_t = \frac{q_u}{q_0} \tag{2-15}$$

式中 q_u——原状土强度；

q_0——与原状土含水量、重度等相同，结构完全破坏的重塑土强度。

根据灵敏度可将黏性土分为：

$S_t > 4$　　高灵敏度

$2 < S_t \leqslant 4$　　中灵敏度

$1 < S_t \leqslant 2$　　低灵敏度

土的灵敏度愈高，结构性愈强，扰动后土的强度降低愈多。因此对灵敏度高的土，施工时应特别注意保护基槽，使结构不扰动，避免降低地基承载力。

黏性土扰动后土的强度降低，但静置一段时间后，土粒、离子和水分子之间又趋于新的平衡状态，土的强度又逐渐增长，这种性质称为土的触变性。

2.4 土的压实性与渗透性

2.4.1 土的压实性

压实是指采用人工或机械以夯、碾、振动等方式，对土施加夯压能量，使土颗粒原有结构破坏，空隙减小，气体排出，重新排列压实致密，从而得到新的结构强度。对于粗粒土，主要是增加了颗粒间的摩擦和咬合；对于细粒土，则有效地增强了土粒间的分子引力。

在试验室进行击实试验是研究土压实性质的基本方法。击实试验分轻型和重型两种，轻型击实试验适用于粒径小于 5mm 的黏性土，重型击实试验适用于粒径不大于 20mm 的土。试验时，将含水量为一定值的扰动土样分层装入击实筒中，每铺一层后，均用击锤按规定的落距和击数锤击土样，直到被击实的土样（共 3～5 层）充满击实筒。

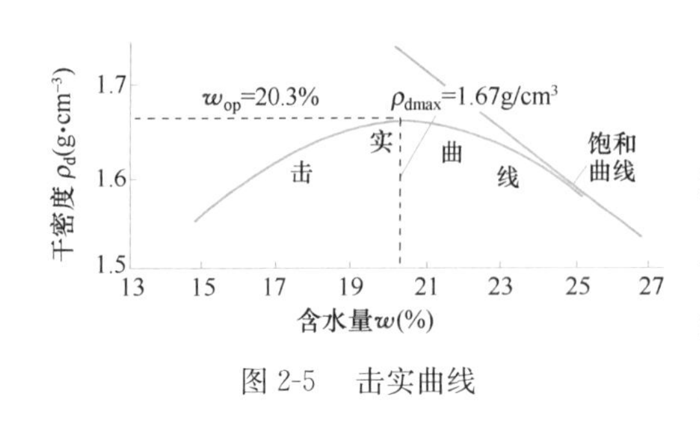

图 2-5　击实曲线

由击实筒的体积和筒内击实土的总重计算出湿密度 ρ，再根据测定的含水量 w，即可算出干密度 $\rho_d=\dfrac{\rho}{1+w}$。用一组（通常为 5 个）不同含水量的同一种土样，分别按上述方法进行试验，即可绘制一条击实曲线，如图 2-5 所示。由图可见，对某一土样，在一定的击实功能作用下，只有当土的含水量为某一适宜值时，土样才能达到最密实。击实曲线的极值为最大干密度 ρ_{dmax}，相应的含水量即为最优含水量 w_{op}。

影响土压实的因素很多，包括土的含水量、土类及级配、击实功能、毛细管压力、孔隙压力等，其中前三种是主要影响因素。

在工程中，填土的质量标准常用压实系数来控制，压实系数定义为工地压实达到的干密度 ρ_d 与击实试验所得到的最大干密度 ρ_{dmax} 之比，即 $\lambda=\dfrac{\rho_d}{\rho_{dmax}}$。压实系数愈接近 1，表明对压实质量的要求越高。

2.4.2　土的渗透性

1. 概述

土是三相集合体所组成的多孔介质，固体颗粒组成具有连续贯通孔隙的土骨架，水和空气存在于土的孔隙中。土中水在各种势能的作用下，通过土中的孔隙，从势能高的位置向势能低的位置流动，这种现象称为土的渗流。水点的运动轨迹称为流线，若流线互不相交，则水的流动称为层流，若流线交叉，水中发生局部漩涡，则称为紊流。一般土中孔隙通道很小，渗透水流的流速缓慢，大多属于层流。

土被水渗流通过的性质称为土的渗透性。渗透水流作用在土颗粒上的作用力称为渗透力。当渗透力较大时，就会引起土颗粒的移动，使土体产生变形，称为土的渗透变形。若渗透水流把土颗粒带出土体（如流砂、管涌等），造成土体的破坏，称为渗透破坏。这些渗透现象将导致土体中应力状态的改变，使土的变形和强度特性发生变化，甚至出现水体的渗漏和土体的渗透破坏等，危及工程的安全与稳定，必须采取措施加以防治。如图 2-6 所示，水库的土坝和地基如果施工中处理不当，就会形成渗漏，渗漏量的大小就直接关系到正常使用问题。在进行深基坑开挖时，由于施工的需要，通常要人工降低地下水位，若降低的水位与原地下水位之间有较大的水位差，就会产生较大的渗流，使基坑背后土层产生渗透变形而下沉，造成邻近建筑物及地下管线的不均匀沉降，导致建筑物开裂及管线破坏。另外，渗流也会造成滑坡、泥石流等不良地质现象。

2. 渗透的基本规律

早在 1856 年，法国学者达西在稳定流和层流条件下，用饱和粗颗粒土进行了大量

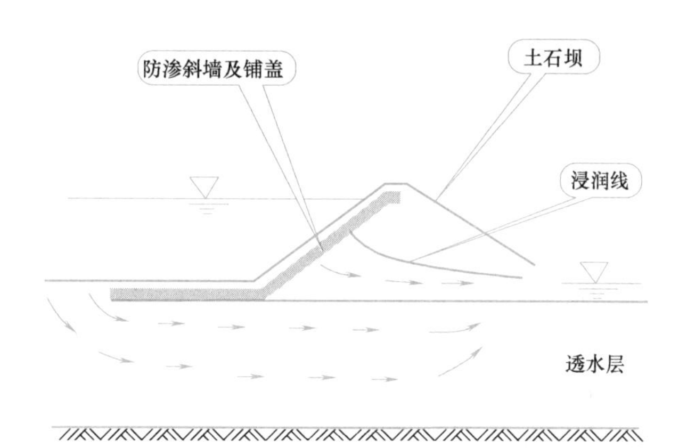

(a)

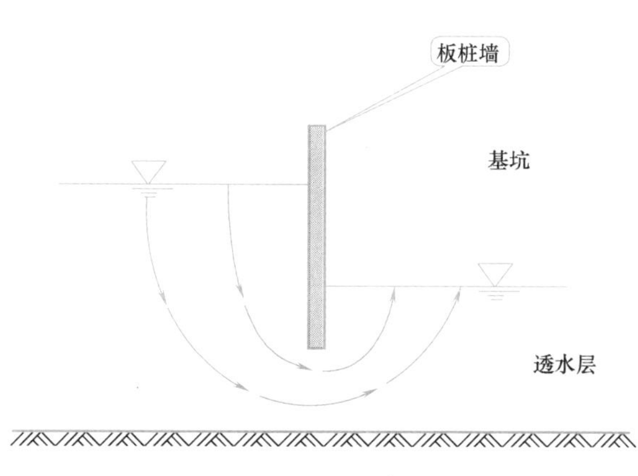

(b)

图 2-6　堤坝、基坑渗流示意
（a）水库堤坝、地基渗漏；（b）基坑渗漏

的渗透试验，测定水流通过试样单位截面积的渗流量，获得了渗流量与水力梯度的关系，从而得到渗流速度与水力梯度和土体渗透性质的基本规律，即达西渗透定律，其公式如下：

$$v=ki \tag{2-16}$$

式中　v——渗透速度（cm/s）；

i——水力梯度，$i=\frac{h}{L}$，其中 L 为水的渗流路径长度（cm），h 为 L 长度内的水头差（cm）；

k——渗透系数（cm/s）。

渗透系数的物理意义为单位水力梯度时（$i=1$）的渗流速度，它反映了土体渗透性的大小，其值与土颗粒的粗细和级配、土的密实度和孔隙比、土的结构和构造等因素有关。渗透系数、水力梯度可通过试验测定。

3. 渗透对地基与基础工程的影响

水在土中的渗流将对土产生动水压力，使土体内部空隙中的细粒土被水流带走而流失，造成流砂、管涌等现象，严重时会引起地基的整体失稳。

（1）流砂

建筑工程中，当地基土质为粉细砂或粉土时，若地下水流由下向上流动，由于动水压力与重力方向相反，当动水压力大于或等于土的浮重度时，土粒间有效应力为零，土颗粒悬浮，随着水的流动而移动翻涌的现象称为流砂。

流砂现象对工程的危害很大，会使建筑物产生大量的沉降或倾斜，基坑开挖时对边坡稳定或邻近的建筑产生不利影响等。因此在设计与施工阶段，应根据具体的工程地质条件、岩土的渗透性、地下水补给条件等因素，分析评价降水或隔水措施的可行性。

（2）管涌

管涌是指在渗透水流作用下，土体中的细颗粒在粗颗粒间的孔隙通道中随水流移动并流失，使土体中形成管形通道的现象。管涌开始时，细颗粒沿水流方向逐渐移动，不断流失，随后较粗的颗粒发生移动，使土体内部形成较大的连续贯通的管形通道，并带走大量砂粒，最后使土体坍塌而产生破坏。

管涌一般产生在砂砾石地基中，其特征是颗粒粒径差别较大，往往缺失某种粒径，孔隙大且连续贯通。通常可以采取打板桩改变水力条件，降低水力梯度，或者在渗流逸出部位铺设滤层等措施加以防治。

2.5 地基岩土的工程分类

在天然地基中，土的种类很多，为了评价岩土的工程性质以及进行地基基础的设计与施工，必须根据岩土的主要特征，按工程性能近似的原则对岩土进行工程分类。《建筑地基基础设计规范》GB 50007—2011 把作为建筑地基的岩土，分为岩石、碎石土、砂土、粉土、黏性土和人工填土六类。

2.5.1 岩石

岩石是指颗粒间牢固连接，呈整体或具有节理裂隙的岩体。其坚硬程度划分为坚硬岩、较硬岩、较软岩、软岩和极软岩（表 2-7）；其完整程度划分为完整、较完整、较破碎、破碎和极破碎（表 2-8）。当缺乏试验资料时，可在现场通过观察定性划分，划分标准见表 2-9 和表 2-10。

岩石坚硬程度的划分　表2-7

坚硬程度类别	坚硬岩	较硬岩	较软岩	软岩	极软岩
饱和单轴抗压强度标准值 f_{rk}（MPa）	$f_{rk}>60$	$30<f_{rk}\leqslant 60$	$15<f_{rk}\leqslant 30$	$5<f_{rk}\leqslant 15$	$f_{rk}\leqslant 5$

岩石完整程度的划分　表2-8

完整程度等级	完整	较完整	较破碎	破碎	极破碎
完整性指数	＞0.75	0.55～0.75	0.35～0.55	0.15～0.35	＜0.15

注：完整性指数为岩体纵波波速与岩块纵波波速之比的平方。选定岩体、岩块测定波速时应有代表性。

岩石坚硬程度的定性划分　表2-9

名称		定性鉴别	代表性岩石
硬质岩	坚硬岩	锤击声清脆，有回弹，振手，难击碎；基本无吸水反应	未风化—微风化的花岗岩、闪长岩、辉绿岩、玄武岩、安山岩、片麻岩、石英岩、硅质砾岩、石英砂岩、硅质石灰岩等
	较硬岩	锤击声较清脆，有轻微回弹，稍振手，轻难击碎；有轻微吸水反应	1. 微风化的坚硬岩 2. 未风化—微风化的大理岩、板岩、石灰岩、钙质砂岩等
软质岩	较软岩	锤击声不清脆，无回弹，轻易击碎；指甲可刻出印痕	1. 中等风化的坚硬岩和较硬岩 2. 未风化—微分化的凝灰岩、千枚岩、砂质泥岩、泥灰岩等
	软岩	锤击声哑，无回弹，有凹痕，易击碎；浸水后手可掰开	1. 强风化的坚硬岩和较硬岩 2. 中等风化—强风化的较软岩 3. 未风化—微分化的凝灰岩、泥质砂岩、泥岩等
极软岩		锤击声哑，无回弹，有较深凹痕，手可捏碎；浸水后可捏成团	1. 全风化的各种岩石 2. 各种半成岩

岩石完整程度的划分　表2-10

名称	结构面组数	控制性结构面平均间距（m）	代表性结构类型	名称	结构面组数	控制性结构面平均间距（m）	代表性结构类型
完整	1～2	＞1.0	整状结构	破碎	＞3	＜0.2	碎裂状结构
较完整	2～3	0.4～1.0	块状结构	极破碎	无序	—	散体状结构
较破碎	＞3	0.2～0.4	镶嵌状结构				

2.5.2　碎石土

碎石土是指粒径大于2mm的颗粒含量超过全重50％的土。按其颗粒形状及粒组含量可分为漂石、块石、卵石、碎石、圆砾、角砾（表2-11）。

2.5.3 砂土

砂土是指粒径大于2mm的颗粒含量不超过全重50%、粒径大于0.075mm的颗粒含量超过全重50%的土。按粒组含量可分为砾砂、粗砂、中砂、细砂和粉砂（表2-12）。

碎石土的分类　　表2-11

土的名称	颗粒形状	粒组含量
漂石 块石	圆形及亚圆形为主 棱角形为主	粒径大于200mm的颗粒含量超过全重50%
卵石 碎石	圆形及亚圆形为主 棱角形为主	粒径大于20mm的颗粒含量超过全重50%
圆砾 角砾	圆形及亚圆形为主 棱角形为主	粒径大于2mm的颗粒含量超过全重50%

注：分类时应根据粒组含量栏从上到下以最先符合者确定。

砂土的分类　　表2-12

土的名称	粒组含量
砾砂	粒径大于2mm的颗粒含量占全重25%～50%
粗砂	粒径大于0.5mm的颗粒含量超过全重50%
中砂	粒径大于0.25mm的颗粒含量超过全重50%
细砂	粒径大于0.075mm的颗粒含量超过全重85%
粉砂	粒径大于0.075mm的颗粒含量超过全重50%

注：分类时应根据粒组含量栏从上到下以最先符合者确定。

2.5.4 粉土

粉土是指粒径大于0.075mm的颗粒含量不超过全重50%、塑性指数$I_P \leqslant 10$的土。其性质介于砂土及黏性土之间。

2.5.5 黏性土

黏性土是指塑性指数$I_P > 10$的土。按其塑性指数可分为黏土和粉质黏土（表2-13）。

黏性土的分类　　表2-13

塑性指数	土的名称	塑性指数	土的名称
$I_P > 17$	黏土	$10 < I_P \leqslant 17$	粉质黏土

注：塑性指数由相应于76g圆锥沉入土样中深度为10mm时测定的液限计算而得。

黏性土按沉积年代可分为老黏性土、一般黏性土和新沉积黏性土。老黏性土是指第四纪晚更新世及其以前沉积的黏性土，沉积年代久，一般具有较高的强度和较低的压缩性。

2.5.6 人工填土

人工填土是指由于人类活动而堆填的土。其物质成分杂乱、均匀性差。按其组成和成因可分为素填土、压实填土、杂填土和冲填土。

素填土是指由碎石土、砂土、粉土、黏性土等组成的填土。经过压实或夯实的素填土为压实填土。杂填土是指含有建筑垃圾、工业废料、生活垃圾等杂物的填土。冲填土是指由水力冲填泥沙形成的填土。

除了上述六类土之外，还有一些特殊土，如：淤泥和淤泥质土、红黏土和次生黏土、湿陷性黄土和膨胀土等，它们都具有特殊的性质，在教学单元10地基处理中介绍。

【例2-3】 某土样不同粒组的含量见表2-14，已知试验测得天然重度 $\gamma=16.6\text{kN/m}^3$，含水量 $w=9.43\%$，土粒相对密度 $d_s=2.7$，处于密实状态时的干重度 $\gamma_{dmax}=16.2\text{kN/m}^3$，处于最松散状态时的干重度 $\gamma_{dmin}=14.5\text{kN/m}^3$，试确定土的名称并判别该土的密实状态。

某土样不同粒组的含量　　表2-14

粒径（mm）	2～5	1～2	0.5～1	0.25～0.5	0.1～0.25	0.075～0.1
占全重的百分比（%）	3.1	6	14.4	41.5	26	9

【解】 查表2-12，粒径大于0.25mm的颗粒含量超过全重的50%，故该土定为中砂。

砂土的天然孔隙比 $e=\dfrac{d_s\gamma_w(1+w)}{\gamma}-1=\dfrac{2.7\times10(1+0.0943)}{16.6}-1=0.78$

砂土的最大孔隙比 $e_{max}=\dfrac{d_s\gamma_w}{\gamma_{dmin}}-1=\dfrac{2.7\times10}{14.5}-1=0.86$

砂土的最小孔隙比 $e_{min}=\dfrac{d_s\gamma_w}{\gamma_{dmax}}-1=\dfrac{2.7\times10}{16.2}-1=0.67$

相对密实度 $D_r=\dfrac{e_{max}-e}{e_{max}-e_{min}}=\dfrac{0.86-0.78}{0.86-0.67}=0.42$

因为 $0.33<D_r<0.67$，所以该砂处于中密状态。

【例2-4】 A、B 两种土样，试验结果见表2-15，试确定该土的名称及软硬状态。

试验结果　　表2-15

土样	天然含水量 w	塑限 w_p（%）	液限 w_L（%）	土样	天然含水量 w	塑限 w_p（%）	液限 w_L（%）
A	40.4	25.4	47.9	B	23.2	21.0	31.2

【解】 A 土：塑性指数 $I_P=w_L-w_P=47.9-25.4=22.5$

液性指数 $I_L=\dfrac{w-w_P}{I_P}=\dfrac{40.4-25.4}{22.5}=0.67$

因 $I_P>17$，$0.25<I_L\leqslant0.75$，所以该土为黏土，可塑状态；

B 土：塑性指数 $I_P=w_L-w_P=31.2-21=10.2$

液性指数 $I_L=\dfrac{w-w_P}{I_P}=\dfrac{23.2-21}{10.2}=0.22$

因 $10<I_P\leqslant17$，$0<I_L\leqslant0.25$，所以该土为粉质黏土，硬塑状态。

2.6 岩土的野外鉴别方法

2.6.1 碎石土、砂土野外鉴别方法

碎石土、砂土野外鉴别方法见表 2-16。

碎石土、砂土野外鉴别方法　　表 2-16

类别	土的名称	观察颗粒粗细	干燥时的状态及强度	湿润时用手拍击状态	黏着程度
碎石土	卵(碎)石	一半以上的颗粒超过 20mm	颗粒完全分散	表面无变化	无黏着感觉
	圆(角)砾	一半以上的颗粒超过 2mm(小高粱粒大小)	颗粒完全分散	表面无变化	无黏着感觉
砂土	砾　砂	约有 1/4 以上的颗粒超过 2mm(小高粱粒大小)	颗粒完全分散	表面无变化	无黏着感觉
	粗　砂	约有一半以上的颗粒超过 0.5mm(细小米粒大小)	颗粒完全分散，但有个别胶结一起	表面无变化	无黏着感觉
	中　砂	约有一半以上的颗粒超过 0.25mm(白菜籽粒大小)	颗粒基本分散，局部胶结，但一碰即散	表面偶有水印	无黏着感觉
	细　砂	大部分颗粒与粗豆米粉近似(>0.074mm)	颗粒大部分分散，少量胶结，稍加碰撞即散	表面有水印（翻浆）	偶有轻微黏着感觉
	粉　砂	大部分颗粒与小米粉近似	颗粒少部分分散，大部分胶结，稍加压力可分散	表面有显著翻浆现象	有轻微黏着感觉

2.6.2 黏土、粉质黏土、粉土野外鉴别方法

黏土、粉质黏土、粉土野外鉴别方法见表 2-17。

黏土、粉质黏土、粉土野外鉴别方法　　表 2-17

土的名称	湿润时用刀切	湿土用手捻摸时的感觉	土的状态		湿土搓条情况
			干土	湿土	
黏土	切面光滑，有黏刀阻力	有滑腻感，感觉不到有砂粒，水分较大时很黏手	土块坚硬，用锤才能打碎	易粘着物体，干燥后不易剥去	塑性大，能搓成直径小于 0.5mm 的长条（长度不短于手掌），手持一端不易断裂

续表

土的名称	湿润时用刀切	湿土用手捻摸时的感觉	土的状态		湿土搓条情况
			干土	湿土	
粉质黏土	稍有光滑面，切面平整	稍有滑腻感，有黏滞感，感觉到有少量砂粒	土块用力可压碎	能粘着物体，干燥后较易剥去	有塑性，能搓成直径为0.5～2mm 的土条
粉土	无光滑面，切面稍粗糙	有轻微黏滞感或无黏滞感，感觉到砂粒较多粗糙	土块用手捏或抛扔时易碎	不易粘着物体，干燥后一碰就掉	塑性小，能搓成直径为 2～3mm 的短条

2.6.3 新近沉积黏性土野外鉴别方法

新近沉积黏性土野外鉴别方法见表 2-18。

新近沉积黏性土野外鉴别方法　　表 2-18

沉积环境	颜色	结构性	含有物
河漫滩和山前洪、冲积扇的表层；古河道；已填塞的湖、塘、沟、谷；河道泛滥区	颜色较深而暗，呈褐、暗黄或灰色，含有机质较多时带灰黑色	结构性差，用手扰动原状土时极易变软，塑性较低的土还有振动析水现象	在完整的剖面中无原生的粒状结构体，但可能含有圆形的钙质结构体或贝壳等，在城镇附近可能含有少量碎砖、陶片或朽木等人类活动的遗物

2.6.4 人工填土、淤泥、黄土、泥炭野外鉴别方法

人工填土、淤泥、黄土、泥炭野外鉴别方法见表 2-19。

人工填土、淤泥、黄土、泥炭野外鉴别方法　　表 2-19

土的名称	观察颜色	夹杂物质	形状（构造）	浸入水中的现象	湿土搓条情况
人工填土	无固定颜色	砖瓦碎块、垃圾、炉灰等	夹杂物显露于外，构造无规律	大部分变层稀软淤泥，其余部分为碎瓦、炉渣在水中单独出现	一般能搓成 3mm 土条但易断，遇有杂质甚多时不能搓条
淤泥	灰黑色有臭味	池沼中半腐朽的细小动植物遗体，如草根、小螺壳等	夹杂物轻，仔细观察可以发现构造常呈层状，但有时不明显	外观无显著变化，在水面出现气泡	一般淤泥质土接近黏质粉土，能搓成 3mm 土条，容易断裂
黄土	黄褐两色的混合色	有白色粉末出现在纹理之中	夹杂物质常清晰显见，构造上有垂直大孔（肉眼可见）	即行崩散而分成散的颗粒集团，在水面出现许多白色液体	搓条情况与正常的粉质黏土相似
泥炭	深灰或黑色	有半腐朽的动植物遗体，其含量超过 60%	夹杂物有时可见，构造无规律	极易崩碎，变成稀软淤泥，其余部分为植物根、动物残体、渣滓悬浮于水中	一般能搓成 1～3mm 土条，但残渣甚多时，仅能搓成 3mm 以上的土条

复习思考题

1. 土由哪几部分组成？土中固体颗粒、土中水和土中气体三相比例的变化，对土的性质有什么影响？

2. 何谓颗粒级配良好？何谓级配不好？

3. 黏土颗粒表面哪一层水膜对土的工程性质影响最大？

4. 在土的三相比例指标中，哪些指标是直接测定的？其余指标如何导出？

5. 简述γ、γ_d、γ_{sat}、γ'的意义，并比较它们的大小。

6. 试用$V=1$表示土的三相比例指标换算图，并推导物理性质指标公式。

7. 已知含水量甲土大于乙土，试问饱和度是否甲土大于乙土？

8. 何谓土的塑限、液限？它们与天然含水量是否有关？

9. 影响土渗透性的因素有哪些？水在土体中渗流，会对建筑物地基造成什么影响，如何处理？

10. 影响土压实的主要因素是什么？

11. 何谓填土的压实系数？何谓最优含水量？

12. 地基岩土分为几大类？它们是如何划分的？

习　　题

2-1　在某土层中，用体积为 72cm^3 的环刀取样，经测定：土样质量 129.1g，烘干质量 121.5g，土粒相对密度为 2.7，问该土样的含水量、重度、饱和重度、浮重度、干重度各是多少？

2-2　某完全饱和黏性土的含水量 $w=40\%$，土粒相对密度 $d_s=2.7$，试求土的孔隙比 e 和干重度 γ_d。

2-3　某黏性土的含水量 $w=36.4\%$，液限 $w_L=48\%$，塑限 $w_P=25.4\%$，试求该土样的塑性指数和液性指数，并确定该土样的名称和状态。

2-4　某砂土样，标准贯入试验锤击数 $N=20$，土样颗粒分析结果见表 2-20，试确定该土样的名称和状态。

表 2-20

粒径（mm）	0.5～2	0.25～0.5	0.075～0.25	0.05～0.075	0.01～0.05	<0.01
粒组含量（%）	5.6	17.5	27.4	24.0	15.5	10.0

2-5　已知 A 和 B 土样的物理指标见表 2-21。

表 2-21

土样	w_L（%）	w_P（%）	w（%）	d_s	S_r
A	32	14	45	2.7	1.0
B	15	5	26	2.68	1.0

试问下列结论是否正确？

(1) A 土样比 B 土样含有更多的黏粒。

(2) A 土样比 B 土样具有更大的重度。

(3) A 土样比 B 土样的干重度大。

(4) A 土样比 B 土样的孔隙率大。

教学单元 3

地基中的应力

教学单元3 导学视频

土像其他任何材料一样，受力后也要产生应力和变形。在地基上建造建筑物将使地基中原有的应力状态发生变化，引起地基变形。如果应力变化引起的变形量在容许范围以内，则不致对建筑物的使用和安全造成危害；当外荷载在土中引起的应力过大时，则不仅会使建筑物发生不能容许的过大沉降，甚至可能使土体发生整体破坏而失去稳定。因此，研究土中应力计算和分布规律是研究地基变形和稳定问题的依据。

土体中的应力按其产生的原因主要有两种：由土体本身重量引起的自重应力和由外荷载引起的附加应力。

3.1　土体自重应力

自重应力是指土体本身的有效重量产生的应力，在建筑物建造之前就存在于土中，使土体压密并具有一定的强度和刚度。研究地基自重应力的目的是为了确定土体的初始应力状态。

3.1.1　竖向自重应力

假定地表面是无限延伸的水平面，在深度 z 处水平面上各点的自重应力相等且均匀地无限分布，任何竖直面和水平面上均无剪应力存在，故地基中任意深度 z 处的竖向自重应力就等于单位面积上的土柱重量。

如图 3-1（a）所示，若 z 深度内的土层为均质土，天然重度 γ 不发生变化，则土柱的自身重力为 $W=\gamma zA$，而 W 必与 z 深度处的竖向自重应力 σ_{cz} 的合力 $\sigma_{cz}A$ 相平衡，故有：

$$\sigma_{cz}=\gamma z \tag{3-1}$$

当地基由多个不同重度的土层（成层土）组成时，则任意深度 $z=\sum_{i=1}^{n}z_i$ 处的竖向自重应力可按竖向各分段土柱自重相加的方法求出，即：

$$\sigma_{cz}=\gamma_1 z_1+\gamma_2 z_2+\cdots\cdots+\gamma_n z_n=\sum_{i=1}^{n}\gamma_i z_i \tag{3-2}$$

式中　n——地基中的土层数；

γ_i——第 i 层土的重度（kN/m^3）；

z_i——第 i 层土的厚度（m）。

对均质土，自重应力沿深度成直线分布，如图 3-1（b）所示；对成层土，自重应力在土层界面处发生转折，沿深度成折线分布，如图 3-2 所示。

若计算应力点在地下水位以下，由于地下水位以下土体受到水的浮力作用，使土体的有效重量减少，故在计算土体的竖向自重应力时，对地下水位以下的土层应按土的有效重度 γ' 计算。

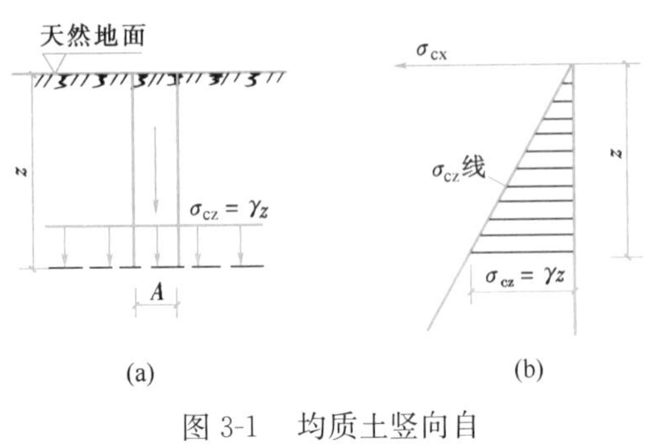

图 3-1　均质土竖向自重应力分布

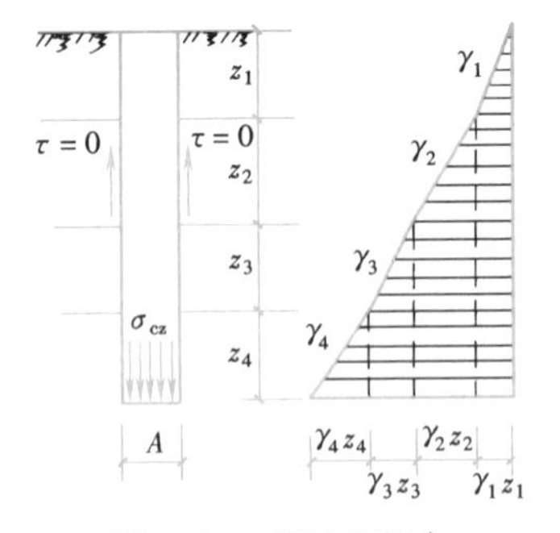

图 3-2　成层土竖向自重应力分布

在地下水位以下，如埋藏有不透水层（例如岩层或只含强结合水的坚硬黏土层）时，由于不透水层中不存在水的浮力，所以不透水层层面及层面以下的自重应力等于上覆土和水的总重。

3.1.2　水平自重应力

地基中除了存在作用于水平面上的竖向自重应力外，还存在作用于竖直面上的水平自重应力 σ_{cx} 和 σ_{cy}。把地基近似按弹性体分析，并将侧限条件代入，可推导得：

$$\sigma_{cx}=\sigma_{cy}=K_0\sigma_{cz} \tag{3-3}$$

式中 K_0 称为土的静止侧压力系数，它是侧限条件下土中水平向应力与竖向应力之比，依土的种类、密度不同而异，可由试验确定。

3.1.3　地下水位变化对自重应力的影响

由于土的自重应力取决于土的有效重量，有效重量在地下水位以上用天然重度，在地下水位以下用浮重度。因此地下水位的升降变化会引起自重应力的变化。如图 3-3（a）所示，由于大量抽取地下水等原因，造成地下水位大幅度下降，使地基中原水位以下土体的有效自重应力增加，会造成地表下沉的严重后果。如图 3-3（b）所

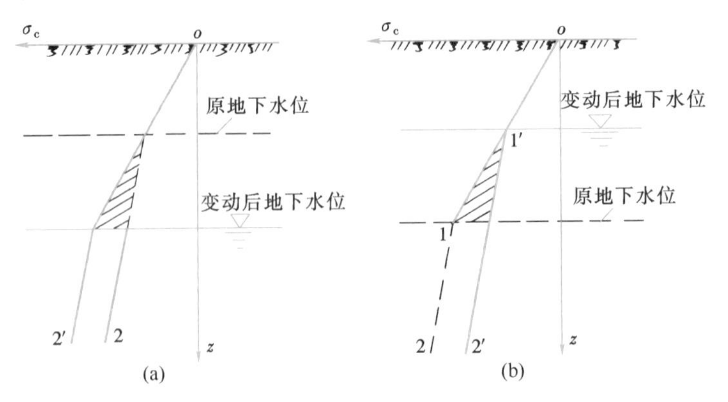

图 3-3　地下水位升降对自重应力的影响

（a）地下水位下降；（b）地下水位上升

示，地下水位上升的情况一般发生在人工抬高蓄水水位的地区（如筑坝蓄水）或工业用水等大量渗入地下的地区。如果该地区土层具有遇水后土的性质发生变化（如湿陷性或膨胀性等）的特性，则地下水位的上升会导致一些工程问题，应引起足够的重视。

【例 3-1】 某地基土层剖面如图 3-4 所示，试计算各土层自重应力并绘制自重应力分布图。

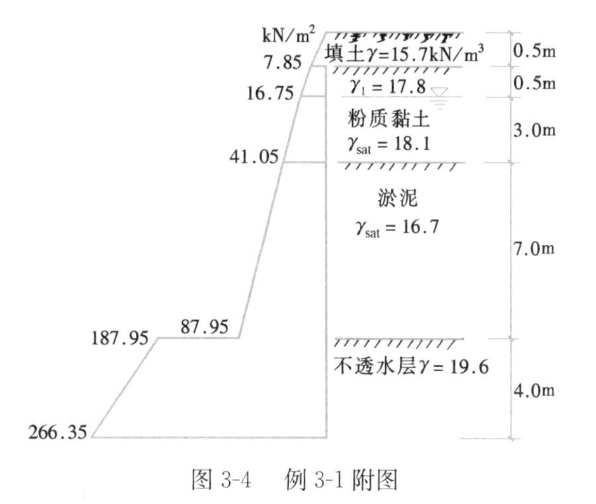

图 3-4 例 3-1 附图

【解】 填土层底

$\sigma_{cz}=\gamma_1 z_1=15.7\times 0.5$

$=7.85\text{kN/m}^2$

地下水位处

$\sigma_{cz}=\gamma_1 z_1+\gamma_2 z_2$

$=7.85+17.8\times 0.5$

$=16.75\text{kN/m}^2$

粉质黏土层底

$$\sigma_{cz}=\gamma_1 z_1+\gamma_2 z_2+\gamma'_3 z_3=16.75+(18.1-10)\times 3=41.05\text{kN/m}^2$$

淤泥层底 $\sigma_{cz}=\gamma_1 z_1+\gamma_2 z_2+\gamma'_3 z_3+\gamma'_4 z_4=41.05+(16.7-10)\times 7$

$=87.95\text{kN/m}^2$

不透水层层面 $\sigma_{cz}=\gamma_1 z_1+\gamma_2 z_2+\gamma'_3 z_3+\gamma'_4 z_4+\gamma_w(z_3+z_4)$

$=87.95+10\times(3+7)=187.95\text{kN/m}^2$

钻孔底 $\sigma_{cz}=187.95+19.6\times 4=266.35\text{kN/m}^2$

自重应力分布如图 3-4 所示。

3.2 基底压力

建筑物荷载通过基础传给地基，基础底面传递到地基表面的压力称为基底压力，而地基支承基础的反力称为地基反力。基底压力与地基反力是大小相等、方向相反的作用力与反作用力。基底压力是分析地基中应力、变形及稳定性的外荷载，地基反力则是计算基础结构内力的外荷载。因此，研究基底压力的计算方法具有重要的工程意义。

3.2.1 基底压力的简化计算

基底压力的分布形式十分复杂，但由于基底压力都是作用在地表面附近，其分布形

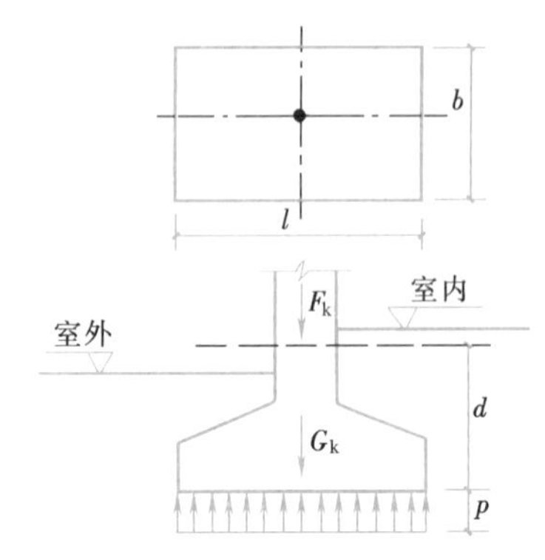

图 3-5　轴心受压基础基底压力

式对地基应力的影响将随深度的增加而减少，而决定于荷载合力的大小和位置。因此，目前在工程实践中，对一般基础均采用简化方法，即假定基底压力按直线分布的材料力学公式计算。

1. 轴心荷载作用下的基底压力

如图 3-5 所示，作用在基础上的荷载，其合力通过基础底面形心时为轴心受压基础，基底压力均匀分布，数值按下式计算：

$$p_k = \frac{F_k + G_k}{A} \tag{3-4}$$

式中　p_k——相应于作用的标准组合时，基础底面的平均压力值（kPa）；

F_k——相应于作用的标准组合时，上部结构传至基础顶面的竖向力（kN）；

G_k——基础自重和基础上的土重（kN），$G=\gamma_G Ad$；

A——基础底面积（m^2），对矩形基础 $A=b\cdot l$，b 及 l 分别为基底的宽度和长度；

γ_G——基础及其上回填土的平均重度，一般可近似取 $20kN/m^3$，在地下水位以下部分应扣除水的浮力作用；

d——基础埋深（m），一般从设计地面或室内外平均设计地面起算。

对于荷载沿长度方向均匀分布的条形基础，则取长度方向 $l=1m$ 为计算单元，则公式为：

$$p_k = \frac{F_k + G_k}{b} \tag{3-5}$$

此时公式中的 F_k+G_k 则为沿长度方向均匀分布的每延米荷载值（kN/m）。

2. 偏心荷载作用下的基底压力

如图 3-6 所示，常见的偏心荷载作用于矩形基础的一个主轴上，即单向偏心。设计时通常将基底长边 l 方向取为与偏心方向一致，则基底边缘压力为：

$$\begin{matrix} p_{kmax} \\ p_{kmin} \end{matrix} = \frac{F_k + G_k}{A} \pm \frac{M_k}{W} \tag{3-6}$$

式中　M_k——相应于作用的标准组合时，作用在基础底面的力矩值（kN·m）；

W——基础底面的抵抗矩（m^3），对矩形基础 $W=\frac{bl^2}{6}$，将偏心矩 $e=\frac{M_k}{F_k+G_k}$、$A=bl$、$W=\frac{bl^2}{6}$ 代入式（3-6），得：

$$\begin{matrix} p_{kmax} \\ p_{kmin} \end{matrix} = \frac{F_k + G_k}{bl}\left(1 \pm \frac{6e}{l}\right) \tag{3-7}$$

由上式可见：

当 $e<\frac{l}{6}$ 时，基底压力呈梯形分布（图3-6a）；

当 $e=\frac{l}{6}$ 时，基底压力呈三角形分布（图 3-6b）；

当 $e>\frac{l}{6}$ 时，上式计算结果 $p_{\min}<0$，表示基底出现拉应力，如图 3-6（c）中虚线所示。由于基底与地基之间不能承受拉力，故基底与地基之间将局部分开，导致基底压力重新分布。根据偏心荷载应与基底反力平衡的条件，合力 F_k+G_k 应通过三角形基底压力分布图的形心，由此可得基底边缘最大压力为：

$$p_{\text{kmax}}=\frac{2(F_k+G_k)}{3ab} \tag{3-8}$$

式中　a——单向偏心荷载作用点至基底最大压力边缘的距离（m），$a=\frac{l}{2}-e$；

b——基础底面宽度（m）。

对于偏心荷载沿长度方向均匀分布的条形基础，则偏心方向与基底短边 b 方向一致，此时取长度方向 $l=1\text{m}$ 为计算单位，基底边缘压力为：

$$\left.\begin{matrix}p_{\text{kmax}}\\p_{\text{kmin}}\end{matrix}\right\}=\frac{F_k+G_k}{b}\left(1\pm\frac{6e}{l}\right) \tag{3-9}$$

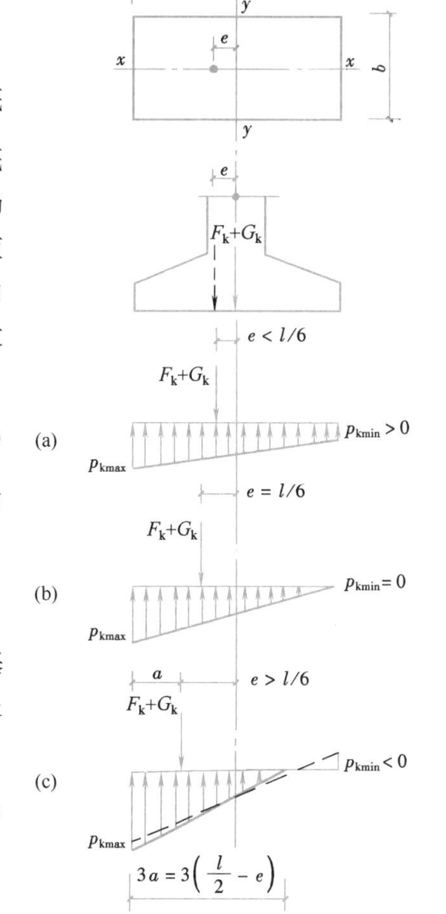

图 3-6　偏心受压基础基底压力

3.2.2　基底附加压力

由于修造建筑物，在地基中增加的压力称为附加压力。在基础建造前，基底处已存在土的自重应力，这部分自重应力引起的地基变形可以认为已经完成。由于基坑开挖使该自重应力卸荷，故引起地基附加应力和变形的压力应为基底压力扣除原先已存在的土的自重应力（图 3-7）。即基底附加压力为：

轴心荷载时：

$$p_0=p_k-\sigma_{cz} \tag{3-10}$$

偏心荷载时：

$$\left.\begin{matrix}p_{0\max}\\p_{0\min}\end{matrix}\right\}=\left.\begin{matrix}p_{\text{kmax}}\\p_{\text{kmin}}\end{matrix}\right\}-\sigma_{cz} \tag{3-11}$$

式中　p_0——基底附加压力（kPa）；

σ_{cz}——基底处土的自重应力（kPa）。

【例 3-2】 某基础底面尺寸 $l=3\text{m}$，$b=2\text{m}$，基础顶面作用轴心力 $F_k=450\text{kN}$，弯矩 $M_k=150\text{kN·m}$，基础埋深 $d=1.2\text{m}$，试计算基底压力并绘出分布图（图 3-8）。

【解】 基础自重及基础上回填土重 $G_k=\gamma_G Ad=20\times3\times2\times1.2=144\text{kN}$

偏心距

$$e=\frac{M_k}{F_k+G_k}=\frac{150}{450+144}=0.253\text{m}$$

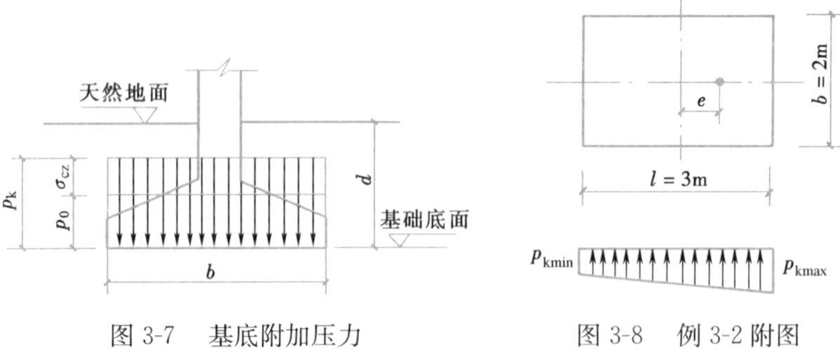

图 3-7　基底附加压力　　图 3-8　例 3-2 附图

基底压力　$$\frac{p_{kmax}}{p_{kmin}}=\frac{F_k+G_k}{bl}\left(1\pm\frac{6e}{l}\right)=\frac{450+144}{2\times3}\left(1\pm\frac{6\times0.253}{3}\right)=\frac{149.1}{48.9}\text{kPa}$$

基底压力分布如图 3-8 所示。

【例 3-3】 某轴心受压基础底面尺寸 $l=b=2\text{m}$，基础顶面作用 $F_k=450\text{kN}$，基础埋深 $d=1.5\text{m}$，已知地质剖面第一层为杂填土，厚 0.5m，$\gamma_1=16.8\text{kN/m}^3$；以下为黏土，$\gamma_2=18.5\text{kN/m}^3$，试计算基底压力和基底附加压力。

【解】 基础自重及基础上回填土重　$G_k=\gamma_G Ad=20\times2\times2\times1.5=120\text{kN}$

基底压力　$$p_k=\frac{F_k+G_k}{A}=\frac{450+120}{2\times2}=142.5\text{kPa}$$

基底处土自重应力　$\sigma_{cz}=\gamma_1 z_1+\gamma_2 z_2=16.8\times0.5+18.5\times1.0=26.9\ \text{kPa}$

基底附加压力　$p_0=p_k-\sigma_{cz}=142.5-26.9=115.6\text{kPa}$

3.3　竖向荷载作用下地基附加应力

地基附加应力是指由新增加建筑物荷载在地基中产生的应力。对一般天然土层来说，土的自重应力引起的压缩变形在地质历史上早已完成，不会再引起地基沉降，因此引起地基变形与破坏的主要原因是附加应力。目前采用的计算方法是根据弹性理论推导的。

3.3.1　竖向集中荷载作用下的附加应力

地表面上作用一个集中荷载，实践中虽然不存在，但集中荷载在地基中引起的应力解答却是求解地基内附加应力及其分布的基础。

1885 年法国学者布辛内斯克（J・Boussinesq）用弹性理论推出了在半无限空间弹性体表面上作用有竖向集中力 P 时，在弹性体内任意点 M 所引起的应力解析解。如图 3-9 所示，以 P 作用点为原点，以 P 作用线为 z 轴，建立坐标系，则 M 点坐标为（x，

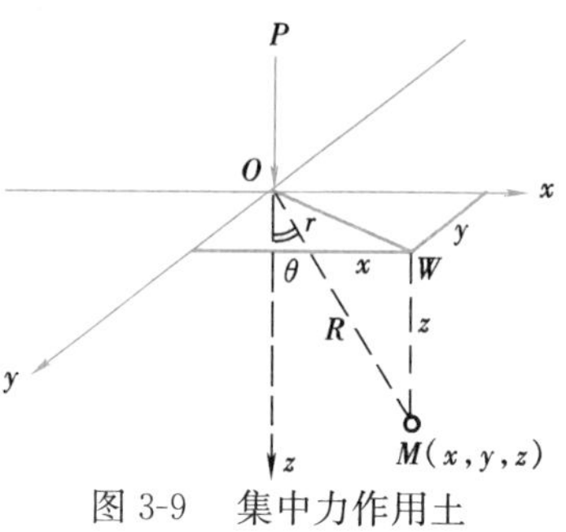

图 3-9　集中力作用土中 M 点的应力

y，z)，W 点为 M 点在弹性体表面上的投影。布辛内斯克得出点 M 的六个应力分量和三个位移分量，其中对地基沉降计算意义最大的是竖向应力 σ_z，下面将主要介绍其计算及分布规律。

σ_z 的表达式为：

$$\sigma_z=\frac{3P}{2\pi}\cdot\frac{z^3}{R^5}=\frac{3P}{2\pi R^2}\cos^3\theta \tag{3-12}$$

利用图 3-9 中的几何关系 $R=(r^2+z^2)^{\frac{1}{2}}$，式（3-12）可改写为：

$$\sigma_z=\frac{3P}{2\pi}\cdot\frac{z^3}{R^5}=\frac{3}{2\pi}\cdot\frac{1}{\left[1+\left(\frac{r}{z}\right)^2\right]^{5/2}}\cdot\frac{P}{z^2}=K\cdot\frac{P}{z^2} \tag{3-13}$$

式中　K——集中力作用下竖向附加应力系数，可由表 3-1 查得。

集中力作用下的竖向附加应力系数　　表 3-1

r/z	K	r/z	K	r/z	K	r/z	K	r/z	K
0	0.4775	0.50	0.2733	1.00	0.0844	1.50	0.0251	2.00	0.0085
0.05	0.4745	0.55	0.2466	1.05	0.0744	1.55	0.0224	2.20	0.0058
0.10	0.4657	0.60	0.2214	1.10	0.0658	1.60	0.0200	2.40	0.0040
0.15	0.4516	0.65	0.1978	1.15	0.0581	1.65	0.0179	2.60	0.0029
0.20	0.4329	0.70	0.1762	1.20	0.0513	1.70	0.0160	2.80	0.0021
0.25	0.4103	0.75	0.1565	1.25	0.0454	1.75	0.0144	3.00	0.0015
0.30	0.3849	0.80	0.1386	1.30	0.0402	1.80	0.0129	3.50	0.0007
0.35	0.3577	0.85	0.1226	1.35	0.0357	1.85	0.0116	4.00	0.0004
0.40	0.3294	0.90	0.1083	1.40	0.0317	1.90	0.0105	4.50	0.0002
0.45	0.3011	0.95	0.0956	1.45	0.0282	1.95	0.0095	5.00	0.0001

集中荷载产生的竖向附加应力 σ_z 在地基中的分布存在如下规律（图 3-10）：

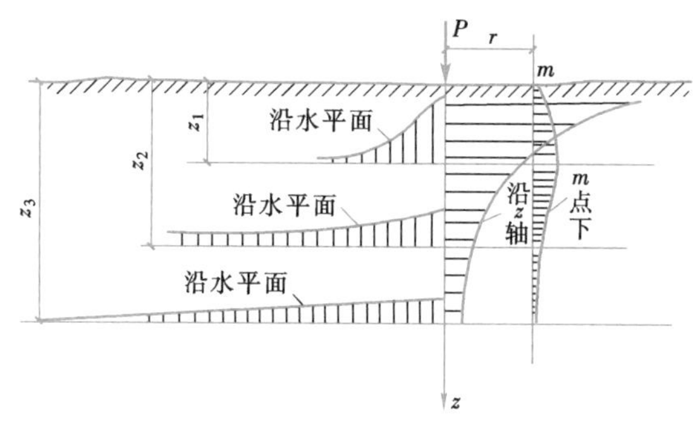

图 3-10　σ_z 的分布

1. 在集中力 P 作用线上

在 P 作用线上，$r=0$，当 $z=0$ 时，$\sigma_z=\infty$；当 $z=\infty$ 时，$\sigma_z=0$。可见，沿 P 作用线上 σ_z 的分布随深度增加而递减。

2. 在 $r>0$ 的竖直线上

在 $r>0$ 的竖直线上，当 $z=0$ 时，$\sigma_z=0$；随着 z 的增加，σ_z 从零逐渐增大，至一定深度后又随着 z 的增加逐渐变小。

3. 在 z 为常数的水平面上

在 z 为常数的水平面上，σ_z 在集中力作用线上最大，并随着 r 的增大而逐渐减小。随着深度 z 的增加，集中力作用线上的 σ_z 减小，但随 r 增加而降低的速率变缓。

若在空间将 σ_z 相同的点连接成曲面，可以得到如图 3-11 所示的等值线，其空间曲面的形状如泡状，所以也称为应力泡。

通过上述分析，可以建立起土中应力分布的概念：即集中力 P 在地基中引起的附加应力，在地基中向下、向四周无限扩散，并在扩散的过程中应力逐渐降低。此即应力扩散的概念，与杆件中应力的传递完全不同。

当地基表面作用几个集中力时，可分别算出各集中力在地基中引起的附加应力（图 3-12 中的 a、b 线），然后根据弹性体应力叠加原理求出附加应力的总和，如图3-12中 c 线所示。

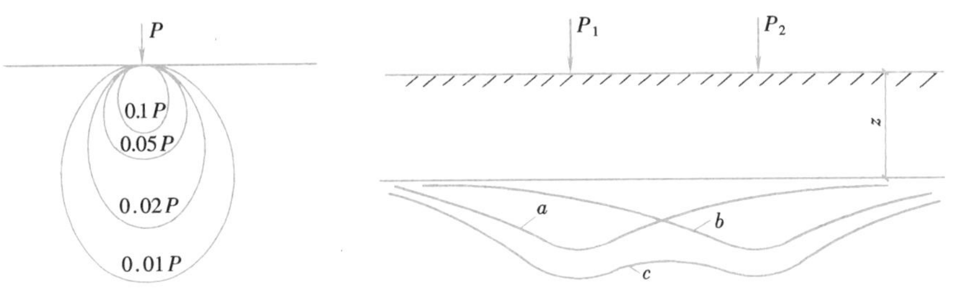

图 3-11　σ_z 的等值线　　图 3-12　两个集中力作用下地基中 σ_z 的叠加

3.3.2　竖向矩形均布荷载作用下的附加应力

基础传给地基表面的压应力都是面荷载，设长度为 l，宽度为 b 的矩形面积上作用竖向均布荷载 p。若要求地基内各点的附加应力 σ_z，应先求出矩形面积角点下的应力，再利用“角点法”求任意点的应力。

1. 矩形均布荷载角点下的附加应力

角点下的应力是指图 3-13 中 O、A、C、D 四个角点下任意深度处的应力。将坐标原点取在角点 O 上，在荷载面积内任意取微分面积 $\mathrm{d}A=\mathrm{d}x\mathrm{d}y$，其上荷载的合力以集中力 $\mathrm{d}p$ 代替，$\mathrm{d}p=p\mathrm{d}A=p\mathrm{d}x\mathrm{d}y$，利用式（3-12）可求得该集中力在角点 O 下深度 z 处 M 点的竖向附加应力。

$$\mathrm{d}\sigma_z=\frac{3\mathrm{d}p}{2\pi}\cdot\frac{z^3}{R^5}=\frac{3p}{2\pi}\cdot\frac{z^3}{(x^2+y^2+z^2)^{5/2}}\mathrm{d}x\mathrm{d}y \tag{3-14}$$

将式（3-14）沿整个矩形面积 $OACD$ 积分，即可得矩形均布荷载 p 在点 M 处的附加应力，

$$\sigma_z=\int_0^l\int_0^b\frac{3p}{2\pi}\cdot\frac{z^3}{(x^2+y^2+z^2)^{\frac{5}{2}}}\mathrm{d}x\mathrm{d}y=\frac{p}{2\pi}$$

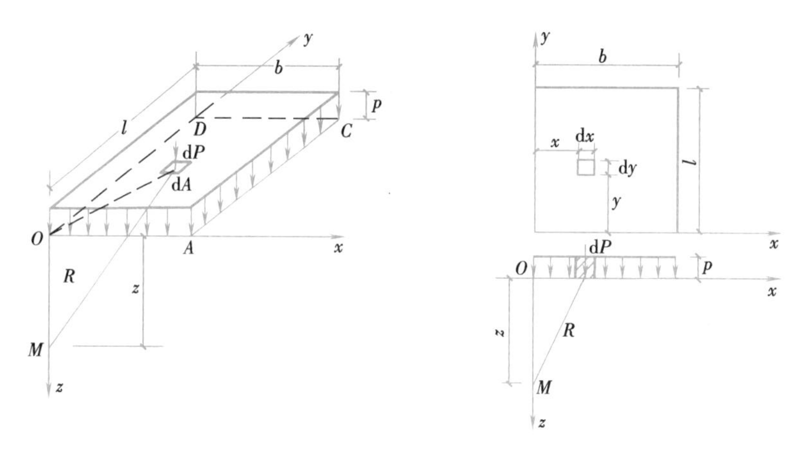

图 3-13　矩形均布荷载角点下的附加应力

$$\left[\arctan\frac{m}{n\sqrt{m^2+n^2+1}}+\frac{mn}{\sqrt{m^2+n^2+1}}\left(\frac{1}{m^2+n^2}+\frac{1}{n^2+1}\right)\right] \tag{3-15}$$

式中　$m=\frac{l}{b}$，$n=\frac{z}{b}$

为计算方便，可将式（3-15）简写为：

$$\sigma_z = K_c p \tag{3-16}$$

式中　K_c——竖向矩形均布荷载角点下的竖向附加应力分布系数，可按公式计算或由表 3-2 查取；

p——均布荷载强度，求地基中附加应力时，用前述基底附加压力 p_0。

竖向矩形均布荷载角点下附加应力分布系数 K_c　　表 3-2

$n=z/b$	$m=l/b$										
	1.0	1.2	1.4	1.6	1.8	2.0	3.0	4.0	5.0	6.0	10
0.0	0.2500	0.2500	0.2500	0.2500	0.2500	0.2500	0.2500	0.2500	0.2500	0.2500	0.2500
0.2	0.2486	0.2489	0.2490	0.2491	0.2491	0.2491	0.2492	0.2492	0.2492	0.2492	0.2492
0.4	0.2401	0.2420	0.2429	0.2434	0.2437	0.2439	0.2442	0.2443	0.2443	0.2443	0.2443
0.6	0.2229	0.2275	0.2300	0.2315	0.2324	0.2329	0.2339	0.2341	0.2342	0.2342	0.2342
0.8	0.1999	0.2075	0.2120	0.2147	0.2165	0.2176	0.2196	0.2200	0.2202	0.2202	0.2202
1.0	0.1752	0.1851	0.1911	0.1955	0.1981	0.1999	0.2034	0.2042	0.2044	0.2045	0.2046
1.2	0.1516	0.1626	0.1705	0.1758	0.1793	0.1818	0.1870	0.1882	0.1885	0.1887	0.1888
1.4	0.1308	0.1423	0.1508	0.1569	0.1613	0.1644	0.1712	0.1730	0.1735	0.1738	0.1740
1.6	0.1123	0.1241	0.1329	0.1436	0.1445	0.1482	0.1567	0.1590	0.1598	0.1601	0.1604
1.8	0.0969	0.1083	0.1172	0.1241	0.1294	0.1334	0.1434	0.1463	0.1474	0.1478	0.1482
2.0	0.0840	0.0947	0.1034	0.1103	0.1158	0.1202	0.1314	0.1350	0.1363	0.1368	0.1374
2.2	0.0732	0.0832	0.0917	0.0984	0.1039	0.1084	0.1205	0.1248	0.1264	0.1271	0.1277
2.4	0.0642	0.0734	0.0812	0.0879	0.0934	0.0979	0.1108	0.1156	0.1175	0.1184	0.1192
2.6	0.0566	0.0651	0.0725	0.0788	0.0842	0.0887	0.1020	0.1073	0.1095	0.1106	0.1116
2.8	0.0502	0.0580	0.0649	0.0709	0.0761	0.0805	0.0942	0.0999	0.1024	0.1036	0.1048
3.0	0.0447	0.0519	0.0583	0.0640	0.0690	0.0732	0.0870	0.0931	0.0959	0.0973	0.0987
3.2	0.0401	0.0467	0.0562	0.0580	0.0627	0.0668	0.0806	0.0870	0.0900	0.0916	0.0933
3.4	0.0361	0.0421	0.0477	0.0527	0.0571	0.0611	0.0747	0.0814	0.0847	0.0864	0.0882

续表

$n=z/b$	$m=l/b$										
	1.0	1.2	1.4	1.6	1.8	2.0	3.0	4.0	5.0	6.0	10
3.6	0.0326	0.0382	0.0433	0.0480	0.0523	0.0561	0.0694	0.0763	0.0799	0.0816	0.0837
3.8	0.0296	0.0348	0.0395	0.0439	0.0479	0.0516	0.0645	0.0717	0.0753	0.0773	0.0796
4.0	0.0270	0.0318	0.0362	0.0403	0.0441	0.0474	0.0603	0.0674	0.0712	0.0733	0.0758
4.2	0.0247	0.0291	0.0333	0.0371	0.0407	0.0439	0.0568	0.0634	0.0674	0.0696	0.0724
4.4	0.0227	0.0268	0.0306	0.0343	0.0376	0.0407	0.0527	0.0597	0.0639	0.0662	0.0692
4.6	0.0209	0.0247	0.0283	0.0317	0.0348	0.0378	0.0493	0.0564	0.0606	0.0630	0.0663
4.8	0.0193	0.0229	0.0262	0.0294	0.0324	0.0352	0.0463	0.0533	0.0576	0.0601	0.0635
5.0	0.0179	0.0212	0.0243	0.0274	0.0302	0.0328	0.0435	0.0504	0.0547	0.0573	0.0610
6.0	0.0127	0.01510	0.0174	0.0196	0.0218	0.0238	0.0325	0.0388	0.0431	0.0460	0.0506
7.0	0.0094	0.0112	0.0130	0.0147	0.0164	0.0180	0.0251	0.0306	0.0346	0.0376	0.0428
8.0	0.0073	0.0087	0.0101	0.0114	0.0127	0.0140	0.0198	0.0246	0.0283	0.0311	0.0367
9.0	0.0058	0.0069	0.0080	0.0091	0.0102	0.0112	0.0161	0.0202	0.0235	0.0262	0.0319
10.0	0.0047	0.0056	0.0065	0.0074	0.0083	0.0092	0.0132	0.0167	0.0198	0.0222	0.0280

2. 矩形均布荷载任意点下的附加应力—角点法

矩形均布荷载作用下地基内任意点的附加应力，可利用角点下的应力计算式（3-16）和应力叠加原理求得，此方法称为角点法。

如图 3-14 所示的荷载平面，求 o 点下任意深度的应力时，可过 o 点将荷载面积划分为几个小矩形，使 o 点为每个小矩形的共同角点，利用角点下的应力计算式（3-16）分别求出每个小矩形 O 点下同一深度的附加应力，然后利用叠加原理得总的附加应力。角点法的应用可分为下列三种情况。

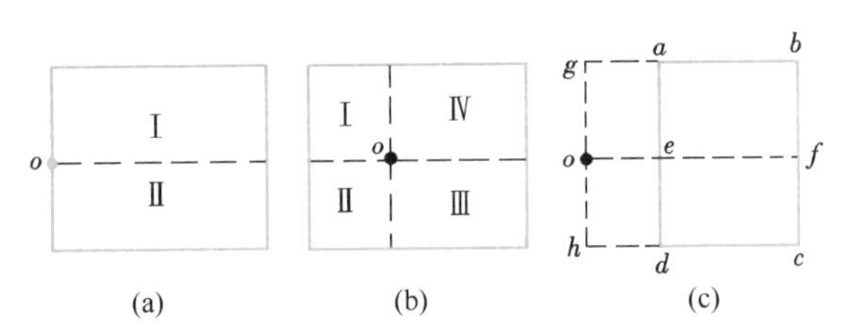

图 3-14　角点法的应用

第一种情况　计算矩形面积边缘上任意 O 点下的附加应力（图 3-14a）：

$$\sigma_z=K_c p=(K_{c\text{Ⅰ}}+K_{c\text{Ⅱ}})p$$

第二种情况　计算矩形面积内任意 O 点下的附加应力(图3-14b)：

$$\sigma_z=K_c p=(K_{c\text{Ⅰ}}+K_{c\text{Ⅱ}}+K_{c\text{Ⅲ}}+K_{c\text{Ⅳ}})p$$

第三种情况　计算矩形面积外任意 O 点下的附加应力(图3-14c)：

$$\sigma_z=K_c p=(K_{c\text{Ⅰ}}+K_{c\text{Ⅱ}}-K_{c\text{Ⅲ}}-K_{c\text{Ⅳ}})p$$

图 3-14（c）中Ⅰ为 $ogbf$，Ⅱ为 $ofch$，Ⅲ为 $ogae$，Ⅳ为 $oedh$。

必须注意：①查表（或公式）确定 K_c 时矩形小面积的长边取 l，短边取 b；②所有划分的矩形小面积总和应等于原有矩形荷载面积。

3.3.3　竖向条形均布荷载作用下的附加应力

当宽度为 b 的条形基础上作用均布荷载 p 时，取宽度 b 的中点作为坐标原点（图3-15），地基内任意点 M（x，z）的竖向附加应力为：

$$\sigma_z = K_{sz} p \tag{3-17}$$

式中　K_{sz}——条形均布荷载作用下竖向附加应力分布系数，由表3-3查取。

条形均布荷载作用下竖向附加应力分布系数　　表3-3

z/b	x/b					
	0.00	0.25	0.50	1.00	1.50	2.00
	K_{sz}	K_{sz}	K_{sz}	K_{sz}	K_{sz}	K_{sz}
0.00	1.00	1.00	0.50	0	0	0
0.25	0.96	0.90	0.50	0.02	0.00	0
0.50	0.82	0.74	0.48	0.08	0.02	0.01
0.75	0.67	0.61	0.45	0.15	0.04	0.02
1.00	0.55	0.51	0.41	0.19	0.07	0.03
1.25	0.46	0.44	0.37	0.20	0.10	0.04
1.50	0.40	0.38	0.33	0.21	0.11	0.06
1.75	0.35	0.34	0.30	0.21	0.13	0.07
2.00	0.31	0.31	0.28	0.20	0.14	0.08
3.00	0.21	0.21	0.20	0.17	0.13	0.10
4.00	0.16	0.16	0.15	0.14	0.12	0.10
5.00	0.13	0.13	0.12	0.12	0.11	0.09
6.00	0.11	0.10	0.10	0.10	0.10	—

【例3-4】 如图3-16所示，荷载面积2m×1m，p=100kPa，求 A、E、O、F、G 各点下 z=1m深度处的附加应力，并利用计算结果说明附加应力的扩散规律。

【解】 (1) A 点下的应力

A 点是矩形 $ABCD$ 的角点，$m=\frac{l}{b}=\frac{2}{1}=2$，$n=\frac{z}{b}=1$，由表3-2查得 $K_{cA}=0.1999$，故 A 点下的竖向附加应力为：$\sigma_{zA}=K_{cA}P=0.1999\times100=19.99$kPa

(2) E 点下的应力

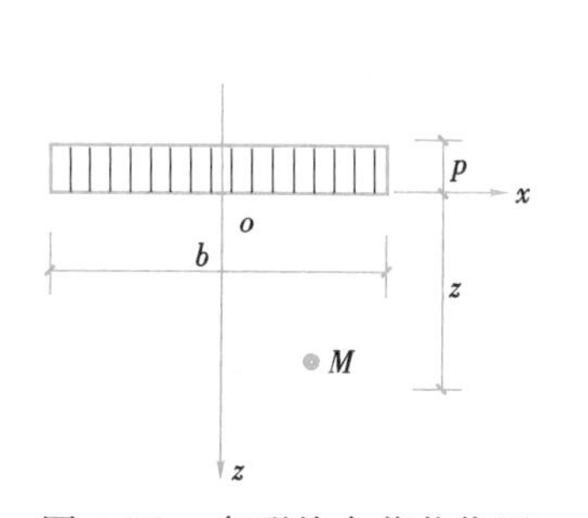

图3-15　条形均布荷载作用下地基内某点附加应力

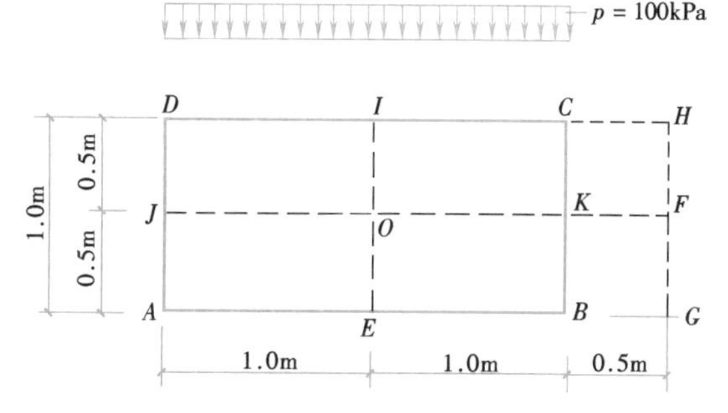

图3-16　例3-4附图

过 E 点将矩形荷载面积分为两个相等小矩形 $EADI$ 和 $EBCI$。任一个小矩形 $m=1$、$n=1$，由表 3-2 查得 $K_{cE}=0.1752$，故 E 点下的竖向附加应力为：

$$\sigma_{zE}=2K_{cE}P=2\times0.1752\times100=35.04\text{kPa}$$

(3) O 点下的应力

过 O 点将矩形面积分为四个相等小矩形，任一个小矩形 $m=\frac{1}{0.5}=2$，$n=\frac{1}{0.5}=2$，由表 3-2 查得 $K_{cO}=0.1202$，故 O 点下的竖向附加应力为：

$$\sigma_{zO}=4K_{cO}P=4\times0.1202\times100=48.08\text{kPa}$$

(4) F 点下的应力

过 F 点做矩形 $FGAJ$，$FJDH$，$FGBK$，$FKCH$。设矩形 $FGAJ$ 和 $FJDH$ 的角点应力系数为 $K_{c\text{I}}$；矩形 $FGBK$ 和 $FKCH$ 的角点应力系数为 $K_{c\text{II}}$。

求 $K_{c\text{I}}$：$m=\frac{2.5}{0.5}=5$，$n=\frac{1}{0.5}=2$，由表 3-2 查得 $K_{c\text{I}}=0.1363$

求 $K_{c\text{II}}$：$m=\frac{0.5}{0.5}=1$，$n=\frac{1}{0.5}=2$，由表 3-2 查得 $K_{c\text{II}}=0.084$

故 F 点下的竖向附加应力为：

$$\sigma_{zF}=2(K_{c\text{I}}-K_{c\text{II}})p=2\times(0.1363-0.084)\times100=10.46\text{kPa}$$

(5) G 点下的应力

过 G 点作矩形 $GADH$ 和 $GBCH$，分别求出它们的角点应力系数 $K_{c\text{I}}$ 和 $K_{c\text{II}}$。

求 $K_{c\text{I}}$：$m=\frac{2.5}{1}=2.5$，$n=\frac{1}{1}=1$，由表 3-2 查得 $K_{c\text{I}}=0.2016$

求 $K_{c\text{II}}$：$m=\frac{1}{0.5}=2$，$n=\frac{1}{0.5}=2$，由表 3-2 查得 $K_{c\text{II}}=0.1202$

故 G 点下的竖向附加应力为：

$$\sigma_{zG}=(K_{c\text{I}}-K_{c\text{II}})p=(0.2016-0.1202)\times100=8.14\text{kPa}$$

将计算结果绘成图 3-17（a）；将点 O 和点 F 下不同深度的 σ_z 求出并绘成图3-17（b），可以形象地表现出附加应力的分布规律，请读者自行总结。

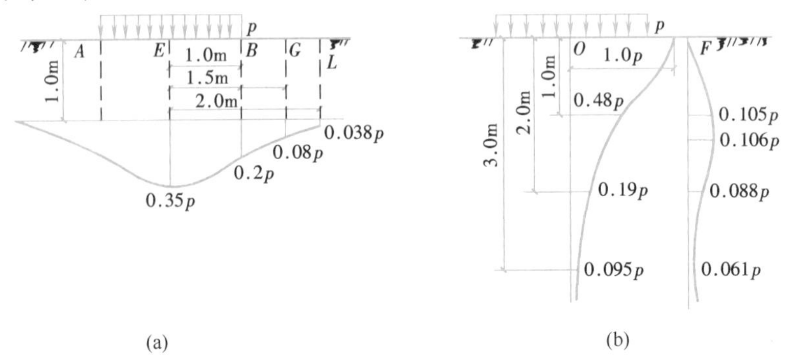

图 3-17　例 3-4 计算结果

复习思考题

1. 何谓基底压力、地基反力、基底附加压力、土中附加应力？

2. 地下水位的升、降对土自重应力有何影响？

3. 土中自重应力和附加应力的物理意义是什么？两者沿深度的分布有什么特点？通常建筑物的沉降是怎样引起的？土的自重应力是否在任何情况下都不会引起建筑物的沉降？

4. 在集中荷载作用下地基中附加应力的分布有何规律？

5. 假设基底压力保持不变，若基础埋置深度增加对土中附加应力有何影响？

6. 何为角点法？如何应用角点法计算任意点的附加应力？

7. 如图3-18所示均布荷载面积，如 p 相同，试比较 A 点下深度均为5m处的土中附加应力大小。

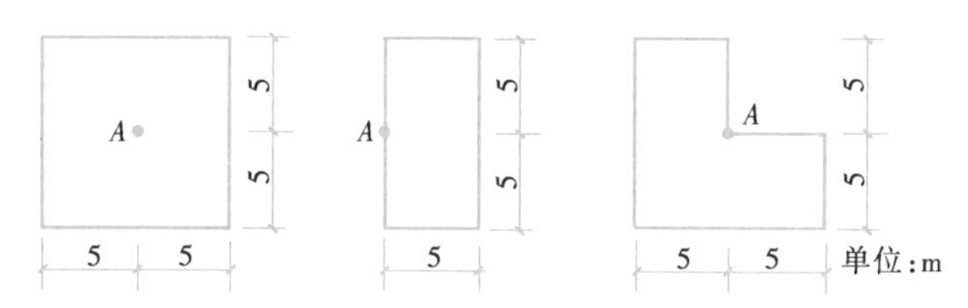

图3-18　复习思考题7题附图

8. 如图3-19所示，欲求 O 点下的附加应力，试用"角点法"确定 K_c。

图3-19　复习思考题8题附图

习　题

3-1　某建筑物地基的地质资料如图3-20所示，试计算各层交界处的竖向自重应力并绘出其沿深度的分布图。

图3-20　习题3-1附图

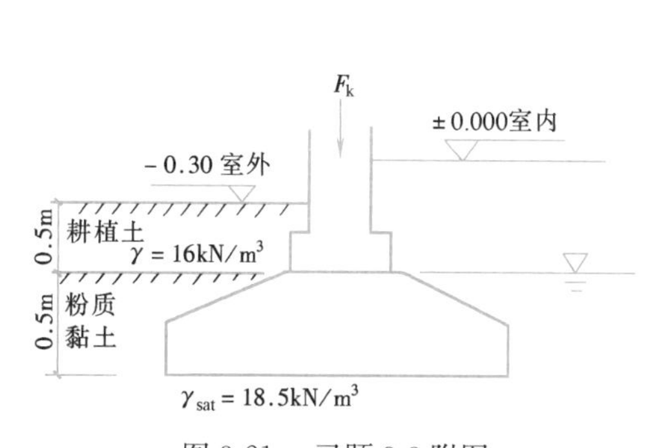

图3-21　习题3-3附图

3-2　某基础底面尺寸为 4m×2m，基础埋深为 1.5m，在设计地面标高处作用偏心荷载 700kN，偏心距（长边方向）0.6m，试计算基底压力（长边方向）和基底平均压力，并绘出基底压力分布图。

3-3　某轴心受压基础如图 3-21 所示，已知 F_k=500kN，基底面积 2m×2m，求基底附加压力。

3-4　图 3-22 所示基础作用着均布荷载 p=300kPa，试用角点法求 A、B、C、D 各点下 4m 深度处的竖向附加应力。

3-5　A、B 两个相邻荷载面如图 3-23 所示，A 荷载面作用均布荷载 P_A=200kPa，B 荷载面作用均布荷载 P_B=300kPa，试考虑相邻荷载面的影响求出 A 荷载面中心点以下深度 z=2m 处的竖向附加应力 σ_z。

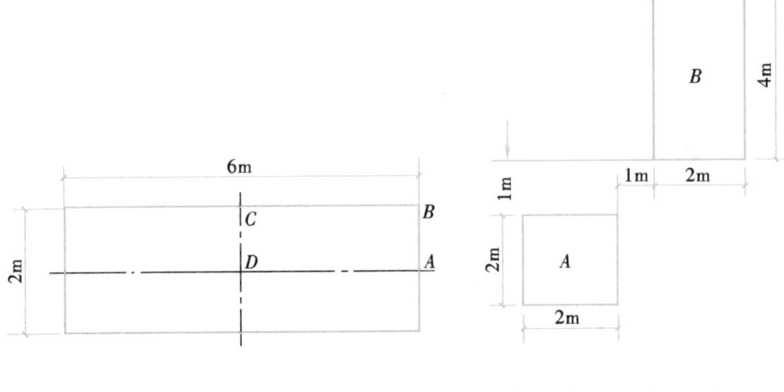

图 3-22　习题 3-4 附图　　　　图 3-23　习题 3-5 附图

教学单元 4

土的压缩性与地基沉降

教学单元4　导学视频

4.1 概　　述

土是一种散粒沉积物，具有压缩性。在建筑物荷载作用下，地基中产生附加应力，从而引起地基变形（主要是竖向变形），建筑物基础亦随之沉降。对于非均质地基或上部结构荷载差异较大时，基础部分还可能出现不均匀沉降。如果沉降或不均匀沉降超过容许范围，将会影响建筑物的正常使用，如引起上部结构的过大下沉、裂缝、扭曲或倾斜，严重时还将危及建筑物的安全。因此，研究地基的变形，对于保证建筑物的经济性和安全性具有重要意义。为了保证建筑物的正常使用和经济合理，在地基基础设计时就必须计算地基的变形值，将这一变形值控制在允许范围内，否则应采取必要的措施。

导致地基变形的因素很多，但大多数情况下主要是建筑物荷载引起的。本章主要介绍土的压缩性、压缩性指标及由建筑物荷载引起的地基最终沉降量的计算。

4.2 土的压缩性

4.2.1 基本概念

1. 压缩性

土在压力作用下体积缩小的特性称为土的压缩性。土体积缩小的原因，从土的三相组成来看不外乎有以下三个方面：①土颗粒本身的压缩；②土孔隙中不同形态的水和气体的压缩；③孔隙中部分水和气体被挤出，土颗粒相互移动靠拢使孔隙体积减小。试验研究表明，在一般建筑物压力 100～600kPa 作用下，土颗粒和水自身体积的压缩都很小，可以略去不计。气体的压缩性较大，密闭系统中，土的压缩是气体压缩的结果，但在压力消失后，土的体积基本恢复，即土呈弹性。而自然界中土是一个开放系统，孔隙中的水和气体在压力作用下不可能被压缩而是被挤出，因此，土的压缩变形主要是由于孔隙中水和气体被挤出，致使土孔隙体积减小而引起的。

2. 固结与固结度

土的压缩需要一定的时间才能完成，对于无黏性土，压缩过程所需的时间较短。对于饱和黏性土，由于水被挤出的速度较慢，压缩过程所需的时间就相当长，需几年甚至几十年才能压缩稳定。

土的压缩随时间而增长的过程称为土的固结。饱和土在荷载作用后的瞬间，孔隙中水承受了由荷载产生的全部压力，此压力称为孔隙水压力或称超静水压力，孔隙水在超静水压力作用下逐渐被排出，同时使土粒骨架逐渐承受这部分压力，此压力称为有效应力。在有效应力增加的过程中，土粒孔隙被压密，土的体积被压缩。所以土的固结过程就是超静水压力消散而转为有效应力的过程。由上述分析可知，在饱和土的固结过程中，任一时间内，有效应力 σ' 与超静水压力 u 之和总是等于由荷载产生的附加应力 σ，即

$$\sigma=\sigma'+u \tag{4-1}$$

在加荷瞬间，$\sigma=u$ 而 $\sigma'=0$。当固结变形稳定时，$u=0$ 而 $\sigma'=\sigma$，也就是说只要超静水压力消散，有效应力增至最大值 σ，则饱和土完全固结。

土在固结过程中某一时间 t 的固结沉降量 s_t 与固结稳定的最终沉降量 s 之比称为固结度 U_t，即

$$U_t=\frac{s_t}{s} \tag{4-2}$$

由式（4-2）可知，当 $t=0$ 时，$s_t=0$，则 $U_t=0$，即固结完成 0%；当固结稳定时，$s_t=s$，则 $U_t=1.0$，即固结基本上达到 100% 完成。固结度变化范围为 0～1，它表示在某一荷载作用下经过 t 时间后土体所能达到的固结程度。

各种土在不同条件下的压缩特性有很大差别，可以通过室内压缩试验和现场载荷试验测定。

4.2.2　室内压缩试验与压缩性指标

1. 压缩试验与压缩曲线

室内压缩试验是用环刀取土样放入单向固结仪或压缩仪内进行的，由于该试验中土样受到环刀和护环等刚性护壁的约束，在压缩过程中不可能发生侧向膨胀，只能产生竖向变形，因此又称为侧限压缩试验。土的压缩特性可由试验中施加的竖向垂直压力 p 与相应固结稳定状态下的土孔隙比 e 之间关系反映出来。

试验时，逐级对土样施加分布压力，一般按 p=50、100、200、300、400kPa 五级加荷，待土样压缩相对稳定后（符合现行《土工试验方法标准》GB/T 50123—2019 有关规定要求）测定相应变形量 s_i，而 s_i 可用孔隙比的变化来表示。

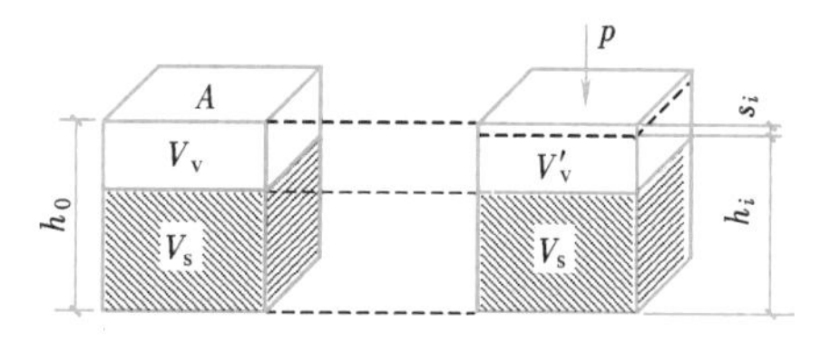

图 4-1　土样侧限压缩孔隙体积变化示意

设 h_0 为土样初始高度，h_i 为土样受压后的高度，s_i 为压力 p_i 作用下土样压缩稳定后的压缩量，则 $h_i=h_0-s_i$（图 4-1）。

根据土的孔隙比定义，初始孔隙比为

$$e_0=\frac{V_v}{V_s}=\frac{V-V_s}{V_s}=\frac{V}{V_s}-1$$

设土样横断面积为 A，则 $V=h_0A$，代入上式得

$$V_s = \frac{h_0 A}{1+e_0} \tag{a}$$

用某级压力 p_i 作用下的孔隙比 e_i 和稳定压缩量 s_i 表示土粒体积

$$V_s = \frac{h_i A}{1+e_i} = \frac{(h_0 - s_i)A}{1+e_i} \tag{b}$$

忽略土粒体积变形，故式（a）与式（b）相等，由此可解得某级荷载 p_i 作用下压缩稳定后的孔隙比 e_i 与初始孔隙比 e_0、压缩量 s_i 之间的关系

$$e_i = e_0 - \frac{s_i}{h_0}(1+e_0) \tag{4-3}$$

以压力 p 为横坐标，孔隙比 e 为纵坐标，可以绘出 e-p 关系曲线，此曲线称为压缩曲线，如图 4-2所示。

2. 压缩指标

在图 4-2 所示的压缩曲线中，当压力 $p_1 \sim p_2$ 变化范围不大时，可以将压缩曲线上的 M_1M_2 小段曲线用其割线来代替。若 M_1 点压力为 p_1，相应的孔隙比为 e_1；M_2 点的压力为 p_2，相应的孔隙比为 e_2，则 M_1M_2 段的斜率可表示为

$$a = \tan\beta = \frac{e_1 - e_2}{p_2 - p_1} = -\frac{\Delta e}{\Delta p} \tag{4-4}$$

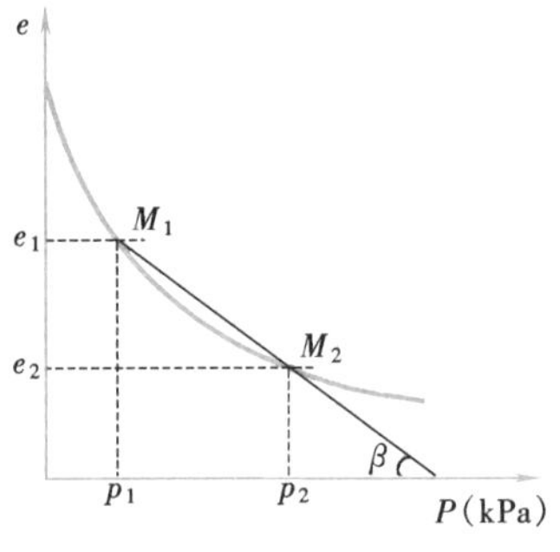

图 4-2　压缩曲线

a 值表示单位压力增量所引起的孔隙比的变化，称为土的压缩系数。式（4-4）中 a 的常用单位为 MPa^{-1}，p 的常用单位为 kPa。显然，a 值越大，表明曲线斜率大即曲线越陡，说明压力增量 Δp 一定的情况下孔隙比增量 Δe 越大，则土的压缩性就越高。因此，压缩系数 a 值是判断土压缩性高低的一个重要指标。

由图 4-2 还可以看出，同一种土的压缩系数并不是常数，而是随所取压力变化范围的不同而改变的。为了评价不同种类土的压缩性大小，必须用同一压力变化范围来比较。工程实践中，常采用 $p=100 \sim 200$kPa 压力区间相对应的压缩系数 a_{1-2} 来评价土的压缩性。《建筑地基基础设计规范》GB 50007—2011 按 a_{1-2} 的大小将地基土的压缩性分为以下三类：

当 $a_{1-2} \geqslant 0.5 MPa^{-1}$ 时，为高压缩性土；

当 $0.1 MPa^{-1} \leqslant a_{1-2} < 0.5 MPa^{-1}$ 时，为中压缩性土；

当 $a_{1-2} < 0.1 MPa^{-1}$ 时，为低压缩性土。

除了采用压缩系数作为土的压缩性指标外，工程上还采用压缩模量作为土的压缩性指标。

土在完全侧限条件下，其应力变化量 Δp 与相应的应变变化量 $\Delta \varepsilon$ 之比，称为压缩模量，用 E_s 表示，常用单位 MPa。即

$$E_s = \frac{\Delta p}{\Delta \varepsilon} \tag{4-5}$$

土的压缩模量 E_s 可按下式计算

$$E_s=\frac{1+e_1}{a} \tag{4-6}$$

式中　e_1——相应于压力 p_1 时的孔隙比；

a——相应于压力从 p_1 增加至 p_2 时的压缩系数。

在工程实际中，p_1 相当于地基土所受的自重应力，p_2 则相当于土自重与建筑物荷载在地基中产生的应力和。故（p_2-p_1）即是地基土所受到的附加应力 σ。

为了便于应用，在确定 E_s 时，压力段也可按表 4-1 数值采用。

确定 E_s 的压力区段　　表 4-1

土的自重应力＋附加应力(kPa)	＜100	100～200	＞200
压力区段(kPa)	50～100	100～200	200～300

4.2.3　土压缩性的原位测试

土的压缩性指标除了由室内压缩试验测定外，还可以通过野外静荷载试验确定。变形模量 E_0 是指土在无侧限条件下受压时，压应力与相应应变之比值，其物理意义和压缩模量一样，只不过变形模量是在无侧限条件下由现场静荷载试验确定，而压缩模量是在有侧限条件下由室内压缩试验确定的。现场原位荷载试验同时可测定地基承载力。

变形模量是在现场原位进行测定的，所以它能比较准确地反映土在天然状态下的压缩性。

进行荷载试验前，先在现场挖掘一个正方形的试验坑，其深度等于基础的埋置深度，宽度一般不小于承压板宽度（或直径）的 3 倍。承压板的面积不应小于 0.25m^2，对于软土不应小于 0.5m^2。

试验开始前，应保持试验土层的天然湿度和原状结构，并在试坑底部铺设约 20mm 厚的粗、中砂层找平。当测试土层为软塑、流塑状态的黏性土或饱和松散砂土时，荷载板周围应铺设 200～300mm 厚的原土作为保护层。当试验标高低于地下水位时，应先将水疏干或降至试验标高以下，并铺设垫层，待水位恢复后进行试验。

加载方法视具体条件采用重块或液压千斤顶。

图 4-3 为液压千斤顶加载装置示意图。试验的加荷标准应符合下列要求：加荷等级应不小于 8 级，最大加载量不应少于设计荷载的 2 倍。每级加载后，按间隔 10、10、10、15、15min，以后为每隔 30min 读一次沉降量，当连续 2h 内，每小时的沉降量小于 0.1mm 时，则认为已趋于稳定，可加下一级荷载。第一级荷载（包括设备重量）宜接近于开挖试坑所卸除土的自重（其相应的沉降量不计），其后每级荷载增量，对较松软土采用 10～25kPa；对较坚硬土采用 50kPa。并观测累计荷载下的稳定沉降量 s（mm）。直至地基土达到极限状态，即出现下列情况之一时终止加载：

（1）荷载板周围的土有明显侧向挤出；

（2）荷载 p 增加很小，但沉降量 s 却急剧增大，荷载—沉降（p-s）曲线出现陡降段；

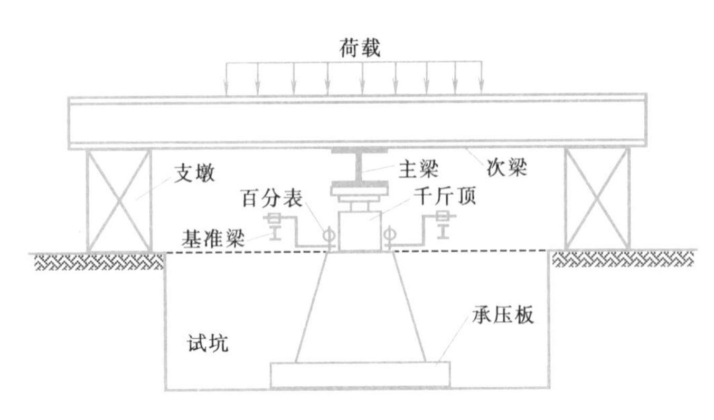

图 4-3　荷载试验装置

（3）在某一级荷载下，24h 内沉降速率不能达到稳定标准；

（4）沉降量与承压板宽度或直径之比（s/b）大于或等于 0.06。

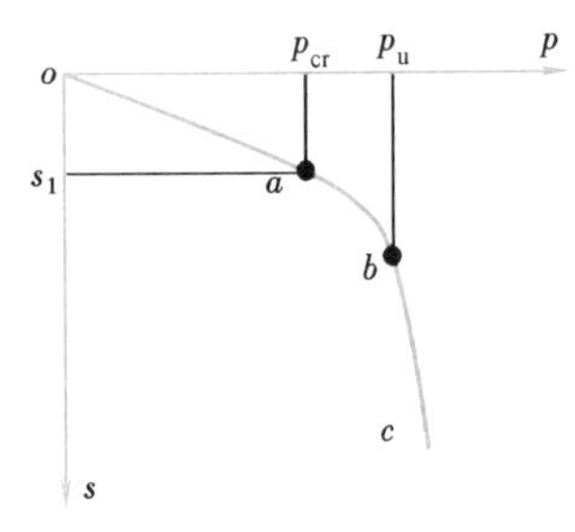

图 4-4　荷载试验 p-s 曲线

当满足前三种情况之一时，其对应的前一级荷载定为极限荷载。

根据试验观测记录，可以绘制承压板底面应力与沉降量的关系曲线，即 p-s 曲线，如图 4-4 所示。从图中可以看出，承压板的沉降量随应力（或称压力）的增大而增加；当应力 p 小于 p_{cr}（p_{cr}称为地基土的临塑压力）时，沉降量和应力近似地成正比（图 4-4 中 oa 段）。这就是说，当 $p<p_{cr}$时，地基土可看成是直线变形体，可采用弹性力学公式计算土的变形模量 E_0（MPa）

$$E_0=w(1-\mu^2)\frac{p_{cr}b}{s_1}\times10^{-3} \tag{4-7}$$

式中　w——沉降量系数，刚性正方形承压板 $w=0.88$；刚性圆形承压板 $w=0.79$；

μ——土的泊松比，可按表 4-2 采用；

p_{cr}——p-s 曲线直线段终点所对应的应力（kPa）；

s_1——与直线段终点所对应的沉降量（mm）；

b——承压板宽度（mm）。

土的泊松比 μ 参考值　　表 4-2

项　次	土的种类与状态		μ
1	碎石土		0.15～0.20
2	砂　土		0.20～0.25
3	粉　土		0.25
4	粉质黏土	坚硬状态 可塑状态 软塑及流塑状态	0.25 0.30 0.35
5	黏　土	坚硬状态 可塑状态 软塑及流塑状态	0.25 0.35 0.42

土的变形模量 E_0 与压缩模量 E_s 之间存在一定的数学关系

$$E_0=\left(1-\frac{2\mu^2}{1-\mu}\right)E_s \tag{4-8}$$

【例 4-1】 某工程地基钻孔取样，进行室内压缩试验，试样高为 $h_0=20\text{mm}$，在 $p_1=100\text{kPa}$作用下测得压缩量 $s_1=1.1\text{mm}$，在 $p_2=200\text{kPa}$ 作用下的压缩量为 $s_2=0.64\text{mm}$。土样初始孔隙比为 $e_0=1.4$，试计算压力$p=100\sim200\text{kPa}$范围内土的压缩系数、压缩模量，并评价土的压缩性。

【解】 在 $p_1=100\text{kPa}$ 作用下的孔隙比

$$e_1=e_0-\frac{s_1}{h_0}(1+e_0)=1.4-\frac{1.1}{20}(1+1.4)=1.27$$

在 $p_2=200\text{kPa}$ 作用下的孔隙比

$$e_2=e_0-\frac{s_1+s_2}{h_0}(1+e_0)=1.4-\frac{1.1+0.64}{20}(1+1.4)=1.19$$

$$a_{1-2}=\frac{e_1-e_2}{p_2-p_1}=\frac{1.27-1.19}{200-100}=8\times10^{-4}\text{kPa}^{-1}=0.8\text{MPa}^{-1}$$

$$E_{S_1-S_2}=\frac{1+e_1}{a_{1-2}}=\frac{1+1.27}{0.8}=2.84\text{MPa}$$

$$a_{1-2}=0.8\text{MPa}^{-1}>0.5\text{MPa}^{-1}\quad \text{属高压缩性土。}$$

4.3　地基最终沉降量

地基最终沉降量是指地基在建筑物荷载作用下最后的稳定沉降量。计算地基最终沉降量的目的在于确定建筑物最大沉降量、沉降差和倾斜，并将其控制在允许范围内，以保证建筑物的安全和正常使用。

计算地基变形时，传至基础底面上的荷载效应应按正常使用极限状态下荷载效应的准永久组合，不应计入风荷载和地震作用。相应的限值应为地基变形永久值。

计算地基最终沉降量的方法有多种，目前一般采用分层总和法和《建筑地基基础设计规范》GB 50007—2011 推荐的方法，现介绍如下：

4.3.1　分层总和法

分层总和法是将地基压缩层范围以内的土层划分成若干薄层，分别计算每一薄层土的变形量，最后总和起来，即得基础的沉降量。

1. 计算假设

（1）地基中附加应力按均质地基考虑，采用弹性理论计算；

（2）假定地基受压后不发生侧向膨胀，土层在竖向附加应力作用下只产生竖向变形，即可采用完全侧限条件下的室内压缩指标计算土层的变形量；

（3）一般采用基础底面中心点下的附加应力计算各分层的变形量，各分层变形量之和即为地基总沉降量。

2. 计算公式

我们将基础底面下压缩层范围内的土层划分为若干分层。现分析第 i 分层的压缩量的计算方法（参见图 4-5）。在房屋建造以前，第 i 分层仅受到土的自重应力作用，在房屋建造以后，该分层除受自重应力外，还受到房屋荷载所产生的附加应力的作用。

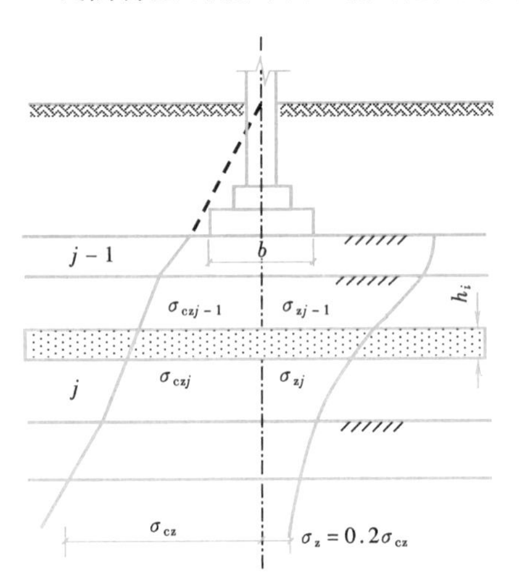

图 4-5　分层总和法计算原理示意

一般情况下，土的自重应力产生的变形过程早已结束，而只有附加应力才会使土层产生新的变形，从而使基础发生沉降。因假定地基土受荷后不产生侧向变形，所以其受力状况与土的室内压缩试验时一样，故第 i 层土的沉降量参照式（4-3）可得：

$$s_i=\frac{e_{1i}-e_{2i}}{1+e_{1i}}h_i \tag{4-9}$$

则基础总沉降量

$$s=\sum_{i=1}^{n}s_i=\sum_{i=1}^{n}\frac{e_{1i}-e_{2i}}{1+e_{1i}}h_i \tag{4-10}$$

式中　s_i——第 i 分层土的沉降量；

s——基础最终沉降量；

e_{1i}——第 i 分层土在建筑物建造前，所受平均自重应力作用下的孔隙比；

e_{2i}——第 i 分层土在建筑物建造后，所受平均自重应力与附加应力共同作用下的孔隙比；

h_i——第 i 分层土的厚度；

n——压缩层范围内土层分层数目。

式（4-10）是分层总和法的基本公式，它适用于采用压缩曲线计算。若在计算中采用压缩模量 E_s 作为计算指标，则式（4-10）由式（4-4）与式（4-6）可变形为

$$s=\sum_{i=1}^{n}\frac{1}{E_{si}}\frac{\sigma_{zi}+\sigma_{zi-1}}{2}h_i=\sum_{i=1}^{n}\frac{\bar{\sigma}_{zi}}{E_{si}}h_i \tag{4-11}$$

式中　E_{si}——第 i 分层土的压缩模量；

$\bar{\sigma}_{zi}$——第 i 分层土上下层面所受附加应力的平均值。

4.3.2　规范法

根据各向同性均质线性变形体理论，《建筑地基基础设计规范》GB 50007—2011 采用下式计算最终的基础沉降量

$$s=\psi_s s'=\psi_s \sum_{i=1}^{n} \frac{p_0}{E_{si}}(z_i \bar{\alpha}_i - z_{i-1} \bar{\alpha}_{i-1}) \tag{4-12}$$

式中　s——地基最终沉降量（mm）；

s'——理论计算沉降量（mm）；

n——地基变形计算深度范围内压缩模量（特性）不同的土层数量（图4-6）；

z_i、z_{i-1}——基础底面至第 i 层和第 $i-1$ 层底面的距离（m）；

$\bar{\alpha}_i$、$\bar{\alpha}_{i-1}$——基础底面至第 i 层和第 $i-1$ 层底面范围内平均附加应力系数，可按表 4-4 采用；

ψ_s——沉降计算经验系数，根据各地区沉降观测资料及经验确定，也可采用表 4-3 的数值。

沉降计算经验系数ψ_s　　表 4-3

基底附加应力	$\overline{E}_s$(MPa)				
	2.5	4.0	7.0	15.0	20.0
$p_0 \geqslant f_{ak}$	1.4	1.3	1.0	0.4	0.2
$p_0 \leqslant 0.75 f_{ak}$	1.1	1.0	0.7	0.4	0.2

注：$\overline{E}_s$ 为计算深度范围内压缩模量的当量值，$\overline{E}_s=\dfrac{\sum A_i}{\sum \dfrac{A_i}{E_{si}}}$。

式中　A_i——第 i 层土附加应力系数沿土层厚度的积分值，即第 i 层土的附加应力系数面积；

f_{ak}——地基承载力特征值；

p_0——相应于作用的准永久组合时的基础底面处的附加压力（kPa）；

E_{si}——基础底面下第 i 层土的压缩模量，按实际应力范围取值（MPa）。

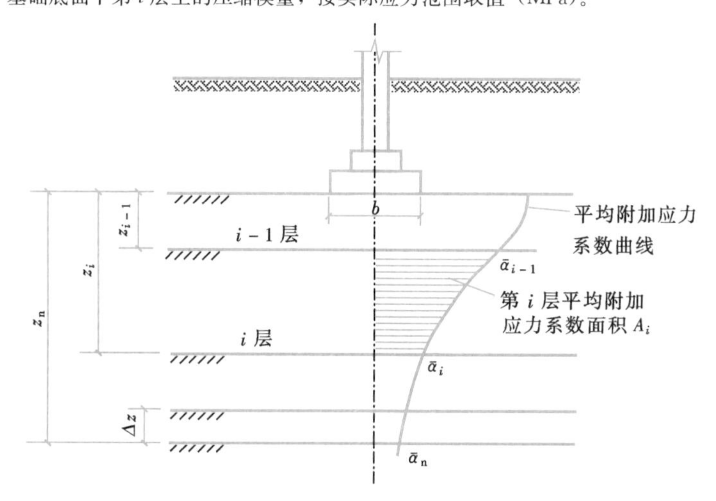

图 4-6　规范法计算原理示意

均布矩形荷载角点下的平均附加应力系数　　表 4-4

z/b	l/b												
	1.0	1.2	1.4	1.6	1.8	2.0	2.4	2.8	3.2	3.6	4.0	5.0	10.0
0.0	0.2500	0.2500	0.2500	0.2500	0.2500	0.2500	0.2500	0.2500	0.2500	0.2500	0.2500	0.2500	0.2500
0.2	0.2496	0.2497	0.2497	0.2498	0.2498	0.2498	0.2498	0.2498	0.2498	0.2498	0.2498	0.2498	0.2498
0.4	0.2474	0.2497	0.2481	0.2483	0.2483	0.2484	0.2485	0.2485	0.2485	0.2485	0.2485	0.2485	0.2485
0.6	0.2423	0.2437	0.2444	0.2448	0.2451	0.2452	0.2454	0.2455	0.2455	0.2455	0.2455	0.2455	0.2456
0.8	0.2346	0.2372	0.2387	0.2395	0.2400	0.2403	0.2407	0.2408	0.2409	0.2409	0.2410	0.2410	0.2410
1.0	0.2252	0.2291	0.2313	0.2326	0.2335	0.2340	0.2346	0.2349	0.2351	0.2352	0.2352	0.2353	0.2353
1.2	0.2149	0.2199	0.2229	0.2248	0.2260	0.2268	0.2278	0.2282	0.2285	0.2286	0.2287	0.2288	0.2289
1.4	0.2043	0.2102	0.2140	0.2164	0.2190	0.2191	0.2204	0.2211	0.2215	0.2217	0.2218	0.2220	0.2221
1.6	0.1939	0.2006	0.2049	0.2079	0.2099	0.2113	0.2130	0.2138	0.2143	0.2146	0.2148	0.2150	0.2152
1.8	0.1840	0.1912	0.1960	0.1994	0.2018	0.2034	0.2055	0.2066	0.2073	0.2077	0.2079	0.2082	0.2084
2.0	0.1746	0.1822	0.1875	0.1912	0.1938	0.1958	0.1982	0.1996	0.2004	0.2009	0.2012	0.2015	0.2018
2.2	0.1659	0.1737	0.1793	0.1833	0.1862	0.1833	0.1911	0.1927	0.1937	0.1943	0.1947	0.1952	0.1955
2.4	0.1578	0.1657	0.1715	0.1757	0.1789	0.1812	0.1843	0.1862	0.1873	0.1880	0.1885	0.1890	0.1895
2.6	0.1503	0.1583	0.1642	0.1686	0.1719	0.1745	0.1779	0.1799	0.1812	0.1820	0.1825	0.1832	0.1838
2.8	0.1433	0.1514	0.1574	0.1619	0.1654	0.1680	0.1717	0.1739	0.1753	0.1763	0.1769	0.1777	0.1784
3.0	0.1369	0.1449	0.1510	0.1556	0.1592	0.1619	0.1658	0.1682	0.1698	0.1708	0.1715	0.1725	0.1733
3.2	0.1310	0.1390	0.1450	0.1497	0.1533	0.1562	0.1602	0.1628	0.1645	0.1657	0.1664	0.1675	0.1685
3.4	0.1256	0.1334	0.1394	0.1441	0.1478	0.1508	0.1550	0.1577	0.1595	0.1607	0.1616	0.1628	0.1639
3.6	0.1205	0.1282	0.1342	0.1389	0.1427	0.1456	0.1500	0.1528	0.1548	0.1561	0.1570	0.1583	0.1595
3.8	0.1158	0.1234	0.1293	0.1340	0.1378	0.1408	0.1452	0.1482	0.1502	0.1516	0.1526	0.1541	0.1554
4.0	0.1114	0.1189	0.1248	0.1294	0.1332	0.1362	0.1408	0.1438	0.1459	0.1474	0.1485	0.1500	0.1516
4.2	0.1073	0.1147	0.1205	0.1251	0.1289	0.1319	0.1365	0.1396	0.1418	0.1434	0.1445	0.1462	0.1479
4.4	0.1035	0.1107	0.1164	0.1210	0.1248	0.1279	0.1325	0.1357	0.1379	0.1396	0.1404	0.1425	0.1444
4.6	0.1000	0.1070	0.1127	0.1172	0.1209	0.1240	0.1287	0.1319	0.1342	0.1359	0.1371	0.1390	0.1410
4.8	0.0967	0.1036	0.1091	0.1136	0.1173	0.1204	0.1250	0.1283	0.1307	0.1324	0.1337	0.1357	0.1379
5.0	0.0935	0.1003	0.1057	0.1102	0.1139	0.1169	0.1216	0.1249	0.1273	0.1291	0.1304	0.1325	0.1348
5.2	0.0906	0.0972	0.1026	0.1070	0.1106	0.1136	0.1183	0.1271	0.1241	0.1259	0.1273	0.1295	0.1320
5.4	0.0878	0.0943	0.0996	0.1039	0.1075	0.1105	0.1152	0.1186	0.1211	0.1229	0.1243	0.1265	0.1292
5.6	0.0852	0.0916	0.0968	0.1010	0.1046	0.1076	0.1122	0.1156	0.1181	0.1200	0.1215	0.1238	0.1266
5.8	0.0828	0.0890	0.0941	0.0983	0.1018	0.1047	0.1094	0.1128	0.1153	0.1172	0.1187	0.1211	0.1240
6.0	0.0805	0.0866	0.0916	0.0957	0.0991	0.1021	0.1067	0.1101	0.1126	0.1146	0.1161	0.1185	0.1216
6.2	0.0783	0.0842	0.0891	0.0932	0.0966	0.0995	0.1041	0.1075	0.1101	0.1120	0.1136	0.1161	0.1193
6.4	0.0762	0.0820	0.0869	0.0909	0.0942	0.0971	0.1016	0.1050	0.1076	0.1096	0.1111	0.1137	0.1171
6.6	0.0742	0.0799	0.0847	0.0886	0.0919	0.0948	0.0993	0.1027	0.1053	0.1073	0.1088	0.1114	0.1149
6.8	0.0723	0.0799	0.0826	0.0865	0.0898	0.0926	0.0970	0.1004	0.1030	0.1050	0.1066	0.1092	0.1129
7.0	0.0705	0.0761	0.0806	0.0844	0.0877	0.0904	0.0949	0.0982	0.1008	0.1028	0.1044	0.1071	0.1109
7.2	0.0688	0.0742	0.0787	0.0825	0.0857	0.0884	0.0928	0.0962	0.0987	0.1008	0.1023	0.1051	0.1090
7.4	0.0672	0.0725	0.0769	0.0806	0.0838	0.0865	0.0908	0.0942	0.0967	0.0988	0.1004	0.1031	0.1071
7.6	0.0656	0.0709	0.0752	0.0789	0.0820	0.0846	0.0889	0.0922	0.0948	0.0968	0.0984	0.1012	0.1054
7.8	0.0642	0.0693	0.0736	0.0771	0.0802	0.0828	0.0871	0.0904	0.0929	0.0950	0.0966	0.0994	0.1036
8.0	0.0627	0.0678	0.0720	0.0755	0.0785	0.0811	0.0853	0.0886	0.0912	0.0932	0.0948	0.0976	0.1020
8.2	0.0614	0.0663	0.0705	0.0739	0.0769	0.0795	0.0837	0.0869	0.0894	0.0914	0.0931	0.0959	0.1004
8.4	0.0601	0.0649	0.0690	0.0724	0.0754	0.0779	0.0820	0.0852	0.0878	0.0898	0.0914	0.0943	0.0988
8.6	0.0588	0.0636	0.0676	0.0710	0.0739	0.0764	0.0855	0.0836	0.0862	0.0882	0.0898	0.0927	0.0973
8.8	0.0576	0.0623	0.0663	0.0696	0.0724	0.0749	0.0790	0.0821	0.0846	0.0866	0.0882	0.0912	0.0959
9.2	0.0554	0.0599	0.0637	0.0670	0.0697	0.0721	0.0761	0.0792	0.0817	0.0837	0.0853	0.0882	0.0931
9.6	0.0533	0.0577	0.0614	0.0645	0.0672	0.0696	0.0734	0.0765	0.0789	0.0809	0.0825	0.0855	0.0905
10.0	0.0514	0.0556	0.0592	0.0622	0.0649	0.0672	0.0710	0.0739	0.0763	0.0783	0.0799	0.0829	0.0880
10.4	0.0496	0.0533	0.0572	0.0601	0.0627	0.0649	0.0686	0.0716	0.0739	0.0759	0.0775	0.0804	0.0857
10.8	0.0479	0.0519	0.0553	0.0581	0.0606	0.0628	0.0664	0.0693	0.0717	0.0736	0.0751	0.0781	0.0834
11.2	0.0463	0.0502	0.0535	0.0563	0.0587	0.0606	0.0644	0.0672	0.0695	0.0714	0.0730	0.0759	0.0813
11.6	0.0448	0.0486	0.0518	0.0545	0.0569	0.0590	0.0625	0.0652	0.0675	0.0694	0.0709	0.0738	0.0793
12.0	0.0435	0.0471	0.0502	0.0529	0.0552	0.0573	0.0606	0.0634	0.0656	0.0674	0.0690	0.0719	0.0774
12.8	0.0409	0.0444	0.0474	0.0499	0.0521	0.0541	0.0573	0.0599	0.0621	0.0639	0.0654	0.0682	0.0739
13.6	0.0387	0.0420	0.0448	0.0472	0.0493	0.0512	0.0543	0.0568	0.0589	0.0607	0.0621	0.0649	0.0707
14.4	0.0367	0.0398	0.0425	0.0448	0.0468	0.0486	0.0516	0.0540	0.0561	0.0577	0.0592	0.0619	0.0677
15.2	0.0349	0.0379	0.0404	0.0426	0.0446	0.0463	0.0492	0.0515	0.0535	0.0551	0.0565	0.0592	0.0650
16.0	0.0332	0.0361	0.0385	0.0407	0.0425	0.0442	0.0492	0.0469	0.0511	0.0527	0.0540	0.0567	0.0625
18.0	0.0297	0.0323	0.0345	0.0364	0.0381	0.0396	0.0422	0.0442	0.0460	0.0475	0.0487	0.0512	0.0570
20.0	0.0269	0.0292	0.0312	0.0330	0.0345	0.0359	0.0383	0.0402	0.0418	0.0432	0.0444	0.0468	0.0524

地基变形计算深度 z_n（图 4-6），应符合下式要求：

$$\Delta s'_n \leqslant 0.025 \sum_{i=1}^{n} \Delta s'_i \tag{4-13}$$

式中 $\Delta s'_i$——在计算深度范围内，第 i 层土的计算变形值；

$\Delta s'_n$——在由计算深度向上取厚度为 Δz 的土层计算变形值，Δz 见图 4-6 并按表 4-5 确定。

Δz 取值表　　表 4-5

b(m)	$b \leqslant 2$	$2 < b \leqslant 4$	$4 < b \leqslant 8$	$b > 8$
Δz (m)	0.3	0.6	0.8	1.0

如确定的计算深度下部仍有较软土层时，应继续计算。

当无相邻荷载影响，基础宽度在 1～30m 范围内时，基础中点的地基变形计算深度也可按下列简化公式计算：

$$z_n = b(2.5 - 0.4\ln b) \tag{4-14}$$

式中 b——基础宽度（m）。

在计算深度范围内存在基岩时，z_n 可取至基岩表面；当存在较厚的坚硬黏性土层，其孔隙比小于 0.5、压缩模量大于 50MPa，或存在较厚的密实砂卵石层，其压缩模量大于 80MPa 时，z_n 可取至该层土表面。

计算地基变形时，应考虑相邻荷载的影响，其值可按应力叠加原理，采用角点法计算。

现将按《建筑地基基础设计规范》GB 50007—2011 方法计算基础沉降量的步骤总结如下：

1）计算基底附加应力；

2）将地基土按压缩性分层（即按 E_s 分层）；

3）计算各分层的沉降量；

4）确定沉降计算深度；

5）计算基础总沉降量。

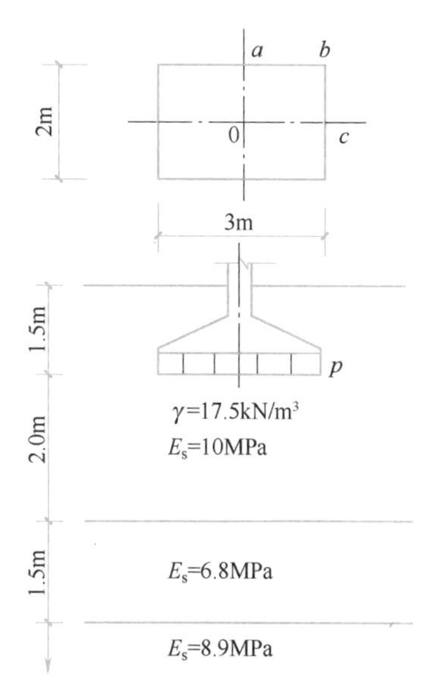

图 4-7　例 4-2 附图

【例 4-2】 某中心受压柱基础，已知基底压力 $p_k = 220$kPa，地基承载力特征值 $f_{ak} = 190$kPa，其他条件如图 4-7 所示，试按规范推荐的方法计算基础的最终沉降量。

【解】（1）计算基底附加压力

$p_0 = p_k - \sigma_{cz} = 220 - 17.5 \times 1.5 = 193.75$kPa

（2）将地基土按压缩性分层

试取 $z_n = 4.3$m，查表 4-5 知 $\Delta z = 0.3$m。分层厚度见表 4-6。

（3）计算各分层的沉降量

计算过程见表 4-6。

例 4-2 计算附表　　表 4-6

z_i (mm)	$n=\frac{l}{b}$	$m=\frac{z_i}{b}$	$d\bar{\alpha}_i$	$z_i\bar{\alpha}_i$ (mm)	$z_i\bar{\alpha}_i - z_{i-1}\bar{\alpha}_{i-1}$ (mm)	E_{si} (kPa)	$\Delta s_i'$ (mm)
0	1.5	0	0.2500	0			
2000	1.5	2.0	0.1894	1515.2	1515.2	10000	29.36
3500	1.5	3.5	0.1392	1948.8	433.6	6800	12.35
4000	1.5	4.0	0.1271	2033.6	84.8	8900	1.85
4300	1.5	4.3	0.1208	2077.7	44.2	8900	0.96

（4）确定沉降计算深度

由表 4-6 可知：$\sum_{i=1}^{n} \Delta s_i' = 29.36 + 12.35 + 1.85 + 0.96 = 44.52\text{mm}$

$$\Delta s_n' = 0.96\text{mm} < 0.025 \sum_{i=1}^{n} \Delta s_i' = 0.025 \times 44.52 = 1.11\text{mm}$$

故所取沉降计算深度 $z_n = 4.3\text{m}$ 满足规范要求。

（5）确定沉降计算经验系数

$$\overline{E}_s = \frac{\Sigma A_i}{\Sigma \frac{A_i}{E_{si}}} = \frac{1515.2 + 433.6 + 84.8 + 44.2}{\frac{1515.2}{10} + \frac{433.6}{6.8} + \frac{84.8}{8.9} + \frac{44.2}{8.9}} = 9.04\text{MPa}$$

查表 4-3 得 $\psi_s = 0.85$

（6）计算基础最终沉降量

$$s = \psi_s s' = 0.85 \times 44.52 = 37.84\text{mm}$$

4.3.3　地基沉降与时间的关系

以上介绍的地基沉降计算量是最终沉降量，是在建筑物荷载产生的附加应力作用下，使土的孔隙发生压缩而引起的。对于饱和土体压缩，必须使孔隙中的水分排出后才能完成。孔隙中水分的排除需要一定的时间，通常碎石土和砂土地基渗透性大、压缩性小，地基沉降趋于稳定的时间很短。而饱和的厚黏性土地基的孔隙小、压缩性大，沉降往往需要几年甚至几十年才能达到稳定。一般建筑物在施工期间完成的沉降量，对于砂土可认为其最终沉降量已完成 80%以上；对于低压缩性黏性土可以认为已完成最终沉降量的 50%～80%；对于中压缩性土可以认为已完成 20%～50%；对于高压缩性土可以认为已完成5%～20%。因此，工程实践中一般只考虑黏性土的变形与时间之间的关系。

在建筑物设计中，既要计算地基最终沉降量，还需要知道沉降与时间的关系，以便预留建筑物有关部分之间的净空，合理选择连接方法和施工顺序。对发生裂缝、倾斜等事故的建筑物，也需要知道沉降与时间的关系，以便对沉降计算值和实测值进行分析。

地基沉降与时间关系可采用固结理论或经验公式估算（具体应用时可参考有关资料）。

4.4　建筑物的沉降观测与地基允许变形值

4.4.1　建筑物的沉降观测

为了及时发现建筑物变形并防止有害变形的扩大，对于重要的、新型的、体形复杂的建筑物，或使用上对不均匀沉降有严格限制的建筑物，在施工过程中，以及使用过程中需要进行沉降观测。根据沉降观测的资料，可以预估最终沉降量，判断不均匀沉降的发展趋势，以便控制施工速度或采取相应的加固处理措施。

《建筑地基基础设计规范》GB 50007—2011 规定，以下建筑物应在施工期间及使用期间进行沉降观测：

（1）地基基础设计等级为甲级的建筑物；

（2）软弱地基上的地基基础设计等级为乙级的建筑物；

（3）处理地基上的建筑物；

（4）加层、扩建建筑物；

（5）受邻近深基坑开挖施工影响或受场地地下水等环境因素变化影响的建筑物；

（6）采用新型基础或新型结构的建筑物；

（7）需要积累建筑物沉降经验或进行设计反分析的工程。

1. 沉降观测点的布置

沉降观测首先要设置好水准基点，其位置必须稳定可靠，妥善保护。埋设地点宜靠近观测对象，但必须在建筑物所产生的压力影响范围以外。在一个观测区内，水准基点不应少于3个，埋置深度应与建筑物基础的埋深相适应。其次应根据建筑物的平面形状，结构特点和工程地质条件综合考虑布置观测点，一般设置在建筑物四周的角点、转角处、纵横墙的中点、沉降缝和新老建筑物连接处的两侧，或地质条件有明显变化的地方，数量不宜少于6点。观测点的间距一般为8～12m。

2. 沉降观测的技术要求

沉降观测采用精密水准仪测量，观测的精度为0.01mm。沉降观测应从浇捣基础后立即开始，民用建筑每增高一层观测一次，工业建筑应在不同荷载阶段分别进行观测，施工期间的观测不应少于4次。建筑物竣工后应逐渐加大观测时间间隔，第一年不少于3～5次，第二年不少于2次，以后每年1次，直到下沉稳定为止。稳定标准为半年的沉降量不超过2mm。在正常情况下，沉降速率应逐渐减慢，如沉降速率减少到0.05mm/d以下时，可认为沉降趋向稳定，这种沉降称为减速沉降。如出现等速沉降，就有导致地基丧失稳定的危险。当出现加速沉降时，表示地基已丧失稳定，应及时采取措施，防止发生工程事故。

3. 沉降观测资料的整理

沉降观测的测量数据应在每次观测后立即进行整理，计算观测点高程的变化和每个观测点在观测间隔时间内的沉降增量以及累计沉降量。同时应绘制各种图件，包括每个观测点的沉降—时间变化过程曲线，建筑物沉降展开图和建筑物的倾斜及沉降差的时间过程曲线。根据这些图件可以分析判断建筑物的变形状况及其变化发展趋势。

4.4.2 地基允许变形值

1. 地基变形分类

不同类型的建筑物，对地基变形的适应性是不同的。因此，应用前述公式验算地基变形时，要考虑不同建筑物采用不同的地基变形特征来进行比较与控制。

《建筑地基基础设计规范》GB 50007—2011 将地基变形依其特征分为以下四种：

(1) 沉降量：指单独基础中心的沉降值（图 4-8)。

对于单层排架结构柱基和高耸结构基础须计算沉降量，并使其小于允许沉降值。

(2) 沉降差：指两相邻单独基础沉降量之差（图 4-9)。

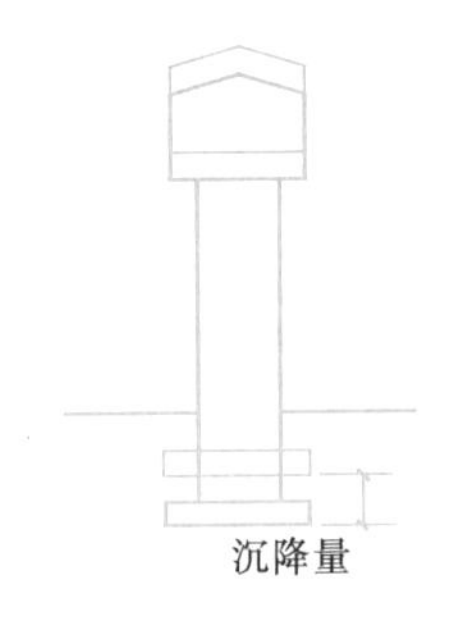

图 4-8 基础沉降量

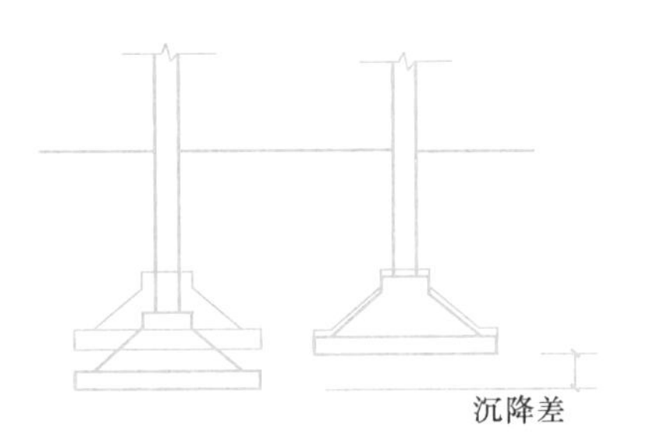

图 4-9 基础沉降差

对于建筑物地基不均匀，有相邻荷载影响和荷载差异较大的框架结构、单层排架结构，需验算基础沉降差，并把它控制在允许值以内。

(3) 倾斜：指单独基础在倾斜方向上两端点的沉降差与其距离之比（图 4-10)。

当地基不均匀或有相邻荷载影响的多层和高层建筑基础及高耸结构基础，须验算基础的倾斜。

(4) 局部倾斜：指砌体承重结构沿纵墙 6～10m 内基础两点的沉降差与其距离之比（图 4-11)。

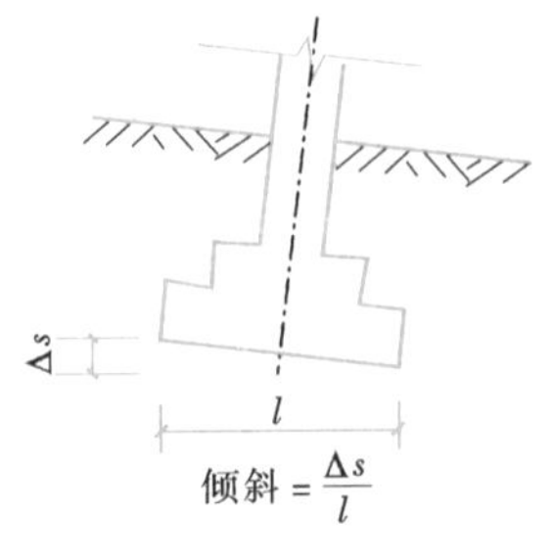

图 4-10 基础倾斜

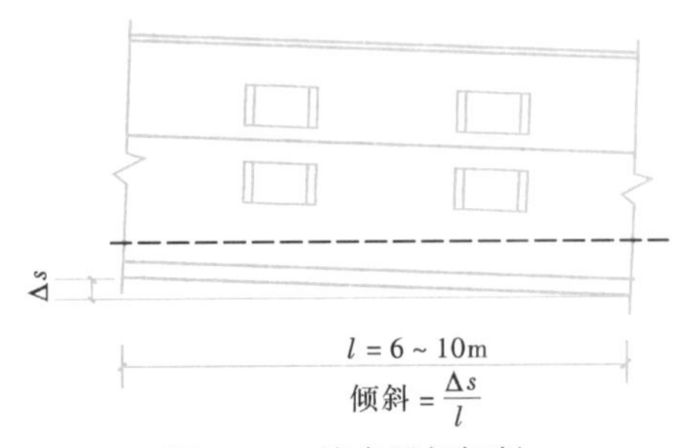

图 4-11 墙身局部倾斜

根据调查分析，砌体结构墙身开裂，大多数情况下都是由于墙身局部倾斜超过允许值所致。所以，当地基不均匀、荷载差异较大、建筑体型复杂时，就需要验算墙身的倾斜。

2. 地基变形允许值

一般建筑物的地基允许变形值可按表4-7规定采用。表中数值是根据大量常见建筑物系统沉降观测资料统计分析得出的。对于表中未包括的其他建筑物的地基变形允许值，可根据上部结构对地基变形的适应性和使用上的要求确定。

建筑物的地基变形允许值　　表4-7

变形特征	地基土类别	
	中、低压缩性土	高压缩性土
砌体承重结构基础的局部倾斜	0.002	0.003
工业与民用建筑相邻柱基的沉降差		
(1) 框架结构	$0.002l$	$0.003l$
(2) 砌体墙填充的边排柱	$0.0007l$	$0.001l$
(3) 当基础不均匀沉降时不产生附加应力的结构	$0.005l$	$0.005l$
单层排架结构(柱距为6m)柱基的沉降量(mm)	120	200
桥式吊车轨面的倾斜（按不调整轨道考虑）		
纵向	0.004	
横向	0.003	
多层和高层建筑的整体倾斜　$H_g \leqslant 24$	0.004	
$24 < H_g \leqslant 60$	0.003	
$60 < H_g \leqslant 100$	0.0025	
$H_g > 100$	0.002	
体形简单的高层建筑基础的平均沉降量（mm）	200	
高耸结构基础的倾斜　$H_g \leqslant 20$	0.008	
$20 < H_g \leqslant 50$	0.006	
$50 < H_g \leqslant 100$	0.005	
$100 < H_g \leqslant 150$	0.004	
$150 < H_g \leqslant 200$	0.003	
$200 < H_g \leqslant 250$	0.002	
高耸结构基础的沉降量（mm）　$H_g \leqslant 100$	400	
$100 < H_g \leqslant 200$	300	
$200 < H_g \leqslant 250$	200	

注：1. 本表数值为建筑物地基实际最终变形允许值。
　　2. 有括号者仅适用于中压缩性土。
　　3. l 为相邻柱基的中心距离（mm）；H_g 为自室外地面起算的建筑物高度（m）。

复习思考题

1. 何谓土的压缩性？引起土压缩的主要原因是什么？工程上如何评价土的压缩性？

2. 何谓土的固结与固结度？

3. 地基变形特征有哪几种?

习　　题

4-1　某土样的侧限压缩试验结果见表 4-8。

习题 4-1 附表　　表 4-8

p(MPa)	0	0.05	0.1	0.2	0.3	0.4
e	0.93	0.85	0.8	0.73	0.67	0.65

要求：

(1) 绘制压缩曲线，求压缩系数并评价土的压缩性；

(2) 当土自重应力为 0.05MPa，土自重应力和附加应力之和为 0.2MPa 时，求土压缩模量 E_s。

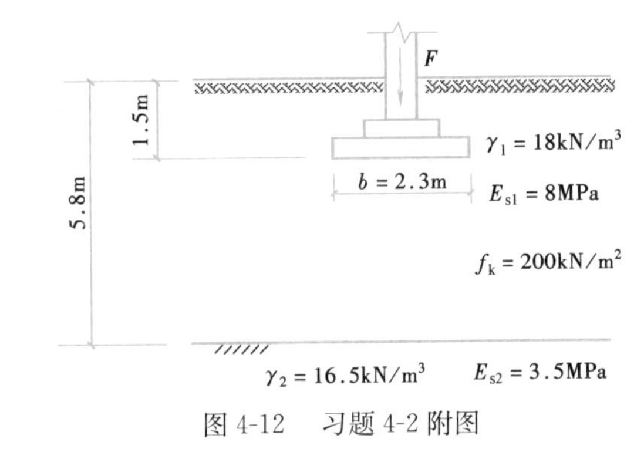

图 4-12　习题 4-2 附图

4-2　某独立柱基础如图 4-12 所示，基础底面尺寸为 3.2m×2.3m，基础埋深 d=1.5m，作用于基础上的荷载 F=950kN，试用《建筑地基基础设计规范》GB 50007—2011 中方法计算基础最终沉降量。

教学单元5

土的抗剪强度与地基承载力

教学单元5　导学视频

5.1 概　　述

建筑物地基基础设计必须满足变形和强度两个基本条件。设计过程中，首先是根据上部结构荷载与地基承载力之间的关系(简单地说，即是建筑物基础底面处的接触压力应小于等于地基承载力)来确定基础的埋置深度和平面尺寸以保证地基土不丧失稳定性，这是承载力设计的主要目的。在此前提下还要控制建筑物的沉降在容许的范围以内，使结构不致因过大的沉降或不均匀沉降而出现开裂、倾斜等现象，保证建筑物和管网等配套设施能够正常工作。

强度和变形是两个不同的控制标准，任何安全等级的建筑物都必须进行承载力的设计计算，都必须满足地基的承载力和稳定性的要求；在满足地基的承载力和稳定性的前提下，还必须满足变形要求。以上两个要求不可互相替代，承载力要求是先决条件，但并不是所有的建筑物都必须进行沉降验算，根据工程经验，对某些特定的建筑物，强度起着控制性作用，只要强度条件满足，变形条件也能同时得到满足，因此就不必进行沉降验算（参见《建筑地基基础设计规范》有关规定与要求）。关于地基的变形计算已在第四章中介绍，本章将主要介绍地基的承载力和稳定问题，它包括土的抗剪强度以及地基基础设计时的地基承载力的计算问题。

当地基受到荷载作用后，土中各点将产生法向应力与剪应力，若某点的剪应力达到该点的抗剪强度，土即沿着剪应力作用方向产生相对滑动，此时称该点剪切破坏。若荷载继续增加，则剪应力达到抗剪强度的区域（塑性区）越来越大，最后形成连续的滑动面，一部分土体相对另一部分土体产生滑动，基础因此产生很大的沉降或倾斜，整个地基达到剪切破坏，此时称地基丧失了稳定性。因此，土的强度问题实质上就是抗剪强度问题。

土的抗剪强度是指在外力作用下，土体内部产生剪应力时，土对剪切破坏的极限抵抗能力。土的抗剪强度主要应用于地基承载力的计算和地基稳定性分析、边坡稳定性分析、挡土墙及地下结构物上的土压力计算等。

5.2 土的抗剪强度

5.2.1 抗剪强度

1. 库仑定律

土的抗剪强度和其他材料的抗剪强度一样，可以通过试验的方法测定，但土的抗剪强度与之不同的是，工程实际中地基土体因自然条件、受力过程及状态等诸多因素的影响，试验时必须模拟实际受荷过程，所以土的抗剪强度并非是一个定值。不同类型的土其抗剪强度不同，即使同一类土，在不同条件下的抗剪强度也不相同。

测定土的抗剪强度的方法很多，最简单的方法是直接剪切试验，简称直剪试验。试验用直剪仪进行（分应变控制式和应力控制式两种，应变式直剪仪应用较为普遍）。图5-1为应变式直剪仪示意图，该仪器主要部分由固定的上盒和活动的下盒组成。试验前，用销钉把上下盒固定成一完整的剪切盒，将环刀内土样推入，土样上下各放一块透水石。试验时，先通过加压板施加竖向力 F，然后拔出销钉，在下盒上匀速施加一水平力 T，此时土样在上下盒之间固定的水平面上受剪，直到破坏。从而可以直接测得破坏面上的水平力 T，若试样的水平截面积为 A，则竖向压应力为 $\sigma=F/A$，此时，土的抗剪强度（土样破坏时对此推力的极限抵抗能力）为 $\tau_f=T/A$。

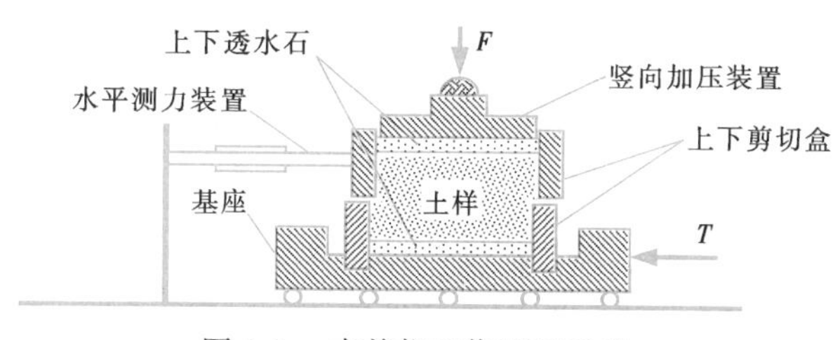

图5-1　直剪仪工作原理示意

试验时，一般用4～6个物理状态相同的试样，使它们在不同的竖向压力作用下剪切破坏，同时可测得相应的最大破坏剪应力即抗剪强度。以测得的 σ 为横坐标，以 τ_f 为纵坐标，绘制抗剪强度 τ_f 与法向应力 σ 关系曲线，如图5-2所示。若土样为砂土，其曲线为一条通过坐标原点并与横坐标成 φ 角的直线（图5-2a），其方程为：

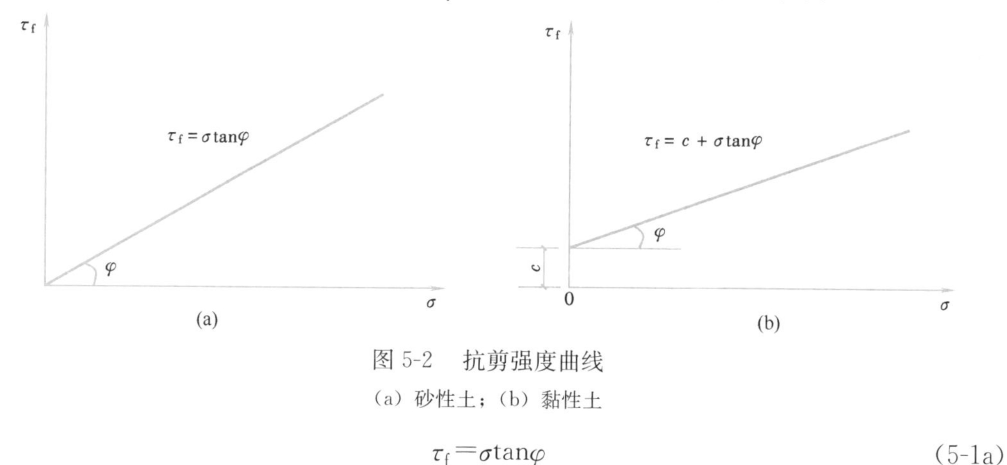

图5-2　抗剪强度曲线

（a）砂性土；（b）黏性土

$$\tau_f=\sigma\tan\varphi \tag{5-1a}$$

式中　τ_f——在法向应力作用下土的抗剪强度（kPa）；

σ——作用在剪切面上的法向应力（kPa）；

φ——土的内摩擦角（°）。

对于黏性土和粉土，τ_f 与 σ 之间关系基本上也成直线关系，但这条直线不通过原点，而与纵轴形成一截距 c（图5-2b），其方程为：

$$\tau_f = c + \sigma\tan\varphi \qquad (5\text{-}1b)$$

式中　c——土的黏聚力（kPa）；

其余符号意义与前相同。

式（5-1）是库仑（Coulomb）于1773年提出的，故称为库仑定律或土的抗剪强度定律。

2. 抗剪强度的构成因素

式（5-1a）和式（5-1b）中的c和φ称为土的抗剪强度指标（或参数）。在一定条件下c和φ是常数，它们是构成土的抗剪强度的基本要素，c（称为土的黏聚力）和φ（φ称为土的内摩擦角，$\tan\varphi$为土的内摩擦系数）的大小反映了土的抗剪强度的高低。

由土的三相组成特点不难看出，土的抗剪强度的构成有两个方面：即内摩擦力与黏聚力。存在于土体内部的摩擦力由两部分组成：一是剪切面上颗粒与颗粒之间在粗糙面上产生的摩擦力；另一个是由于颗粒之间的相互嵌入和互锁作用产生的咬合力。土颗粒越粗，内摩擦角φ越大。黏聚力c是由于土粒之间的胶结作用、结合水膜以及水分子引力作用等形成的。土颗粒越细，塑性越大，其黏聚力也越大。

3. 抗剪强度的影响因素

影响土的抗剪强度的因素很多，主要包括以下几个方面：

①土颗粒的矿物成分、形状及颗粒级配；②初始密度；③含水量；④土的结构扰动情况；⑤有效应力；⑥应力历史；⑦试验条件。

5.2.2　摩尔—库仑强度理论

根据前述教学单元3内容可知，建筑物地基在建筑物荷载作用下，其内任意一点都将产生应力。土的强度问题就是抗剪强度问题，因而，我们在研究土的应力和强度问题时，常采用最大剪应力理论，该理论认为：材料的剪切破坏主要是由于土中某一截面上的剪应力达到极限值所致，但材料达到破坏时的抗剪强度也与该截面上的正应力有关。

当土中某点的剪应力小于土的抗剪强度时，土体不会发生剪切破坏，即土体处于稳定状态；当土中剪应力等于土的抗剪强度时，土体达到临界状态，称为极限平衡状态，此时土中大小主应力与土的抗剪强度指标之间的关系，称为土的极限平衡条件；当土中剪应力大于土的抗剪强度时，土体中这样的点从理论上讲处于破坏状态（实际上这种应力状态并不存在，因这时该点已产生塑性变形和应力重分布）。

1. 土中某点的应力状态

现以平面应力状态为例进行研究。设想一无限长条形荷载作用于弹性半无限体的表面上，根据弹性理论，这属于平面变形问题。垂直于基础长度方向的任意横截面上，其应力状态如图5-3所示。由材料力学可知，地基中任意一点M（用微元体表示）皆为平面应力状态，其上作用的应力为正应力σ_x、σ_z和剪应力τ_{xz}。该点上大、小主应力σ_1、σ_3为

$$\left.\begin{matrix}\sigma_1\\ \sigma_3\end{matrix}\right\} = \frac{\sigma_x + \sigma_z}{2} \pm \sqrt{\left(\frac{\sigma_x - \sigma_z}{2}\right)^2 + \tau_{xz}^2} \qquad (5\text{-}2)$$

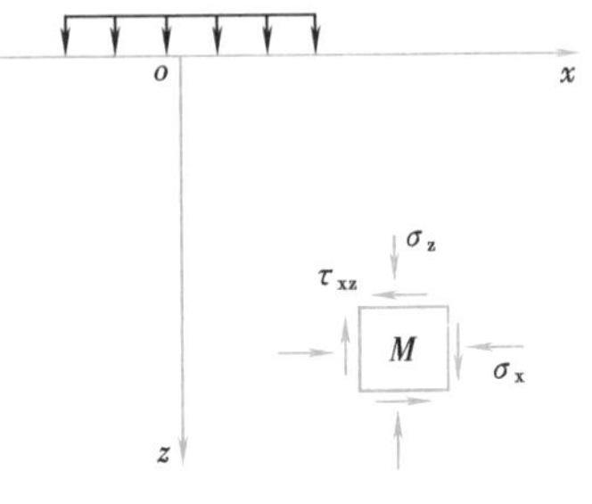

图5-3　土中某点应力状态

当主应力已知时，任意斜截面上的正应力 σ 与剪应力 τ 的大小可用摩尔圆来表示，例如圆周上的 A 点表示与水平线成 α 角的斜截面，A 点的两个坐标表示该斜截面上的正应力 σ 与剪应力 τ（图 5-4）。

$$\sigma=\frac{\sigma_1+\sigma_3}{2}+\frac{\sigma_1-\sigma_3}{2}\cos2\alpha \tag{5-3}$$

$$\tau=\frac{\sigma_1-\sigma_3}{2}\sin2\alpha \tag{5-4}$$

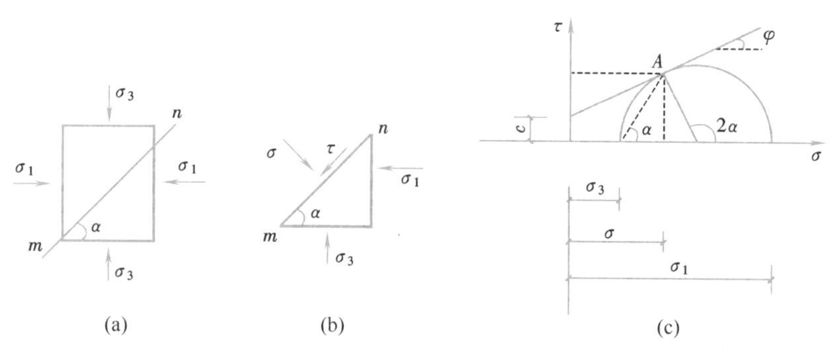

图 5-4　土中任意点的应力状态

(a)单元体上的应力；(b)隔离体上的应力；(c)摩尔应力圆

在 σ_1、σ_3 已知的情况下，mn 斜面上的正应力 σ 与剪应力 τ 仅与该面的倾角 α 有关。摩尔应力圆上的点的纵、横坐标可以表示土中任一点的应力状态。

2. 土的极限平衡条件

为了建立实用的土的极限平衡条件，将土体中某点应力状态的应力圆和土的抗剪强度与法向应力关系曲线即抗剪强度线绘于同一直角坐标系中（图 5-5），对它们之间的关系进行比较，就可以判断土体在这一点上是否达到极限平衡状态。

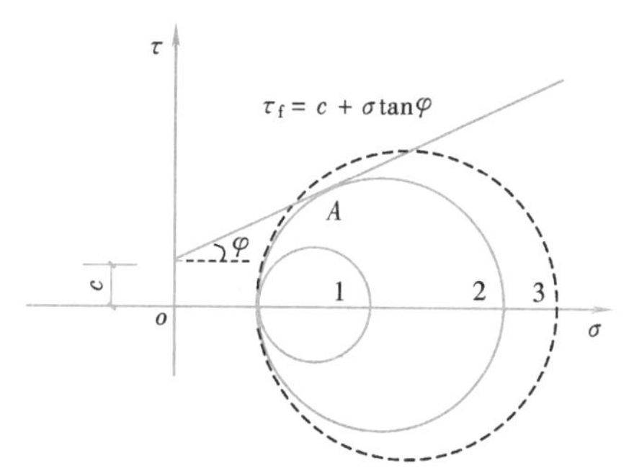

图 5-5　摩尔应力圆与抗剪强度线间的关系

(1) 摩尔应力圆位于抗剪强度线下方（圆 1）说明这个应力圆所表示的土中这一点在任何方向的平面上其剪应力都小于土的抗剪强度，因此该点不会发生剪切破坏，处于弹性平衡状态。

(2) 摩尔应力圆与抗剪强度线相切（圆 2），切点为 A，说明应力圆上 A 点所代表的平面上的剪应力刚好等于土的抗剪强度，该点处于极限平衡状态。这个应力圆称为极限应力圆。

(3) 抗剪强度线与摩尔应力圆相割（圆 3），说明土中过这一点的某些平面上的剪应力已经超过了土的抗剪强度，从理论上讲该点早已破坏，因而这种应力状态是不会存在的，实际上在这些点位上已产生塑性流动和应力重新分布，故圆 3 用虚线表示。

根据摩尔应力圆与抗剪强度线的几何关系，可建立极限平衡条件方程式。图 5-6(a)所示土体中微元体的受力情况，mn 为破裂面，它与大主应力作用面呈 α_{cr} 角。该点处于极限平衡状态，其摩尔应力圆如图 5-6（b)所示。根据$\triangle Ao'D$ 的边角关系，得到黏性土的极限平衡条件，即

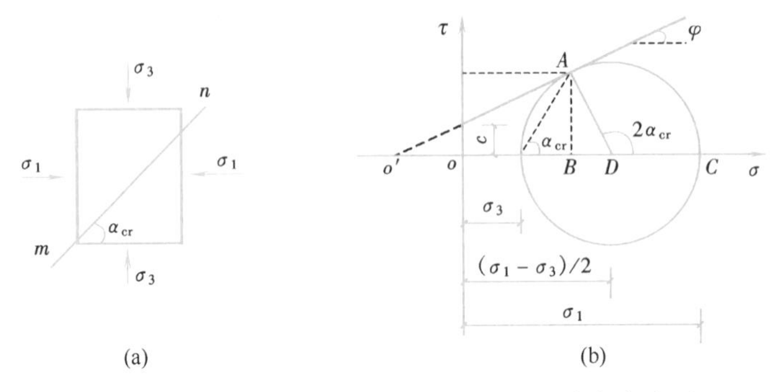

图 5-6　土中某点达到极限平衡状态时的摩尔应力圆

(a)单元体上的应力；(b)极限状态摩尔应力圆

$$\sigma_1=\sigma_3\tan^2\left(45°+\frac{\varphi}{2}\right)+2c\tan\left(45°+\frac{\varphi}{2}\right) \tag{5-5}$$

$$\sigma_3=\sigma_1\tan^2\left(45°-\frac{\varphi}{2}\right)-2c\tan\left(45°-\frac{\varphi}{2}\right) \tag{5-6}$$

对于无黏性土，因 $c=0$，由式（5-5）和式（5-6）可得无黏性土的极限平衡条件，即

$$\sigma_1=\sigma_3\tan^2\left(45°+\frac{\varphi}{2}\right) \tag{5-7}$$

$$\sigma_3=\sigma_1\tan^2\left(45°-\frac{\varphi}{2}\right) \tag{5-8}$$

在图 5-6（b)的$\triangle Ao'D$ 中，由内外角之间的关系可知，

$$2\alpha_{cr}=90°+\varphi$$

即某点处于极限平衡状态时，破裂面与最大主应力作用面所呈角度（称为破裂角）为

$$\alpha_{cr}=45°+\frac{\varphi}{2} \tag{5-9}$$

上式是用于判断土体达到极限平衡状态时的最大与最小主应力之间的关系，而不是任何应力条件下的恒等式。这一表达式是土的强度理论的基本关系式，在讨论分析地基承载力和土压力问题时应用。

【例 5-1】 已知一组直剪试验结果，在施加的法向应力分别为 100、200、300、400kPa 时，测得相应的抗剪强度分别为 67、119、162、215kPa。试作图求该土的抗剪强度指标 c、φ 值。若作用在此土中某点的最大与最小主应力分别为 350kPa 和 100kPa，问该点处于何种状态？

【解】（1）以法向应力 σ 为横坐标，抗剪强度 τ_f 为纵坐标，σ、τ_f 取相同比例，将

土样的直剪试验结果点在坐标系上，如图5-7所示，过点群中心绘直线即为抗剪强度曲线。

在图中量得抗剪强度线与纵轴截距值即为土的黏聚力：$c=15\text{kPa}$，直线与横轴的倾角即为内摩擦角 $\varphi=27°$。

（2）当最大主应力 $\sigma_1=350\text{kPa}$ 时，如果土体处于极限平衡状态，根据极限平衡条件其最大与最小主应力间关系：

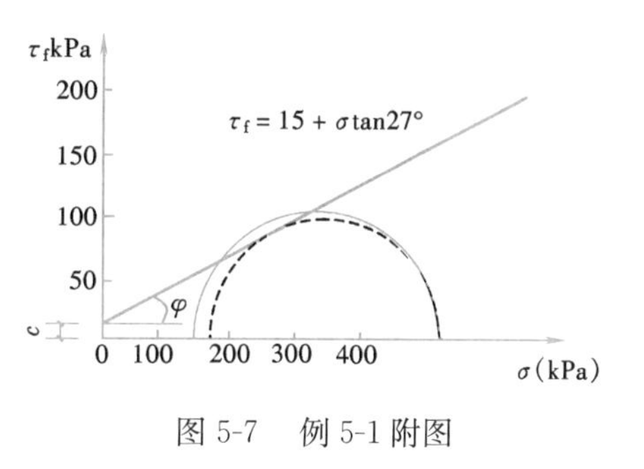

图5-7　例5-1附图

$$\sigma_{3极}=\sigma_1\tan^2\left(45°-\frac{\varphi}{2}\right)-2c\tan\left(45°-\frac{\varphi}{2}\right)$$

$$=350\times\tan^2\left(45°-\frac{27°}{2}\right)-2\times15\times\tan\left(45°-\frac{27°}{2}\right)=113.05\text{kPa}$$

$\sigma_{3极}>\sigma_{3实}=100\text{kPa}$，说明该点已处于破坏状态。

5.3　土的抗剪强度试验方法

土的抗剪强度指标 c、φ 值是土的重要力学指标，在确定地基土的承载力、挡土墙的土压力以及验算土坡的稳定性等问题时都要用到土的抗剪强度指标。因此，正确地测定和选择土的抗剪强度指标是土工试验与设计计算中十分重要的问题。

土的抗剪强度指标通过土工试验确定。试验方法分为室内土工试验和现场原位测试两种。室内试验常用的方法有直接剪切试验、三轴剪切试验；现场原位测试的方法有十字板剪切试验和大型直剪试验。

5.3.1　不同排水条件的试验方法与适用条件

同一种土在不同排水条件下进行试验，可以得出不同的抗剪强度指标，即土的抗剪强度在很大程度上取决于试验方法，根据试验时的排水条件可分为以下三种试验方法。

（1）不固结—不排水剪试验（Unconsolidation Undrained Shear Test，简称UU试验）（对于直接剪切试验时称为快剪试验）

这种试验方法是在整个试验过程中都不让土样排水固结，简称不排水剪试验。在后述的三轴剪切试验中，自始至终关闭排水阀门，无论在周围压力 σ_3 作用下或随后施加竖向压力，剪切时都不使土样排水，因而在试验过程中土样的含水量保持不变。直剪试验时，在试样的上下两面均贴以蜡纸或将上下两块透水石换成不透水的金属板，因而施加的是总应力 σ，不能测定孔隙水压力 u 的变化。

不排水剪试验是模拟建筑场地土体来不及固结排水就较快地加载的情况。在实际工作中，对渗透性较差，排水条件不良，建筑物施工速度快的地基土或斜坡稳定性验算时，可以采用这种试验条件来测定土的抗剪强度指标。

（2）固结—不排水剪试验（Consolidation Undrained Shear Test，简称 CU 试验）（对于直接剪切试验时称为固结快剪试验）

三轴试验时，先使试样在周围压力作用下充分排水，然后关闭排水阀门，在不排水条件下施加压力至土样剪切破坏。直剪试验时，施加竖向压力并使试样充分排水固结后，再快速施加水平力，使试样在施加水平力过程中来不及排水。

固结—不排水剪试验是模拟建筑场地土体在自重或正常载荷作用下已达到充分固结，而后遇到突然施加载荷的情况。对一般建筑物地基的稳定性验算以及预计建筑物施工期间能够排水固结，但在竣工后将施加大量活载荷（如料仓、油罐等）或可能有突然活荷载（如风力等）情况，就应用固结—不排水剪试验的指标。

（3）固结—排水剪试验（Consolidation Drained Shear Test，简称 CD 试验）（对于直接剪切试验时称为慢剪试验）

试验时，在周围压力作用下持续足够的时间使土样充分排水，孔隙水压力降为零后才施加竖向压力。施加速率仍很缓慢，不使孔隙水压力增量出现，即在应力变化过程中孔隙水压力始终处于零的固结状态。故在试样破坏时，由于孔隙水压力充分消散，此时总应力法和有效应力法表达的抗剪强度指标也一致。

固结—排水剪试验是模拟地基土体已充分固结后开始缓慢施加载荷的情况。在实际工程中，对土的排水条件良好（如黏土层中夹砂层）、地基土透水性较好（低塑性黏性土）以及加荷速率慢时可选用。但因工程的正常施工速度不易使孔隙水压力完全消散，试验过程既费时又费力，因而较少采用。

5.3.2 直接剪切试验

直剪仪试验原理已在本单元 5.2 中叙述（具体操作程序与要求参见《土工试验方法标准》）。由于直剪仪构造简单，土样制备和试验操作方便等特点，现仍被一般工程所采用。

按固结排水条件，直剪试验指标对应有三种：

（1）快剪试验　指标用 c_q、φ_q 表示。

（2）固结快剪试验　指标用 c_{cq}、φ_{cq}表示。

（3）慢剪试验　指标用 c_s、φ_s 表示。

直剪试验虽有一定优点，但是由于直剪仪固有的下列缺点，使有些土的试验结果不能反映工程的实际情况，所得的抗剪强度指标过大，对高等级建筑物安全无法保证：

①直剪仪不能有效地控制排水；②直剪仪上下盒之间的缝隙对试验结果的影响；③直剪试验时土样的剪切面是人为规定的；④剪切面积随剪切位移的增加而减小且土样应力条件非常复杂。

由于直剪仪的上述缺点，无论在工程实用或科学研究方面的使用都受到很大的限制。

5.3.3　三轴剪切试验

三轴剪切仪由受压室、周围压力控制系统、轴向加压系统、孔隙水压力系统以及试样体积变化量测系统等组成（图5-8）。

三轴试验的土样是在轴对称应力条件下剪切的，圆柱形土样侧面作用着小主应力σ_3，顶面和底面作用着大主应力σ_1，大、小主应力可以根据试验要求控制其大小和变化。土样包在不透水的乳胶膜中，在土样的底面和顶面都设置了可以控制的排水管道，通过开关可以改变土样的排水条件，并可通过管道量测土样顶部或内部的孔隙水压力。因此，三轴试验可以克服直剪试验的固有缺点，不仅用于工程试验，也被广泛应用于科学研究中，三轴剪切仪是目前最常用的土工试验仪器。

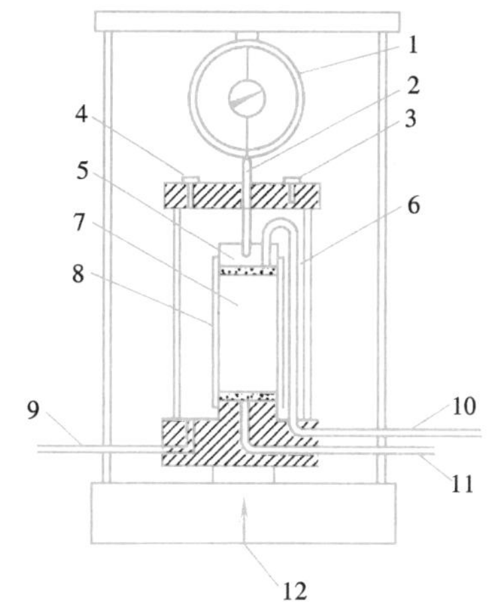

图5-8　三轴剪切仪

1—量力环；2—活塞；3—进水孔；4—排水孔；5—试样帽；6—受压室；7—试样；8—乳胶膜；9—接周围压力控制系统；10—接排水管；11—接孔隙水压力系统；12—接轴向加压系统

用同一种土制成若干土样按上述方法进行试验，对每个土样施加不同的周围压力σ_3，可分别求得剪切破坏时对应的最大主应力σ_1，将这些结果绘成一组摩尔圆。根据土的极限平衡条件可知，通过这些摩尔圆的切点的直线就是土的抗剪强度线，由此可得抗剪强度指标c和φ值。

根据土样在周围压力及偏应力条件下是否排水固结的要求，三轴剪切试验指标对应有如下三种：

（1）不固结—不排水剪试验（UU试验）　指标用c_u、φ_u表示。

（2）固结—不排水剪试验（CU试验）　指标用c_{cu}、φ_{cu}表示。

（3）固结—排水剪试验（CD试验）　指标用c_d、φ_d表示。

因三轴剪切仪有上述诸多优点，现行《建筑地基基础设计规范》推荐采用本方法，特别是对于一级建筑物地基土应予采用。

5.3.4　无侧限抗压强度试验

无侧限抗压强度试验方法适用于饱和黏土。本试验所用的主要仪器设备是应变控制式无侧限压缩仪（由测力计、加压框架、升降设备组成），如图5-9所示。

无侧限抗压强度试验所用试样为原状土样，试验时按《土工试验方法标准》中有关规定制备。

5.3.5　十字板剪切试验

十字板剪切仪如图5-10所示。

试验时，先钻孔至需要试验的土层深度以上750mm处，然后将装有十字板的钻杆

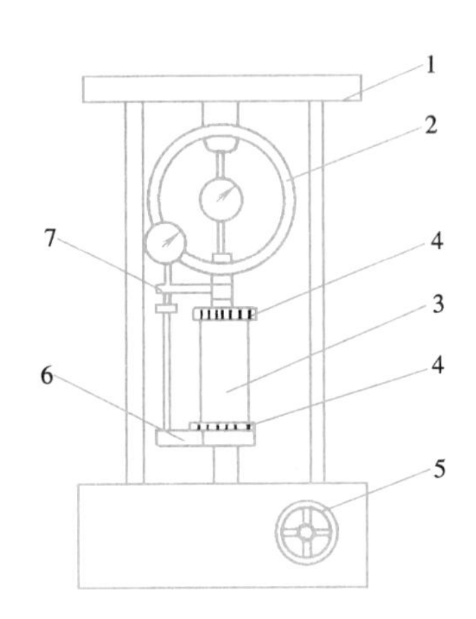

图 5-9　应变控制式无侧限压缩仪

1—轴向加荷架；2—轴向测力计；3—试样；4—上、下传压板；5—手轮；6—升降板；7—轴向位移计

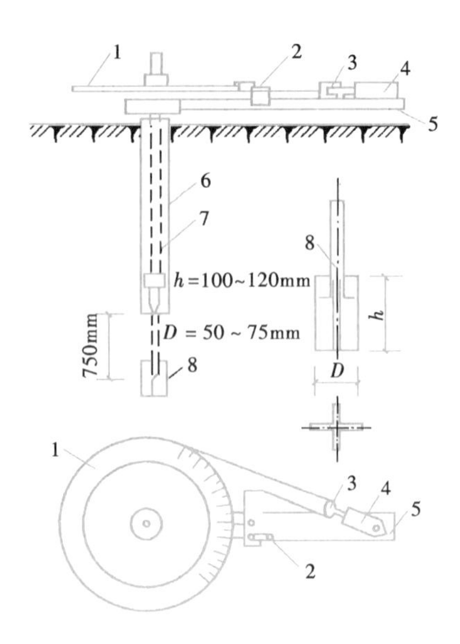

图 5-10　十字板剪切仪

1—转盘；2—摇柄；3—滑轮；4—弹簧秤；5—槽钢；6—套管；7—钻杆；8—十字板

放入钻孔底部，并插入土中 750mm，施加扭矩使钻杆旋转直至土体剪切破坏。土体剪切面为十字板旋转所形成的圆柱面。土的抗剪强度可按下式计算：

$$\tau_f = K_c (P_c - f_c) \tag{5-10}$$

式中　P_c——土发生剪切破坏时的总作用力，由弹簧秤读数读得（N）；

f_c——轴杆及设备的机械阻力，在空载时由弹簧秤事先测得（N）；

K_c——十字板常数。按下式计算：

$$K_c = \frac{2R}{\pi D^2 h\left(1+\frac{D}{3h}\right)} \tag{5-11}$$

式中　h、D——分别为十字板的高度和直径（mm）；

R——转盘的半径（mm）。

十字板剪切试验适用于软塑状态的黏性土。它的优点是不需钻取原状土样，对土的扰动较小。

5.4　地基的破坏形式与地基承载力

在设计地基基础时，必须知道地基承载力特征值。地基承载力特征值是指在保证地基稳定条件下，地基单位面积上所能承受的最大应力。地基承载力特征值可由载荷试验或其他原位测试、公式计算、并结合工程实践经验等方法综合确定。

5.4.1　地基变形阶段与破坏形式

在第四章曾介绍现场荷载试验及由试验记录所绘制的 p-s 曲线。为了确定地基承载力，现在进一步研究压力 p 和沉降 s 之间的关系（图 5-11）。

1. 地基变形的三个阶段

现场平板载荷试验时，地基在局部荷载作用下，从开始施加荷载并逐渐增加至地基发生破坏，地基的变形大致经过以下三个阶段：

（1）直线变形阶段（压密阶段）

当基底压力 $p \leqslant p_{cr}$（临塑压力）时（基底压力值在 oa 段范围内），压力与变形基本成直线关系。在这一阶段土的变形主要是由土的压实，孔隙体积减小引起的。此时土中各点的剪应力均小于土的抗剪强度，土体处于弹性平衡状态。因此这一阶段称为压密阶段，如图 5-12（a）所示。我们把土中即将出现剪切破坏（塑性变形）点时的基底压力称为临塑压力（或比例极限）。

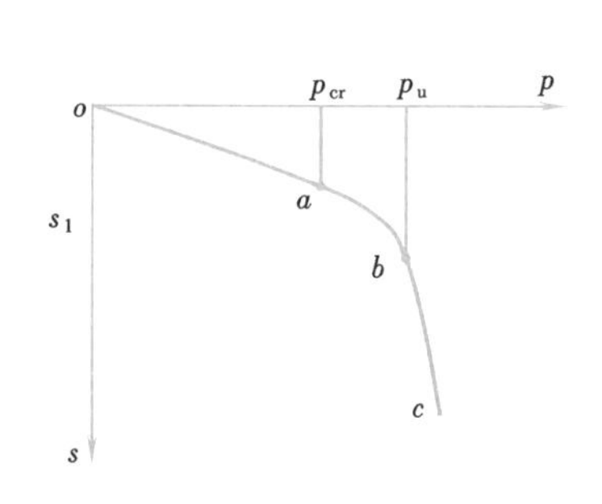

图 5-11　荷载试验 p-s 曲线

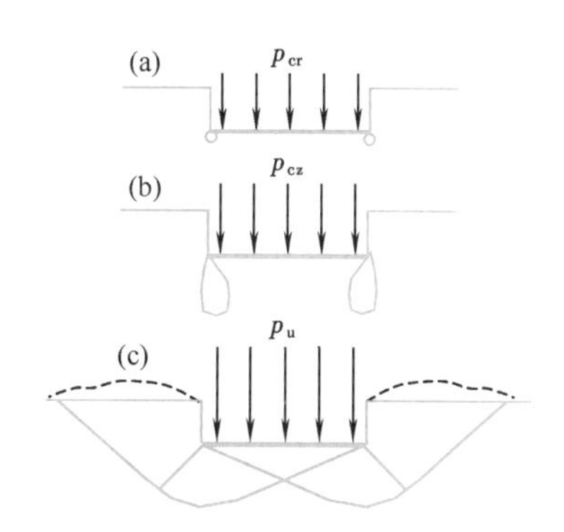

图 5-12　地基塑性区发展示意
(a)直线变形阶段；(b)局部剪切阶段；
(c)地基失稳阶段

（2）局部剪切阶段（塑性变形阶段）

当 $p_{cr} < p < p_u$ 时（ab 段，此段范围内的基底压力称为塑性荷载），地基中的变形不再是线形变化，压力和变形之间成曲线关系。在这一阶段，随着压力的增加，地基除进一步压密外，在局部（一般首先从基础边缘开始）还出现了剪切破坏区（也称为塑性区），如图 5-12（b）所示。

（3）失稳阶段（完全破坏阶段）

当 $p \geqslant p_u$ 时（bc 段，p_u 为地基刚出现整体滑裂破坏面时的基底压力，称为极限荷载），压力稍稍增加，地基变形将急剧增大，这时塑性区扩大，形成连续的滑动面，土从荷载板下挤出，在地面隆起，这时地基已完全丧失稳定性，如图5-12（c）所示。

2. 地基破坏形式

大量的试验研究表明，在荷载作用下，建筑物地基的破坏通常是由于承载力不足而引起的剪切破坏，其形式可分为整体剪切破坏、局部剪切破坏和冲剪破坏三种。

整体剪切破坏的特征是，当基底荷载较小时，基底压力与沉降基本上呈直线关系，属于线性变形阶段。假设基础上的荷载继续增加，剪切破坏区不断增加，最终在地基中形成连续的滑动面，地基发生整体剪切破坏。此时基础急剧下沉或向一侧倾斜，基础四周的地面同时产生隆起。

冲剪破坏（刺入剪切破坏）是由于基础下部软弱土的压缩变形使基础连续下沉，如果荷载继续增加到某一数值，基础可能向下像“切入”土中一样，基础侧面附近的土体因垂直剪切而破坏。

局部剪切破坏是介于整体剪切破坏和冲剪破坏之间的一种破坏形式，局部剪切破坏也是从基础边缘开始，但滑动面不会发展到地面，而是限制在地基内部某一区域，基础四周地面也有隆起现象，但不会有明显的倾斜，压力与沉降关系曲线从一开始就呈现非线性关系。

地基究竟发生哪种形式的破坏，与土的压缩性有关。一般对于密实砂土和坚硬黏土，将出现整体剪切破坏；对于压缩性较大的松砂和软黏土，将会出现局部剪切或冲剪破坏。

5.4.2　平板载荷试验确定地基承载力

平板载荷试验加荷过程在第四章已阐述。由试验结果可绘制 p-s 关系曲线，并推断出地基的极限荷载与承载力特征值。规范规定在某一级荷载作用下，如果出现下列情况之一时土体被认为已经达到了破坏状态，此时即可终止加荷：

(1) 荷载板周围的土有明显侧向挤出；

(2) 荷载 p 增加很小，但沉降量 s 却急剧增大，荷载-沉降（p-s）曲线出现陡降段；

(3) 在某一级荷载下，24h 内沉降速率不能达到稳定标准；

(4) 沉降量与承压板宽度或直径之比（s/b）大于或等于 0.06。

当满足前三种情况之一时，其对应的前一级荷载定为极限荷载。

承载力特征值的确定应符合下列规定：

(1) 当 p-s 曲线上有比例界限时，取该比例界限所对应的荷载值；

(2) 当极限荷载小于对应比例界限的荷载值的 2 倍时，取极限荷载值的一半；

(3) 当不能按上述两款要求确定时，当压板面积为 0.25～0.50m^2，可取 s/b=0.01～0.015 所对应的荷载，但其值不应大于最大加载量的一半；

(4) 同一土层参加统计的试验点不应少于三点，当试验实测值的极差不超过其平均值的 30%时，取此平均值作为该土层的地基承载力特征值 f_{ak}。

5.4.3　理论公式确定地基承载力

若基底压力小于地基临塑压力，则表明地基不会出现塑性区，这时，地基将有足够的安全储备。实践证明，采用临塑压力作为地基承载力设计值是偏于保守的。只要地基的塑性区范围不超过一定限度，并不会影响建筑物的安全和正常使用。这样，可采用地基土出现一定深度的塑性区的基底压力作为地基承载力特征值。

当偏心距 e 小于或等于 0.033 倍基础底面宽度时，通过试验和统计得到土的抗剪强度指标标准值后，可按下式计算地基土承载力特征值

$$f_a = M_b \gamma b + M_d \gamma_m d + M_c c_k \tag{5-12}$$

式中　f_a——由土的抗剪强度指标确定的地基承载力特征值（kPa）；

γ——基础底面以下土的重度，地下水位以下取有效重度（kN/m^3）；

γ_m——基础底面以上土的加权平均重度，地下水位以下取有效重度（kN/m^3）；

M_b、M_d、M_c——承载力系数，按表 5-1 确定；

b——基底宽度（m），当基底宽度大于 6m 时，按 6m 考虑；对于砂土小于 3m 时，按 3m 考虑；

c_k——基底下一倍短边宽度的深度范围内土的黏聚力标准值（kPa）；

d——基础埋置深度（m）。

承载力系数 M_b、M_d、M_c　　表 5-1

土的内摩擦角标准值 φ_k（°）	M_b	M_d	M_c	土的内摩擦角标准值 φ_k（°）	M_b	M_d	M_c
0	0	1.00	3.14	22	0.61	3.44	6.04
2	0.33	1.12	3.32	24	0.80	3.87	6.45
4	0.06	1.25	3.51	26	1.10	4.37	6.90
6	0.10	1.39	3.71	28	1.40	4.93	7.40
8	0.14	1.55	3.93	30	1.90	5.59	7.95
10	0.18	1.73	4.17	32	2.60	6.35	8.55
12	0.23	1.94	4.42	34	3.40	7.21	9.22
14	0.29	2.17	4.69	36	4.20	8.25	9.97
16	0.36	2.43	5.00	38	5.00	9.44	10.80
18	0.43	2.72	5.31	40	5.80	10.84	11.73
20	0.51	3.06	5.66				

注：φ_k——基底下一倍短边宽度的深度范围内土的内摩擦角标准值。

5.4.4　确定地基承载力的其他方法

1. 其他试验方法确定地基承载力

上述载荷试验只能用来测定浅层土的承载力，如果需要测定的土层位于地下水位以下或位于比较深的地方，就不能采用一般的载荷试验的方法。深层平板载荷试验、旁压试验和螺旋压板载荷试验可以适用于地下水位以下的土层和埋藏很深的土层，是比较理想的原位测定地基承载力的方法。

（1）深层平板载荷试验

深层平板载荷试验可适用于确定深部地基土层及大桩桩端土层在承压板下应力主要影响范围内的承载力。深层平板载荷试验的承压板采用直径为 0.8m 的刚性板，紧靠承压板周围外侧的土层高度应不少于 80cm。由 p-s 曲线确定地基承载力特征值（具体试

验要点参见《建筑地基基础设计规范》GB 50007—2011 附录 D)。

(2) 旁压试验

利用旁压试验可以测定旁压器的压力与径向变形的关系，从而求得地基土在水平方向上的应力与应变关系以估测地基土的承载力。旁压仪分为预钻式旁压仪、自钻式旁压仪和压入式旁压仪三种，各适用于不同的条件。

(3) 螺旋压板载荷试验

螺旋压板载荷试验是将一螺旋形的承压板，旋入地面以下预定的试验深度，通过传力杆对螺旋形承压板施加荷载，并观测承压板的位移，以测定土层的荷载—变形—时间关系，从而获得土的变形模量、承载力等设计参数。

2. 经验方法确定地基承载力

(1) 间接原位测试的方法

上述原位测试地基承载力的方法均可直接测得地基承载力值。其他的原位测试方法如静力触探试验和标准贯入试验都不可能直接测定地基承载力，但可以采用与载荷试验结果对比分析的方法建立经验关系，间接地确定地基承载力，这种方法广泛地应用于实际工程。

(2) 建立经验关系的方法

为了建立可供工程实用的经验关系，需要进行对比试验，选择有代表性的土层同时进行平板载荷试验和原位测试，分别求得地基承载力和原位测试指标，积累一定数量的数据组，就可以用回归统计的方法建立回归方程，并根据承载力与原位测试指标间的函数关系确定地基承载力。

5.4.5 地基承载力特征值的修正

当基础宽度大于 3m 或埋置深度大于 0.5m 时，从载荷试验或其他原位测试、经验值等方法确定的地基承载力特征值，尚应按下式修正：

$$f_a = f_{ak} + \eta_b \gamma (b-3) + \eta_d \gamma_m (d-0.5) \tag{5-13}$$

式中 f_a——修正后的地基承载力特征值 (kPa)；

f_{ak}——地基承载力特征值 (kPa)；

γ——基础底面以下土的重度，地下水位以下取有效重度 (kN/m^3)；

γ_m——基础底面以上土的加权平均重度，地下水位以下取有效重度 (kN/m^3)；

b——基底宽度 (m)，当基底宽度小于 3m 时按 3m 取值，大于 6m 按 6m 取值；

η_b、η_d——基础宽度和埋深的地基承载力修正系数，按基底下土的类别查表 5-2 取值；

d——基础埋置深度 (m)，一般自室外地面标高算起。在填方整平地区，可自填土地面标高算起，但填土在上部结构施工后完成时，应从天然地面标高算起。对于地下室，如采用箱形基础或筏形基础时，基础埋置深度自室外地面标高算起；当采用独立基础或条形基础时，应从室内地面标高算起。

承载力修正系数表　　表 5-2

土的类别		η_b	η_d
淤泥和淤泥质土		0	1.0
人工填土 e 或 I_L 大于等于 0.85 的黏性土		0	1.0
红黏土	含水比 $\alpha_w > 0.8$ 含水比 $\alpha_w \leqslant 0.8$	0 0.15	1.2 1.4
大面积 压实填土	压实系数大于 0.95、黏粒含量 $\rho_c \geqslant 10\%$ 的粉土 最大干密度大于 2.1t/m^3 的级配砂石	0 0	1.5 2.0
粉　土	黏粒含量 $\rho_c \geqslant 10\%$ 的粉土 黏粒含量 $\rho_c < 10\%$ 的粉土	0.3 0.5	1.5 2.0
e 及 I_L 均小于 0.85 的黏性土 粉砂、细砂(不包括很湿与饱和时的稍密状态) 中砂、粗砂、砾砂和碎石土		0.3 2.0 3.0	1.6 3.0 4.4

注：1. 强风化岩石和全风化的岩石，可参照所风化成的相应土类取值，其他状态下的岩石不修正；
2. 地基承载力特征值按《建筑地基基础设计规范》GB 50007—2011 附录 D 深层平板载荷试验确定时 η_d 取 0；
3. 含水比是指土的天然含水量与液限的比值；
4. 大面积压实填土是指填土范围大于两倍基础宽度的填土。

【例 5-2】 已知某承重墙下钢筋混凝土条形基础宽度 b=2.2m，埋置深度 d=1.5m，基础埋置深度范围内土的重度 γ_m=17kN/m^3，基础底面下为较厚的黏土层，其重度 γ=18.2kN/m^3，内摩擦角 φ=22°，黏聚力 c=25kN/m^2，试求该地基土承载力特征值。

【解】 由表 5-1 查得当地基土的内摩擦角 φ=22°、黏聚力 c=25kN/m^2 时，其承载力系数 M_b=0.61，M_d=3.44，M_c=6.04，按式（5-12）可求得该土层的地基承载力特征值。

$$f_a = M_b \gamma b + M_d \gamma_m d + M_c c_k = 0.61 \times 18.2 \times 2.2 + 3.44 \times 17 \times 1.5 + 6.04 \times 25$$
$$= 263.14\text{kPa}$$

复习思考题

1. 何谓土的抗剪强度？同一种土的抗剪强度是不是一个定值？
2. 土的抗剪强度由哪两部分组成？什么是土的抗剪强度指标？
3. 为什么土粒愈粗，内摩擦角 φ 愈大？土粒愈细，黏聚力 c 愈大？土的密度和含水量对 c 与 φ 值影响如何？
4. 土体发生剪切破坏的平面是否为剪应力最大的平面？在什么情况下，剪切破坏面与最大剪应力面一致？
5. 什么是土的极限平衡状态？土的极限平衡条件是什么？
6. 为什么土的抗剪强度与试验方法有关？如何根据工程实际选择试验方法？
7. 什么是地基承载力特征值？怎样确定？地基承载力特征值与土的抗剪强度指标有何关系？

习　题

5-1　某土样进行三轴剪切试验，剪切破坏时，测得 $\sigma_1=500$kPa，$\sigma_3=100$kPa 剪切破坏面与水平面夹角为 60°，求：①土的 c、φ 值；②计算剪切破坏面上的正应力和剪应力。

5-2　某条形基础下地基土中一点的应力为：$\sigma_z=500$kPa，$\sigma_x=500$kPa，$\tau_{zx}=40$kPa，已知土的 $c=0$，$\varphi=30°$，问该点是否剪切破坏？σ_z 和 σ_x 不变，τ_{zx} 增至 60kPa，则该点又如何？

5-3　某土的内摩擦角和黏聚力分别为 $\varphi=25°$，$c=15$kPa，若 $\sigma_3=100$kPa，求：①达到极限平衡时的大主应力 σ_1；②极限平衡面与大主应力面的夹角；③当 $\sigma_1=300$kPa 时，土体是否被剪切破坏。

教学单元 6

土方边坡与基坑支护

教学单元6　导学视频

6.1 土压力

6.1.1 土压力的概念与类型

土压力是指由于挡土墙后的土体自重、土上荷载或结构物的侧向挤压，作用在墙背上的侧向压力，如图 6-1 所示。土压力是作用于挡土结构物上的重要荷载，也是挡土支护结构设计的重要依据。

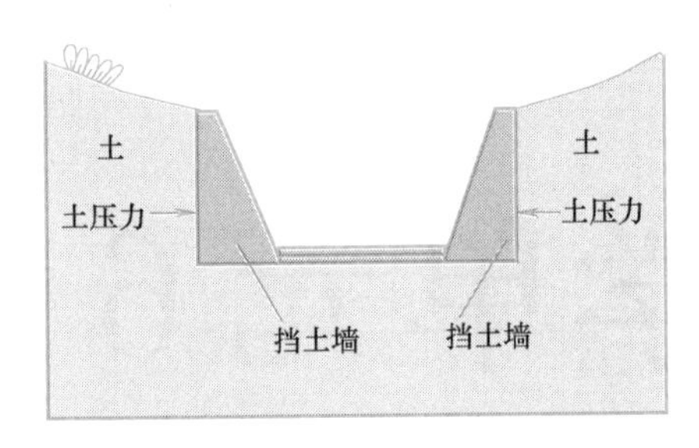

图 6-1　土压力示意

做土压力模型试验时，在一个长方形的模型槽中部插上一块刚性挡板，在板的一侧安装压力盒并填土，板的另一侧临空。通过将挡板静止不动、将挡板向离开土体的临空方向移动或转动、将挡板推向填土方向三种情况的试验，可以根据挡土结构的位移情况和墙后土体所处的应力状态，将土压力分为三种类型：

1. 主动土压力

挡土墙在墙后土压力作用下向前移动或转动时，墙后土体随着下滑，达到一定位移量时，墙后土体处于极限平衡状态。此时作用于墙背上的土压力就叫主动土压力，以 E_a 表示（图 6-2a）。

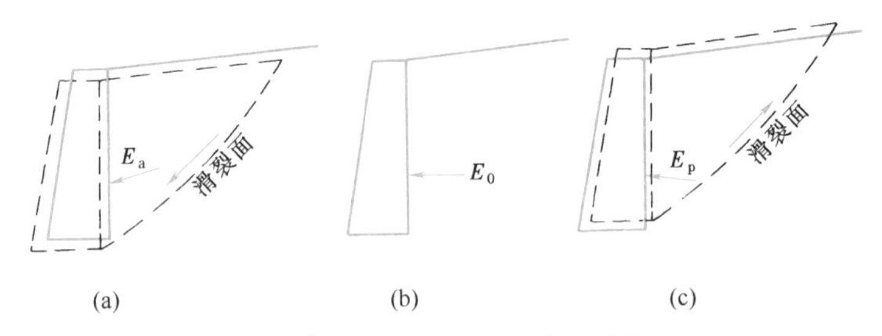

图 6-2　挡土墙上的三种土压力

（a）主动土压力；（b）静止土压力；（c）被动土压力

2. 静止土压力

挡土墙的刚度很大，在土压力作用下不产生移动或转动，墙后土体处于静止状态，此时作用于墙背上的土压力叫静止土压力，以 E_0 表示（图 6-2b）。

3. 被动土压力

挡土墙在外力（例如桥墩受到桥上荷载传来的推力）作用下向后移动或转动，墙压缩填土，使土体向后移动，达到一定位移量时，墙后土体达到极限平衡状态，此时作用于墙背上的土压力叫被动土压力，以 E_p 表示（图 6-2c）。

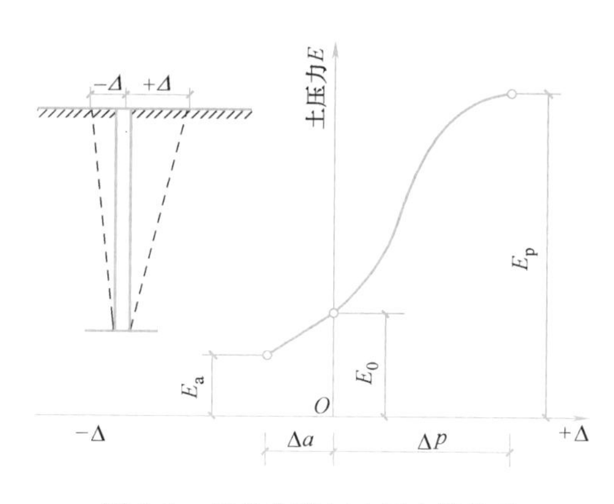

图 6-3　墙身位移与土压力的关系

理论分析与挡土墙的模型试验均证明：对同一挡土墙，在填土的物理力学性质相同的条件下，主动土压力小于静止土压力，而静止土压力小于被动土压力。可见挡土墙土压力不是一个常量，其土压力的性质、大小及沿墙高的分布规律与很多因素有关，如挡土墙的位移方向和位移量；挡土墙的形状、墙背的光滑程度和结构形式；墙后填土的性质，包括填土的重度、含水量、内摩擦角和黏聚力的大小及填土面的倾斜程度等。土压力随挡板移动而变化的情况如图 6-3 所示。

6.1.2　土压力的计算

《建筑地基基础设计规范》GB 50007—2011 指出：主动土压力、被动土压力可采用朗肯或库仑土压力理论计算。当对支护结构水平位移有严格限制时，应采用静止土压力计算。

1. 静止土压力

作用于挡土墙背面的静止土压力可看作土体自重应力的水平分量（图 6-4）。在墙后填土体中任意深度 z 处取一微小单元体，作用于单元体水平面上的竖向自重应力为 γz，该点的静止土压力强度 σ_0 用下式计算：

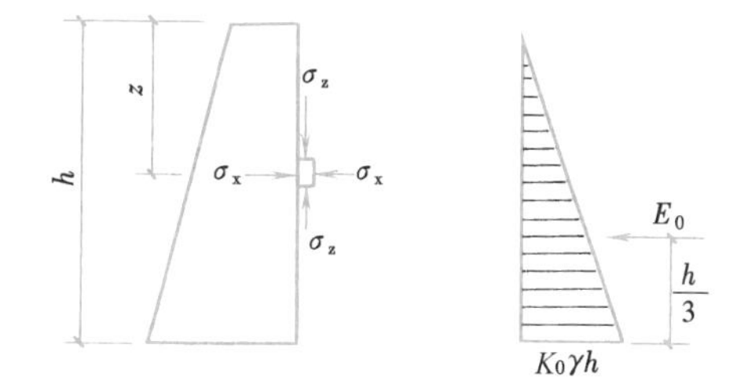

图 6-4　静止土压力的分布

$$\sigma_0 = K_0 \gamma z \qquad (6\text{-}1)$$

式中　K_0——静止土压力系数，宜通过试验确定，当无试验条件时，对正常固结土可按表 6-1 估算；

γ——墙后填土的重度（kN/m³）；

z——计算点在填土下面的深度（m）。

静止土压力系数 K_0　　表 6-1

土类	坚硬土	硬-可塑黏性土、粉质黏土、砂土	可-软塑黏性土	软塑黏性土	流塑黏性土
K_0	0.2～0.4	0.4～0.5	0.5～0.6	0.6～0.75	0.75～0.8

由式 6-1 可分析出，σ_0 沿墙高为三角形分布。若取单位墙长为计算单元，则整个墙背上作用的土压力 E_0 应为土压力强度分布图形面积：

$$E_0 = \frac{1}{2}\gamma h^2 K_0 \qquad (6\text{-}2)$$

式中 E_0——单位墙长上的静止土压力（kN/m）；

h——挡土墙高度（m）。

静止土压力 E_0 的作用点在距墙底$\frac{1}{3}h$ 处，即三角形的形心处。

2. 朗肯土压力理论

（1）基本假定

朗肯土压力理论（Rankine，1857），是根据弹性半空间体内的应力状态和土体的极限平衡理论建立的。在理论推导中，作了以下基本假定：

1）挡土墙为刚性，墙背是竖直、光滑，即不考虑墙背与填土之间的摩擦力；

2）挡土墙的墙后填土是均质的且表面水平；

3）挡土墙的墙后填土处于极限平衡状态，且填土滑动面为直线。

（2）主动土压力

如图 6-5 所示，挡土墙向前移动或转动时，墙后填土逐渐变松，相当于土体在侧向受到伸长而使侧向压力 σ_x 逐渐减少，达到极限平衡条件时 σ_x 为最小值，此时 $\sigma_x=\sigma_3$ 为最小主应力，$\sigma_z=\sigma_1$ 为最大主应力。由极限平衡条件 $\sigma_3=\sigma_1\tan^2\left(45°-\frac{\varphi}{2}\right)-2c\tan\left(45°-\frac{\varphi}{2}\right)$可得：

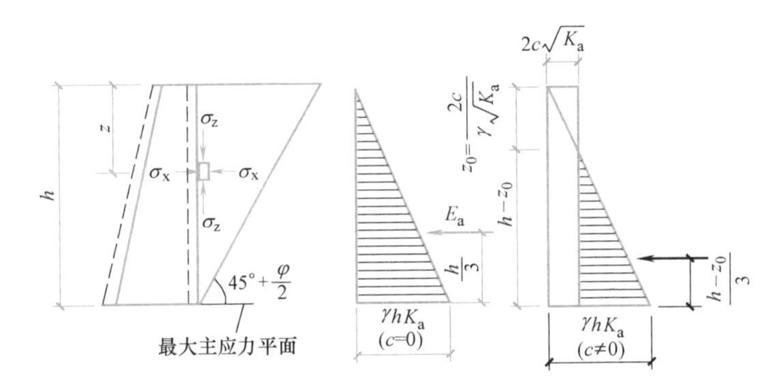

图 6-5　朗肯主动土压力计算图

$$\sigma_x=\sigma_3=\gamma z\tan^2\left(45°-\frac{\varphi}{2}\right)-2c\tan\left(45°-\frac{\varphi}{2}\right) \tag{6-3}$$

令 $\sigma_a=\sigma_x$，$K_a=\tan^2\left(45°-\frac{\varphi}{2}\right)$，则式（6-3）可写成：

$$\sigma_a=\gamma zK_a-2c\sqrt{K_a} \tag{6-4}$$

式中 σ_a——主动土压力强度（kPa），为主动土压力沿墙高的应力分布；

K_a——主动土压力系数；

c——填土的黏聚力（kPa）。

主动土压力合力 E_a 为主动土压力 σ_a 强度分布图形面积，其计算公式：

无黏性土：
$$E_a=\frac{1}{2}\gamma h^2 K_a \tag{6-5}$$

黏性土：
$$E_a=\frac{1}{2}(\gamma h K_a-2c\sqrt{K_a})(h-z_0)=\frac{1}{2}\gamma h^2 K_a-2ch\sqrt{K_a}+\frac{2c^2}{\gamma} \tag{6-6}$$

式中　$z_0=\frac{2c}{\gamma\sqrt{K_a}}$，它代表 $\sigma_a=0$ 时的墙体高度，也称为临界深度。

主动土压力 E_a 作用点位置在其土压力强度 σ_a 分布图形（有阴线的三角形）形心处，方向垂直于墙背（图 6-5）。

（3）被动土压力

如图 6-6 所示，挡土墙向后移动时，墙后填土受挤压，土体被压缩而使 σ_x 逐渐增加，达极限平衡状态时为最大值。由极限平衡条件可知 $\sigma_1=\sigma_3\tan^2\left(45°+\frac{\varphi}{2}\right)+2c\tan\left(45°+\frac{\varphi}{2}\right)$，此时 $\sigma_x=\sigma_1$，为最大主应力，$\sigma_z=\sigma_3$ 为最小主应力，故：

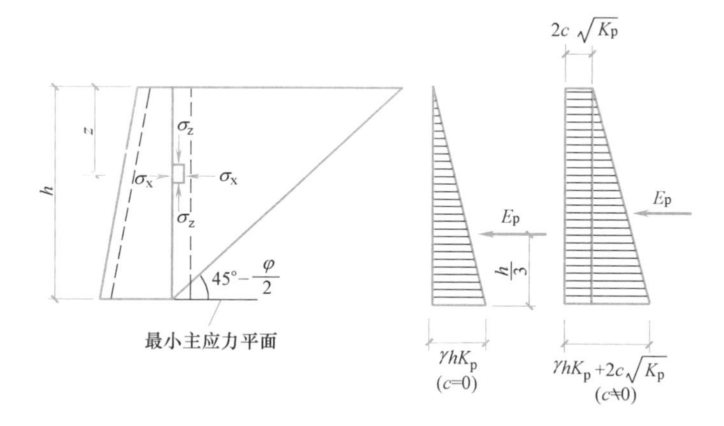

图 6-6　朗肯被动土压力计算图

$$\sigma_x=\sigma_1=\gamma z\tan^2\left(45°+\frac{\varphi}{2}\right)+2c\tan\left(45°+\frac{\varphi}{2}\right) \tag{6-7}$$

令 $\sigma_p=\sigma_x$，$K_p=\tan^2\left(45°+\frac{\varphi}{2}\right)$，则式（6-7）可写成：

$$\sigma_p=\gamma z K_p+2c\sqrt{K_p} \tag{6-8}$$

式中　σ_p——被动土压力强度（kPa），为被动土压力沿墙高的应力分布；

K_p——被动土压力系数。

被动土压力合力为土压力强度分布图面积，其计算式：

无黏性土：
$$E_p=\frac{1}{2}\gamma h^2 K_p \tag{6-9}$$

黏性土：
$$E_p=\frac{1}{2}\gamma h^2 K_p+2ch\sqrt{K_p} \tag{6-10}$$

合力作用点位置分别在土压力强度分布图有阴影的三角形及梯形面积形心处，方向垂直于墙背（图 6-6）。

【例 6-1】 有一挡土墙高 5m，墙背垂直光滑。墙后填土面水平，填土为黏性土，黏聚力 $c=10\text{kPa}$，重度 $\gamma=17.2\text{kN/m}^3$，内摩擦角 $\varphi=20°$，试求主动土压力，并绘出主动土压力强度分布图。

【解】 先求主动土压力系数

$$K_a=\tan^2\left(45°-\frac{\varphi}{2}\right)=\tan^2\left(45°-\frac{20°}{2}\right)=0.49$$

临界深度 $z_0=\dfrac{2c}{\gamma\sqrt{K_a}}=\dfrac{2\times10}{17.2\times\sqrt{0.49}}=1.66$（该深度处 $\sigma_a=0$）

当 $z=5\text{m}$ 时，$\sigma_a=\gamma zK_a-2c\sqrt{K_a}=17.2\times5\times0.49-2\times10\times\sqrt{0.49}=28.14\text{kPa}$

主动土压力为 σ_a 分布图形面积：$E_a=\dfrac{1}{2}\times28.14\times(5-1.66)=47\text{kN/m}$

方向垂直于墙背，作用点在距墙脚 $\dfrac{5-1.66}{3}=1.1\text{m}$ 处（图 6-7）。

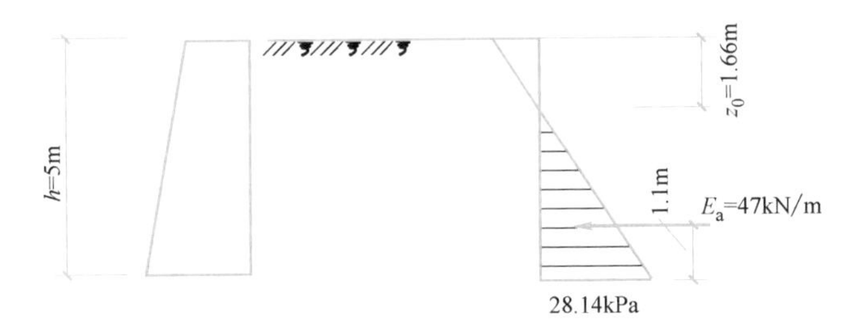

图 6-7 例 6-1 附图

3. 几种常见情况的土压力

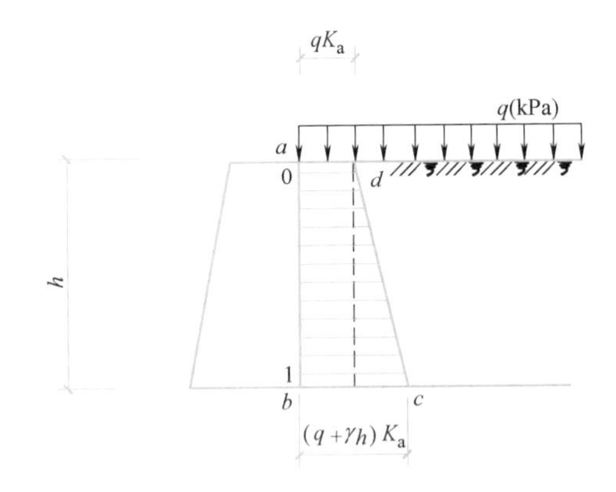

图 6-8 填土表面有均布荷载的土压力

（1）墙后填土表面有均布荷载

有时挡土墙后填土高于墙顶，高出墙顶的土层相当于作用在与墙顶齐平地面的均布荷载 q，或由于其他原因在填土表面形成均布荷载 q，则墙顶以下任意深度 z 处土的竖向应力增加为（$q+\gamma z$），我们以无黏性土（$c=0$）为例，其主动土压力强度：

$$\sigma_a=(q+\gamma z)K_a \tag{6-11}$$

如图 6-8 所示，主动土压力强度图形为梯形，合力大小为分布图形的面积，作用点在梯形形心。

（2）墙后填土分层

仍以无黏性土为研究对象，当墙后填土由不同种类水平分布的土层组成时，求出任意深度 z 处墙后土的竖向自重应力 $\sum\gamma_i h_i$，再乘以 K_a 即可，如图 6-9 所示。

$$\sigma_{a0}=0$$

$$\sigma_{a1上}=\gamma_1 h_1 K_{a1} \qquad \sigma_{a1下}=\gamma_1 h_1 K_{a2}$$

$$\sigma_{a2上}=(\gamma_1 h_1+\gamma_2 h_2)K_{a2} \qquad \sigma_{a2下}=(\gamma_1 h_1+\gamma_2 h_2)K_{a3}$$

$$\sigma_{a3}=(\gamma_1 h_1+\gamma_2 h_2+\gamma_3 h_3)K_{a3}$$

（3）墙后填土有地下水

当墙后填土含地下水时，墙背所受的总压力由土压力与水压力共同组成。在计算土压力时，水上土取天然重度 γ，水下土取有效重度 γ' 进行计算。在计算水压力时取水的重度 γ_w 进行计算。假设地下水位上下土的 φ、c、δ 不变，仍以无黏性土为例，产生的主动土压力和水压力如图 6-10 所示。

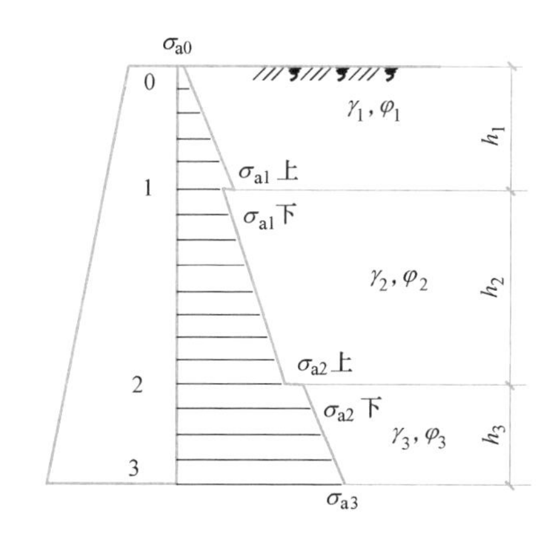

图 6-9　墙后成层填土的土压力

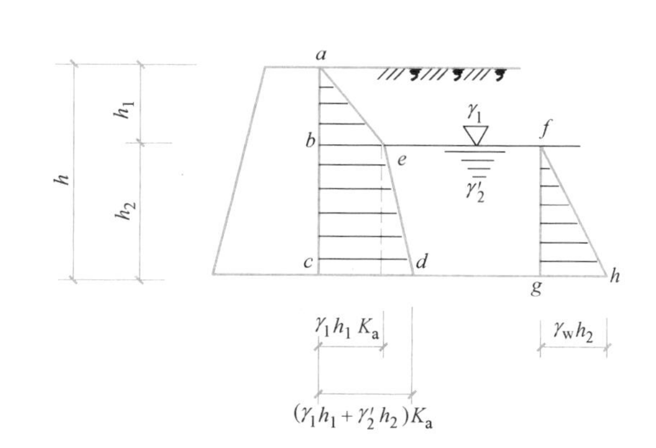

图 6-10　墙后填土有地下水的土压力

将上述三种特殊情况推广到黏性土中结论同样成立，只需将 $\sigma_a=\gamma z K_a-2c\sqrt{K_a}$ 代入计算过程即可。

【例 6-2】 挡土墙高 5m，墙背垂直、光滑、填土表面水平，其上作用有均布荷载 $q=5\text{kN/m}^2$。填土的内摩擦角 $\varphi=20°$，黏聚力 $c=5\text{kN/m}^2$，重度 $\gamma=18\text{kN/m}^3$，求主动土压力 E_a 并绘出 σ_a 分布图。

【解】 用朗肯土压力理论求主动土压力系数：

$$K_a=\tan^2\left(45°-\frac{\varphi}{2}\right)=\tan^2\left(45°-\frac{20°}{2}\right)=\tan^2 35°=0.49$$

由于 $c\neq0$，故临界深度：

$$z_0=\frac{2c}{\gamma\sqrt{K_a}}-\frac{q}{\gamma}=\frac{2\times5}{18\times\sqrt{0.49}}-\frac{5}{18}\approx0.52\text{m} \qquad （该深度处\ \sigma_a=0）$$

墙底处：$\sigma_a=(q+\gamma z)K_a-2c\sqrt{K_a}=(5+18\times5)\times0.49-2\times5\sqrt{0.49}=39.55\text{kPa}$

主动土压力 $E_a=\dfrac{1}{2}\sigma_a(h-z_0)=\dfrac{1}{2}\times39.55\times(5-0.52)=88.59\text{kN/m}$

主动土压力作用点距墙底 $\dfrac{5-0.52}{3}=1.49\text{m}$ 处，方向如图 6-11 所示。

【例 6-3】 挡土墙高 6m，墙背直立、光滑，墙后填土为两层，已知条件如图 6-12 所示，求主动土压力 E_a，并绘出 σ_a 分布图。

【解】 先计算上层填土的 σ_a：

$$\sigma_{a0}=0$$

$$\sigma_{a1上}=\gamma_1 h_1 K_{a1}=17\times3\times\tan^2\left(45^\circ-\frac{30^\circ}{2}\right)=17\text{kPa}$$

再计算下层填土的 σ_a：

$$\sigma_{a1下}=\gamma_1 h_1 K_{a2}=17\times3\times\tan^2\left(45^\circ-\frac{24^\circ}{2}\right)=21.5\text{kPa}$$

$$\sigma_{a2}=(\gamma_1 h_1+\gamma_2 h_2)K_{a2}=(17\times3+18\times3)\tan^2\left(45^\circ-\frac{24^\circ}{2}\right)=44.28\text{kPa}$$

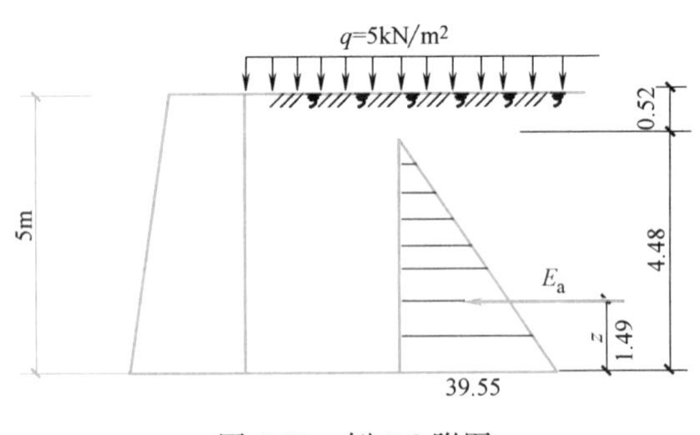

图 6-11 例 6-2 附图

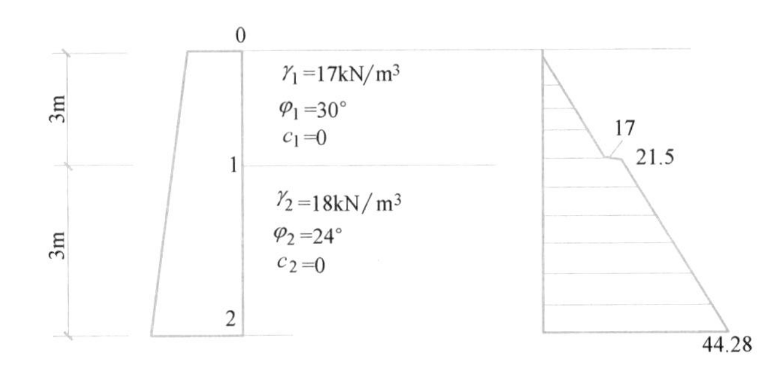

图 6-12 例 6-3 附图

主动土压力 $E_a=\frac{1}{2}\times17\times3+\frac{1}{2}(21.5+44.28)\times3=124.17\text{kN/m}$

主动土压力 E_a 的作用点在主动土压力强度 σ_a 分布图形形心处，方向垂直于墙背。

【例 6-4】 如图 6-13 所示。挡土墙高 5m，墙背垂直光滑，填土表面水平，内摩擦角 $\varphi=30^\circ$，黏聚力 $c=0$，重度 $\gamma=18\text{kN/m}^3$，$\gamma_{sat}=20\text{kN/m}^3$。求挡土墙的总侧向压力。

【解】 先计算上层填土（水上土）的 σ_a：

$$\sigma_{a0}=0$$

$$\sigma_{a1上}=\gamma h_1 K_{a1}=18\times3\times\tan^2\left(45^\circ-\frac{30^\circ}{2}\right)=18\text{kPa}$$

再计算下层填土（水下土）的 σ_a：

$$\sigma_{a1下}=\gamma h_1 K_{a2}=18\times3\times\tan^2\left(45^\circ-\frac{30^\circ}{2}\right)=18\text{kPa}$$

$$\sigma_{a2}=(\gamma h_1+\gamma' h_2)K_{a2}=[18\times3+(20-9.8)\times2]\times\frac{1}{3}=24.8\text{kPa}$$

主动土压力 $E_a=\frac{1}{2}\times18\times3+\frac{1}{2}\times(18+24.8)\times2=69.8\text{kN/m}$

水压力强度 $\sigma_w=\gamma_w h_2=9.8\times2=19.6\text{kPa}$

水压力 $P_w=\frac{1}{2}\times19.6\times2=19.6kN/m$

总侧向压力 $P=E_a+P_w=69.8+19.6=89.4kN/m$

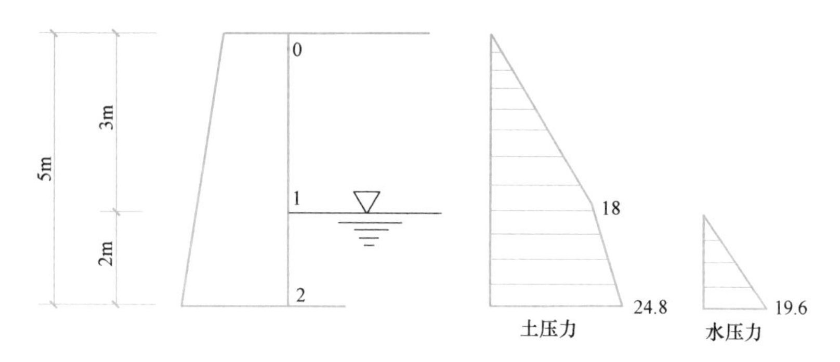

图 6-13　例 6-4 附图

4. 库仑土压力理论

（1）基本假定

库仑土压力理论（Coulomb，1773）是根据墙后滑动楔体的静力平衡条件建立的。在理论推导中，作了以下基本假定：

1）挡土墙是刚性的，墙后填土为无黏性土（$c=0$）；

2）滑动楔体为刚体；

3）楔体沿着墙背及一个通过墙踵的平面滑动。

（2）主动土压力

如图 6-14（a）所示，以三角形土楔体 ABC 为脱离体，其重力为 G，AB 面上有正压力及向上的摩擦力所引起的合力 E_a，AC 面上有正压力及向上的摩擦力所引起的合力 R。土楔体 ABC 在 G、R、E_a 三个力的作用下处于静力平衡状态（图 6-14b）。由力三角形正弦定律可得：

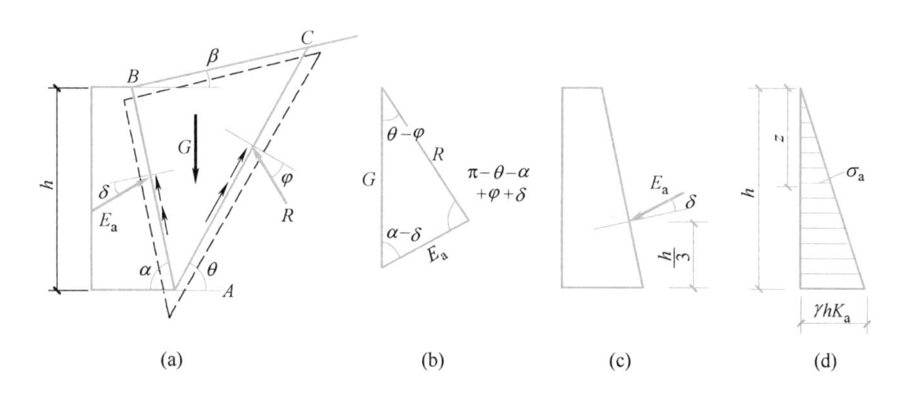

图 6-14　库仑主动土压力计算图

（a）滑动楔体；（b）力三角形；（c）合力作用点；（d）压强分布

$$E_a=G\frac{\sin(\theta-\varphi)}{\sin(\theta+\alpha-\varphi-\delta)} \tag{6-12}$$

由上式可知，E_a 是滑裂面倾角 θ 的函数。由 $\frac{dE_a}{d\theta}=0$ 可求出 E_{amax} 相应的 θ 角，所对应的滑裂面为最危险滑裂面。将求出的滑裂角 θ 和重力 $G=\gamma.V_{ABC}$ 代入式（6-12），即可求出墙高为 h 的主动土压力计算公式：

$$E_a=\frac{1}{2}\gamma h^2\frac{\sin^2(\alpha+\varphi)}{\sin^2\alpha\sin(\alpha-\delta)\left[1+\sqrt{\frac{\sin(\varphi+\delta)\sin(\varphi-\beta)}{\sin(\alpha-\delta)\sin(\alpha+\beta)}}\right]^2} \tag{6-13}$$

令
$$K_a=\frac{\sin^2(\alpha+\varphi)}{\sin^2\alpha\sin(\alpha-\delta)\left[1+\sqrt{\frac{\sin(\varphi+\delta)\sin(\varphi-\beta)}{\sin(\alpha-\delta)\sin(\alpha+\beta)}}\right]^2} \tag{6-14}$$

可得：
$$E_a=\frac{1}{2}\gamma h^2K_a \tag{6-15}$$

式中 K_a——库仑主动土压力系数，按式（6-14）确定；

α——墙背与水平面的夹角（°）；

β——墙后填土面的倾角（°）；

δ——填土对挡土墙的摩擦角，可查表 6-2 确定。

填土对挡土墙的摩擦角　　表 6-2

挡土墙情况	摩擦角 δ	挡土墙情况	摩擦角 δ
墙背平滑、排水不良	$(0\sim0.33)\varphi$	墙背很粗糙、排水良好	$(0.5\sim0.67)\varphi$
墙背粗糙、排水良好	$(0.33\sim0.5)\varphi$	墙背与填土间不可能滑动	$(0.67\sim1.0)\varphi$

当挡土墙满足朗肯土压力理论假定，即墙背垂直（$\alpha=90°$）、光滑（$\delta=0$）、填土面水平（$\beta=0$）时，式（6-13）可简化为 $E_a=\frac{1}{2}\gamma h^2\tan^2\left(45°-\frac{\varphi}{2}\right)$。可见在满足朗肯土压力理论假定时，库仑土压力理论和朗肯土压力理论的主动土压力计算公式相同。

将式（6-15）对深度 z 求导，可得主动土压力强度 σ_a 沿墙高分布的计算公式：

$$\sigma_a=\frac{dE_a}{dz}=\frac{d}{dz}\left(\frac{1}{2}\gamma z^2K_a\right)=\gamma zK_a \tag{6-16}$$

由上式可见，库仑主动土压力强度 σ_a 沿墙高呈三角形分布（图 6-14d），土压力 E_a 作用点通过距墙底 1/3 墙高处，方向与墙背法线逆时针成 δ 角（图 6-14c）。

（3）被动土压力

挡土墙受外力作用向填土方向移动或转动，当墙后土体达到极限平衡状态时，产生沿滑裂面 AC 向上滑动的三角形楔体 ABC。土楔体在自重 G、反力 R 和 E_p 的作用下平衡，R 和 E_p 的方向都在各自作用平面法线的上方（图 6-15）。与求库仑主动土压力方法类似，可得到库仑被动土压力的计算公式：

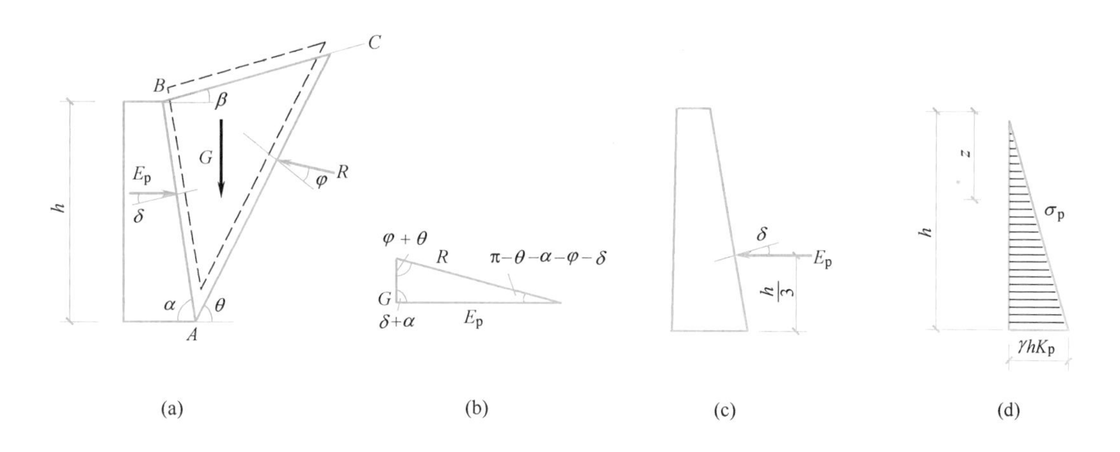

图 6-15　库仑被动土压力计算图

(a) 滑动楔体；(b) 力三角形；(c) 合力作用点；(d) 压强分布

$$E_p=\frac{1}{2}\gamma h^2 K_p \tag{6-17}$$

式中　K_p——库仑被动土压力系数，按下式计算，其余符号意义同前。

$$K_p=\frac{\sin^2(\alpha-\varphi)}{\sin^2\alpha\sin(\alpha+\delta)\left[1-\sqrt{\frac{\sin(\varphi+\delta)\sin(\varphi+\beta)}{\sin(\alpha+\delta)\sin(\alpha+\beta)}}\right]^2} \tag{6-18}$$

当挡土墙满足朗肯土压力理论假定，即墙背垂直（$\alpha=90°$）、光滑（$\delta=0$）、填土面水平（$\beta=0$）时，式（6-17）、式（6-18）可简化为 $E_P=\frac{1}{2}\gamma h^2\tan^2\left(45°+\frac{\varphi}{2}\right)$。可见在满足朗肯土压力理论假定时，库仑土压力理论和朗肯土压力理论的被动土压力计算公式相同。

同样可得库仑被动土压力强度计算公式：

$$\sigma_p=\frac{dE_p}{dz}=\frac{d}{dz}\left(\frac{1}{2}\gamma z^2 K_p\right)=\gamma z K_p \tag{6-19}$$

被动土压力强度沿墙高也呈三角形直线分布（6-15d），土压力 E_P 作用点通过距墙底 1/3 墙高处（6-15c）。

【例 6-5】 挡土墙高 4.5m，墙背倾斜角 $\alpha=70°$，填土面坡角 $\beta=15°$，填土为砂土（$c=0$），$\gamma=18\text{kN/m}^3$，$\varphi=30°$，填土与墙背的摩擦角 $\delta=\frac{2}{3}\varphi$，求主动土压力 E_a 并画出土压力强度分布图形。

【解】 先用库仑土压力理论求主动土压力系数，由式（6-14）得：

$$K_a=\frac{\sin^2(\alpha+\varphi)}{\sin^2\alpha\sin(\alpha-\delta)\left[1+\sqrt{\frac{\sin(\varphi+\delta)\sin(\varphi-\beta)}{\sin(\alpha-\delta)\sin(\alpha+\beta)}}\right]^2}$$

$$=\frac{\sin^2(70°+30°)}{\sin^2 70°\sin(70°-20°)\left[1+\sqrt{\frac{\sin(30°+20°)\sin(30°-15°)}{\sin(70°-20°)\sin(70°+15°)}}\right]^2}=0.629$$

$$E_a=\frac{1}{2}\gamma h^2 K_a=\frac{1}{2}\times18\times4.5^2\times0.629=114.6\text{kN/m}$$

土压力作用点在距墙底 1.5m 处，方向如图 6-16 所示。

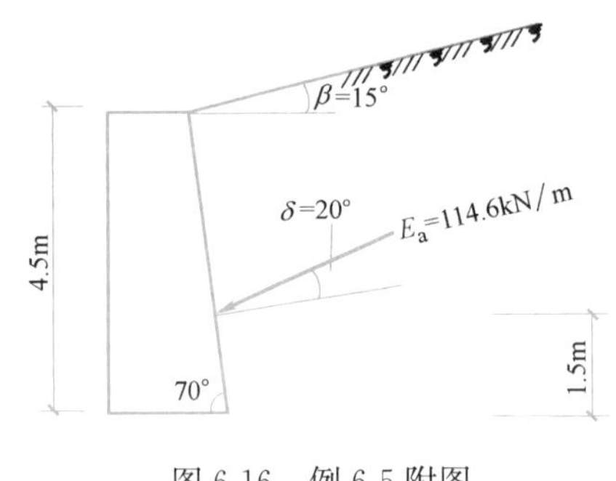

图 6-16　例 6-5 附图

5. 土压力的影响因素

土压力的性质、大小及沿墙高的分布规律与很多因素有关，如：

（1）挡土墙的位移方向和位移量

挡土墙的位移（转动）方向决定着所产生土压力的性质，即静止土压力、主动土压力和被动土压力。墙体相对位移量的大小决定着所产生土压力的大小。

（2）挡土墙的形状

不同挡土墙的剖面形状相应的土压力分布形式也不同，如：重力式挡土墙墙背按倾斜情况可分为仰斜、直立、俯斜三种形式，通常主动土压力以仰斜为小，直立居中，俯斜最大。

（3）墙背的光滑程度

挡土墙背光滑还是粗糙，直接关系到填土对挡土墙的摩擦角 δ，当其他条件相同时，δ 增大，主动土压力减小。如果挡土墙的材料采用素混凝土或钢筋混凝土，可认为墙背表面光滑；若是砌石挡土墙，则必须计入摩擦力。

（4）填土的性质

填土的物理力学性质，主要体现在三个指标：墙后填土重度 γ、填土的黏聚力 c、填土的内摩擦角 φ。通常重度 γ 愈大，主动土压力愈大；内摩擦角 φ 愈小，主动土压力愈大。因此宜选用轻质填料或 φ 值大的填料，降低主动土压力。采用卵石、砾石、粗砂、中砂等都起着较好的效果。黏性填土吸水后含水量增加会引起 c、φ 降低，使土体抗剪强度降低，土压力会增大，并且墙后积水也会引起水压力作用，所以应注意排水措施。

（5）填土面的倾斜程度

一般情况下，填土表面倾斜较填土表面水平时主动土压力增大。

（6）填土的质量

控制填土质量是减小主动土压力的有效方法，填土质量愈好，土的抗剪强度愈高，主动土压力愈小。因此黏性土应在最优含水率下碾压回填，可取得降低主动土压力的良好效果。

此外，挡土墙的高度、排水条件、填土面的荷载情况，地下水的分布情况等，都会影响土压力的大小和分布。

6.2　挡　土　墙

6.2.1　挡土结构物

挡土结构物就是用来支撑天然或人工斜坡不致坍塌以保持土体稳定性，或使部分侧向荷载传递分散到填土上的支挡用构造物。挡土结构物有多种形式，如图 6-17 所示。

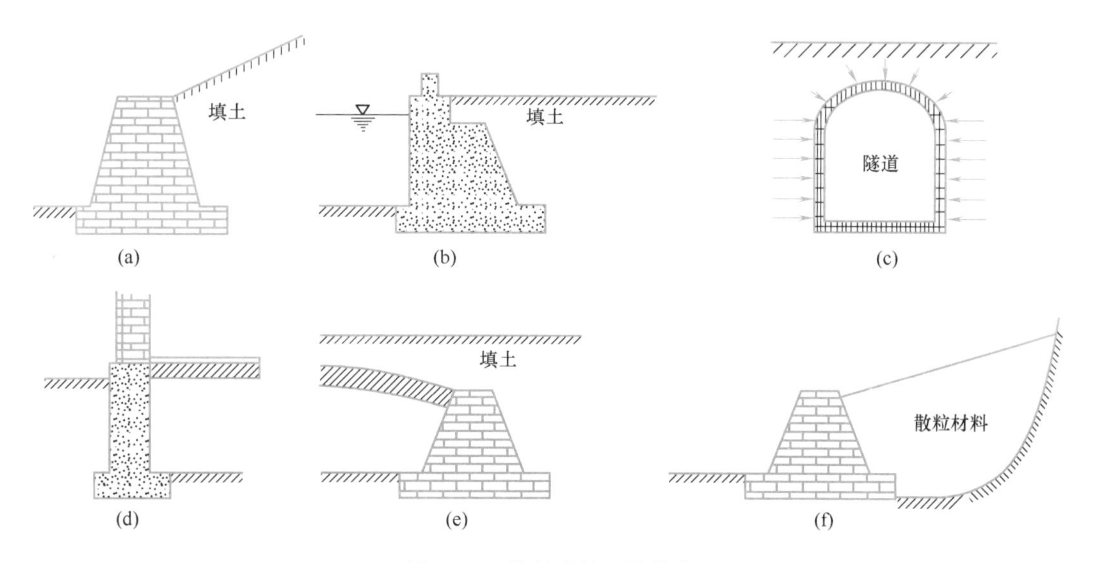

图 6-17　常见的挡土结构物

（a）支撑土坡的挡土墙；（b）堤岸挡土墙；（c）隧道支护；（d）地下室侧墙；（e）拱桥桥台；（f）堆放散粒材料

6.2.2　挡土墙的类型

挡土结构物的典型代表就是挡土墙，它是工程中最常见的支挡结构形式，具有结构简单、施工方便和造价低廉等诸多优点。常见的挡土墙有如下类型：

1. 重力式挡土墙

这种挡土墙一般由块石或素混凝土砌筑而成。靠自身重力来维持墙体稳定，墙身截面尺寸一般较大。它结构简单、施工方便、取材较易，是应用较广的一种挡土墙（图 6-18a）。

2. 悬臂式挡土墙

一般用钢筋混凝土建造，它由直立壁、墙趾悬臂和墙踵悬臂组成。墙体稳定主要由墙踵悬臂上的土重维护，墙体内部拉应力由钢筋承受。由于钢筋混凝土的受力特性被充分利用，故此类挡土墙的墙身截面尺寸小（图 6-18b）。

3. 扶臂式挡土墙

当墙高较大，产生的弯矩与挠度均较大时，可在悬臂式挡土墙的墙长方向每隔一定间距（0.8h～1.08h，h 为挡土墙高）设一道扶臂，这样可提高立壁的抗弯性能和减少钢筋用量。挡土墙稳定性由扶臂间填土重维持（图 6-18c）。

4. 锚定板与锚杆式挡土墙

锚定板挡土墙是由预制的钢筋混凝土面板立柱，钢拉杆和埋入土中的锚定板组成，挡土墙的稳定性由拉杆和锚定板保证。锚杆式挡土墙则是由伸入岩层的锚杆承受土压力的挡土结构（图 6-18d）。这两种结构有时联合使用。

5. 板桩墙

板桩墙是深基坑开挖的一种临时性支护结构，由统长的钢板桩或预制钢筋混凝土板桩组成。也可在板桩上加设支撑，以改善其受力性能（图 6-18e）。

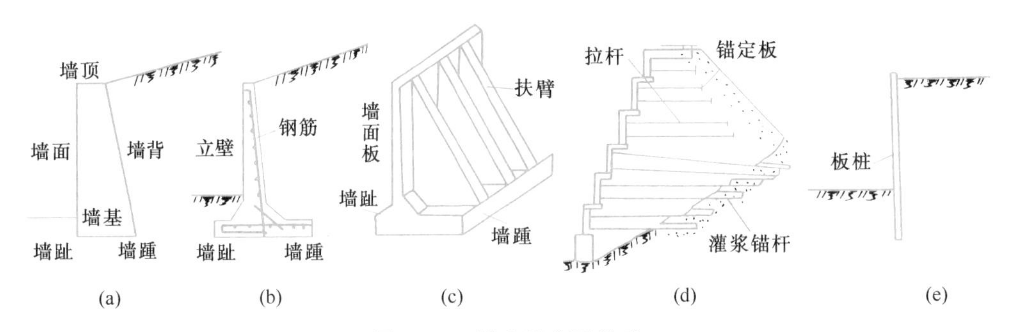

图 6-18　挡土墙主要类型

（a）重力式挡土墙；（b）悬臂式挡土墙；（c）扶臂式挡土墙；

（d）锚定板与锚杆式挡土墙；（e）板桩墙

挡土墙不仅应用于公路、铁路、城市建设，同时也广泛应用于水坝建设、河床整治、港口工程、水土保持、土地规划、山体滑坡防治等领域。在实际工程中，具体采用哪一种挡土墙形式，需根据防护与加固设施的结构特点、适用范围、工程地质条件、施工难易程度以及工程造价等多种因素确定。

6.2.3　重力式挡土墙

1. 重力式挡土墙的计算

设计挡土墙时，一般是先根据荷载大小、地基土工程地质条件、填土的性质、建筑材料等条件凭经验初步拟定截面尺寸，然后逐项进行验算。若不满足，则修改截面尺寸或采取其他措施。

挡土墙的验算一般有如下内容：

（1）稳定性验算

包括抗倾覆和抗滑移验算两大内容。必要时应进行地基的深层稳定性验算（可采用圆弧滑动面法）。

（2）地基承载力验算

要求及方法见教学单元 8。

（3）墙身强度验算

方法见《建筑结构》课程。

2. 挡土墙的稳定性验算

（1）挡土墙抗滑移验算

如图 6-19 将土压力 E_a 及墙重力 G 各分解成平行及垂直于基底的两个分力（E_{at}、E_{an} 及 G_t、G_n）。分力 E_{at} 使墙沿基底平面滑移，E_{an} 及 G_n 产生摩擦力抵抗滑移，抗滑移稳定性应按下式验算：

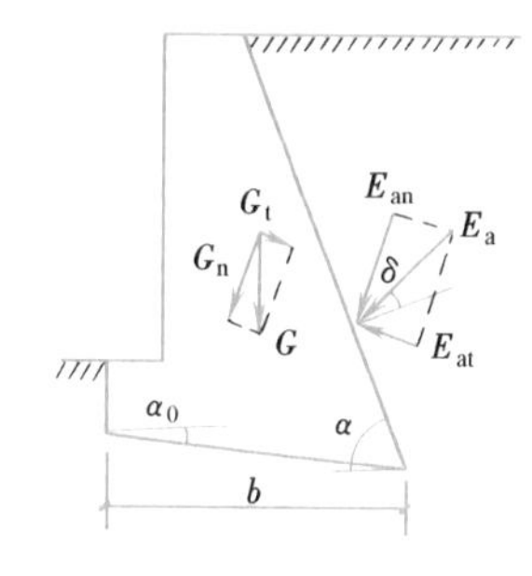

图 6-19　挡土墙抗滑移稳定验算示意

$$\frac{(G_n+E_{an})\ \mu}{E_{at}-G_t}\geqslant 1.3 \tag{6-20}$$

$$G_n=G\cos\alpha_0$$

$$G_t=G\sin\alpha_0$$

$$E_{an}=E_a\cos(\alpha-\alpha_0-\delta)$$

$$E_{at}=E_a\sin(\alpha-\alpha_0-\delta)$$

式中　G——挡土墙每延米自重（kN）；

α_0——挡土墙基底的倾角（°）；

μ——土对挡土墙基底的摩擦系数。由试验确定，也可按表 6-3 选用；

α——挡土墙墙背的倾角（°）；

δ——土对挡土墙墙背的摩擦角（°）。

土对挡土墙基底的摩擦系数　　表 6-3

土的类别		摩擦系数 μ
黏土	可塑	0.25～0.3
	硬塑	0.3～0.35
	坚硬	0.35～0.45
粉土		0.3～0.40
中砂、粗砂、砾砂		0.40～0.50
碎石土		0.40～0.60
软质岩		0.40～0.60
表面粗糙的硬质岩		0.65～0.75

注：1. 对易风化的软质岩和塑性指数 I_P 大于 22 的黏性土，基底摩擦系数 μ 应通过试验确定。
2. 对碎石土，可根据其密实程度、充填物状况、风化程度等确定。

（2）挡土墙的抗倾覆验算

如图 6-20，在土压力作用下墙将绕墙趾 o 点向外转动而失稳。将 E_a 分解成水平及垂直两个分力。水平分力 E_{ax} 使墙发生倾覆；垂直分力 E_{az} 及墙重力 G 抵抗倾覆。抗倾覆稳定性应按下式验算：

$$\frac{Gx_0+E_{az}x_f}{E_{ax}z_f}\geqslant 1.6 \tag{6-21}$$

$$E_{ax}=E_a\sin(\alpha-\delta)$$

$$E_{az}=E_a\cos(\alpha-\delta)$$

$$x_f = b - z\cot\alpha$$

$$z_f = z - b\tan\alpha_0$$

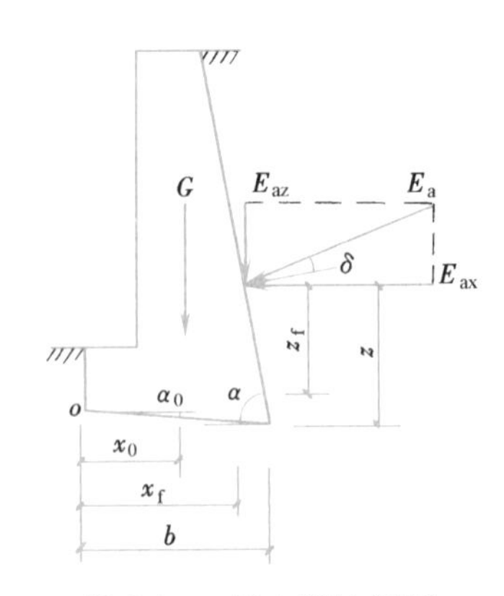

图 6-20　挡土墙抗倾覆稳定验算示意

式中　G——挡土墙每延米自重（kN）；

α_0——挡土墙基底的倾角（°）；

α——挡土墙墙背的倾角（°）；

z——土压力作用点离墙踵的高度（m）；

x_0——挡土墙重心离墙趾的水平距离（m）；

b——基底的水平投影宽度（m）。

3. 重力式挡土墙的构造

（1）重力式挡土墙根据墙背的倾角不同可分为仰斜式（$\alpha>90°$）、垂直式（$\alpha=90°$）、俯斜式（$\alpha<90°$）。仰斜式承受的土压力最小，作护坡时仰斜式最为合理；如在填方地段则宜采用俯斜式或垂直式（见图 6-21）。

（2）砌石挡土墙顶宽不宜小于 0.4m，混凝土墙不宜小于 0.2m。基底宽约为墙高的 $\frac{1}{2}\sim\frac{1}{3}$。

（3）为增加挡土墙的抗滑稳定性，可将基底做成逆坡。对于土质地基，基底逆坡坡度不宜大于 1∶10；对于岩质地基，基底逆坡坡度不宜大于 1∶5（见图 6-21）。

（4）挡土墙必须有良好的排水设施，以免墙后填土因积水而造成地基松软，从而导致承载力不足。若填土冻胀，则会使挡土墙开裂或倒塌。故常沿墙长设置间距为 2～3m，直径不小于 100mm 的泄水孔。墙后做好滤水层和必要的排水盲沟，在墙顶地面铺设防水层。当墙后有山坡时，还应在坡下设置截水沟（图6-22）。挡土墙应每隔 10～20m 设置伸缩缝。

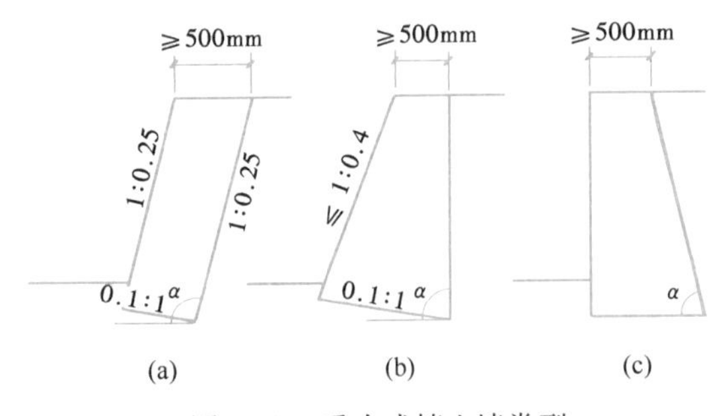

图 6-21　重力式挡土墙类型

（a）仰斜式；（b）垂直式；（c）俯斜式

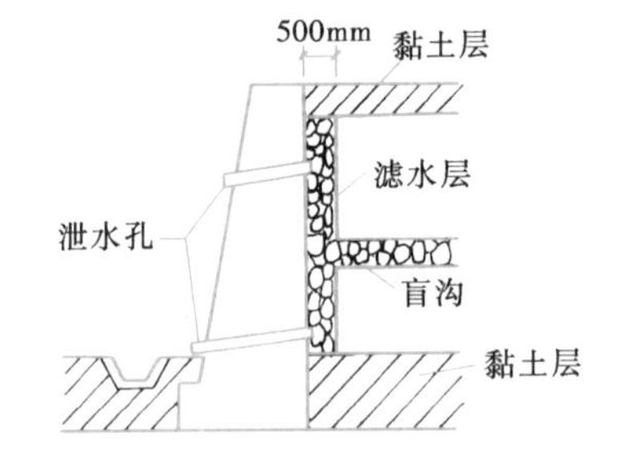

图 6-22　挡土墙排水设施

【例 6-6】 某挡土墙高 5m，墙背垂直光滑，填土表面水平。采用 MU30 毛石和 M5 混合砂浆砌筑。已知砌体重度 $\gamma_0=22\text{kN/m}^3$，填土重度 $\gamma=18\text{kN/m}^3$，内摩擦角 $\varphi=30°$，黏聚力 $c=0$，地面荷载$q=2\text{kN/m}^2$，基底摩擦系数 $\mu=0.5$，验算挡土墙的稳定性。

【解】（1）先确定挡土墙的断面尺寸（图 6-23）

按构造要求设墙顶宽为 0.8m>0.4m，墙底宽 $b=2.9\text{m}\approx\left(\frac{1}{2}\sim\frac{1}{3}\right)h$

(2) 取 1m 墙长为计算单元，计算土重及墙重：

$$G_1=0.5\times2.9\times1\times22=31.9\text{kN}$$

$$G_2=0.5\times1.7\times4.5\times1\times22=84.15\text{kN}$$

$$G_3=0.8\times4.5\times1\times22=79.2\text{kN}$$

$$G_4=0.2\times4.5\times1\times18=16.2\text{kN}$$

$$G=G_1+G_2+G_3+G_4=211.45\text{kN}$$

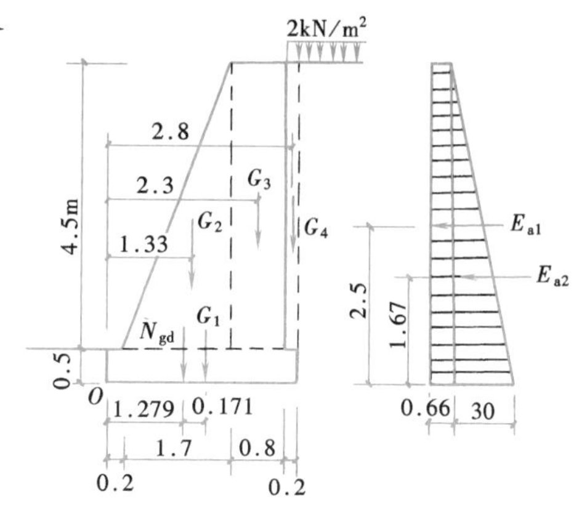

图 6-23　例 6-6 附图

(3) 再求土压力 E_a：

用朗肯土压力理论算得：$K_a=\frac{1}{3}$

墙顶处 $\sigma_a=(q+\gamma z)K_a$

$$=(2+0)\times\frac{1}{3}=0.66\text{kPa}$$

墙底处 $\sigma_a=(q+\gamma z)K_a=(2+18\times5)\times\frac{1}{3}=30.67\text{kPa}$

$E_{a1}=0.66\times5=3.3\text{kN/m}$(矩形面积)

$E_{a2}=\frac{1}{2}\times(30.67-0.66)\times5=75\text{kN/m}$ (三角形面积)

土压力 $E_a=E_{a1}+E_{a2}$

(4) 抗滑移验算：

$$\frac{(G_n+E_{an})\mu}{E_{at}-G_t}=\frac{(211.45+0)\times0.5}{(3.3+75)}=1.35>1.3$$

(5) 抗倾覆验算：

$$Gx_0+E_{ax}x_f=M_{抗倾覆}=31.9\times1.45+84.15\times1.33+79.2\times2.3+16.2\times2.8$$
$$=385.69\text{kN}\cdot\text{m}$$

$$E_{ax}z_f=M_{倾覆}=3.3\times2.5+75\times\frac{5}{3}=133.25\text{kN}\cdot\text{m}$$

$$\frac{Gx_0+E_{az}x_f}{E_{ax}z_f}=\frac{385.69}{133.25}=2.89>1.6$$

故墙体稳定性验算合格。

6.3　土方边坡与稳定

6.3.1　土方边坡

具有倾斜表面的土体称为土坡。当土质均匀，坡顶和坡底都是水平且坡面为同一坡度时，称为简单土坡。土坡根据其成因可分为两种：一种是由于地质作用而自然形成的，称为天然土坡，如山坡、河岸等；另一种是人们在修建各种工程时，在天然土体中开挖或填筑而成的，称为人工土坡，如堤坝、路基、基坑等。

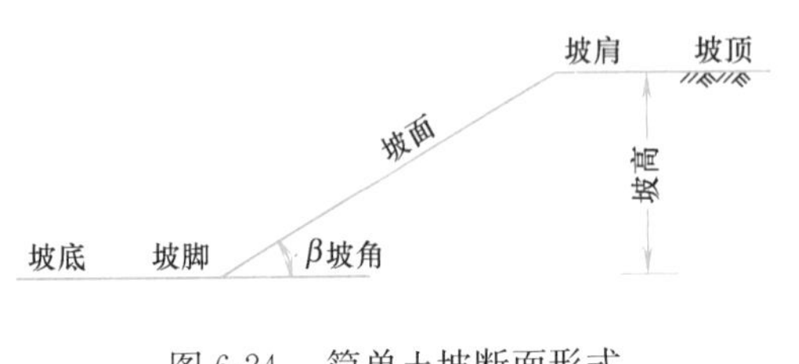

图 6-24 简单土坡断面形式

如图 6-24 所示，由于土坡表面倾斜，它在自身重力或外部荷载作用下，有从高处向低处滑动的趋势。一旦由于设计、施工或管理不当，或者由于地震、暴雨等不可预估的外部因素，都将可能使土体内部某个面上的剪应力达到并超过该面上的抗剪强度，稳定平衡遭到破坏，造成土坡中的一部分土体相对于另一部分土体向下滑动，这种现象称为滑坡或塌方，如图 6-25 所示。因此，在有关土坡问题的设计中，必须进行稳定分析，以保证土坡具有足够的稳定性。

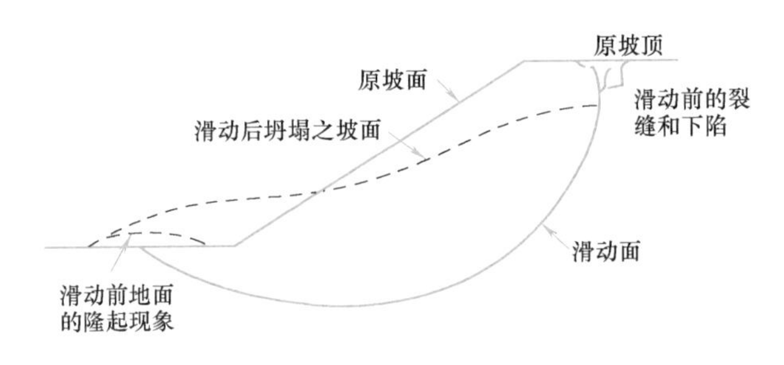

图 6-25 滑坡示意

基坑（槽）开挖施工中，坑壁土体的稳定主要依靠土体内颗粒间存在的内摩擦力和黏聚力来保持平衡。一旦土体在外力作用下失去平衡，坑壁就会坍塌。为了防止土壁坍塌，保证施工安全，当挖土超过一定的深度时，应留置一定的坡度。可以做成直线形、折线形或阶梯形边坡，如图 6-26 所示。

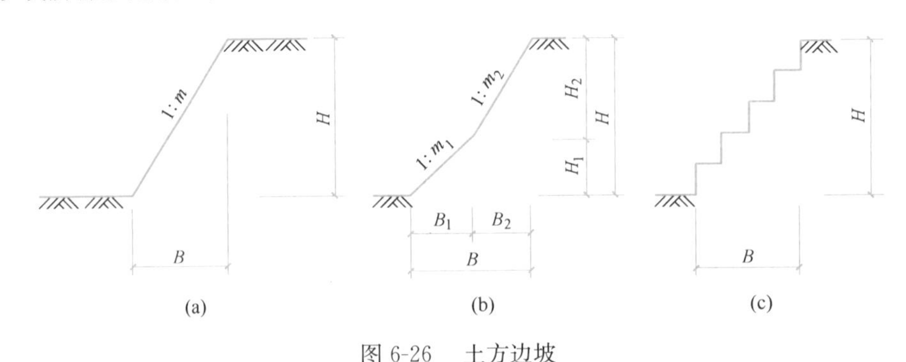

图 6-26 土方边坡
(a) 直线形边坡；(b) 折线形边坡；(c) 阶梯形边坡

土方边坡的坡度用高度 H 与底宽度 B 之比来表示，即

$$土方边坡坡度=H/B=1/(B/H)=1/m \tag{6-22}$$

式中　$m=\frac{B}{H}$——坡度系数。

土方边坡的大小，应根据土质条件、开挖深度、地下水位、施工方法及开挖后边坡留置时间的长短、坡顶有无荷载以及相邻建筑物情况等因素而定。当地质条件良好，土质均匀且地下水位低于基坑（槽）底面标高时，挖方边坡可以做成直立壁不加支撑，但深度不宜超过表 6-4 规定。

直立壁不加支撑挖方深度　　表 6-4

土 的 类 别	挖方深度(m)
密实、中密的砂土和碎石类土(充填物为砂土)	1.00
硬塑、可塑的粉土及粉质黏土	1.25
硬塑、可塑的黏土和碎石类土(充填物为黏性土)	1.5
坚硬的黏土	2.00

若不符合上述要求时，应采用放坡开挖。对永久性挖方边坡应按设计要求放坡，对临时性挖方边坡应符合表 6-5 规定。

临时性挖方边坡值　　表 6-5

土 的 类 别		边坡值(高：宽)
砂土(不包括细砂、粉砂)		1：1.25～1：1.50
一般黏性土	坚硬	1：0.75～1：1.00
	硬塑	1：1.00～1：1.25
	软	1：1.50 或更缓
碎石类土	充填坚硬、硬塑黏性土	1：0.50～1：1.00
	充填砂土	1：1.00～1：1.50

注：1. 设计有要求时，应符合设计标准；
　　2. 开挖深度，对软土不应超过 4m，对硬土不应超过 8m。

6.3.2　影响土方边坡稳定的因素

影响土坡稳定的因素有多种，包括土坡的边界条件、土质条件和外界条件。

（1）土坡坡度。土坡坡度可用坡度角的大小来表示，也可用土坡高度与水平尺度之比来表示。坡度角越小，土坡的稳定性越好。

（2）土坡高度。土坡高度指坡脚至坡顶之间的垂直距离。在其他条件相同时，坡高越小，土坡的稳定性越好。

（3）土的性质。土的性质越好，土坡的稳定性越好。例如，土的重度 γ 和土的抗剪强度指标 c、φ 值越大，土坡的稳定性越好。

（4）气象条件。天气晴朗时土坡处于干燥状态，土的强度大，土坡稳定性好。若连续大雨使大量雨水入渗，土的强度降低，可能导致土坡滑动。

（5）地下水渗透。当土坡中存在与滑动方向一致的渗透力时，对土坡的稳定不利。

（6）强烈地震。强烈地震产生的地震力或孔隙水压力等，对土坡的稳定不利。

（7）坡顶荷载变化。在坡顶堆放材料或建造建筑物等使坡顶荷载增加，或由于打桩、车辆行驶等引起振动，都会使土坡原有的稳定平衡遭到破坏，导致土坡滑动。

6.3.3 基坑边坡塌方的主要原因与措施

根据工程实践调查分析，造成基坑边坡塌方的主要原因是：未按规定放坡，土体本身稳定性不够而产生塌方；基坑上边缘附近堆载过重，使土体中产生的剪应力超过土体的抗剪强度；地面水及地下水渗入边坡土体，使土体的自重增大，抗剪能力降低，从而产生塌方。因此，基坑施工中务必注意如下问题：

（1）放足边坡。边坡的留置应符合规范的要求，其坡度大小，应根据土的性质、水文地质条件、施工方法、开挖深度、工期的长短等因素而定。并在施工中随时观察土壁变化情况。

（2）在边坡上堆土方或材料以及使用施工机械时，应保持与边坡边缘有一定安全距离。当土质良好时，堆土或材料应距挖方边缘 0.8m 以外，高度不应超过 1.5m。在软土地区开挖时，应随挖随运，以防由于地面加荷引起的边坡塌方。

（3）作好排水工作，防止地表水、施工用水和生活废水浸入边坡土体。在雨期施工时，应更加注意检查边坡的稳定性，必要时加设支撑，如图 6-27 所示。当基坑开挖完后，可采用塑料薄膜覆盖，水泥砂浆抹面、挂网抹面或喷浆等方法进行边坡坡面防护，可有效防止边坡失稳。

图 6-27　基坑支撑设置

另外，在土方开挖和基础施工过程中，应随时观察边坡土体，当出现裂缝、滑动等失稳迹象时，应暂停施工，必要时将施工人员和机械撤至安全地点。同时，应设置观察点，对土体平面位移和沉降变化作好记录，及时与设计单位联系，研究并采取相应的措施，如排水、支挡、减重反压、护坡和加固等方法进行综合治理。

6.4　基坑支护结构

6.4.1　基坑支护的常见类型与适用范围

为保证地下结构施工及基坑周边环境的安全，对基坑侧壁采用的支挡、加固与保护措施统称为基坑支护。基坑支护结构主要承受基坑土方开挖卸荷时所产生的土压力、水压力和附加荷载产生的侧压力，起到挡土和止水作用，是保证基坑稳定的一种施工临时措施。

1. 放坡开挖

放坡开挖就是根据基坑具体施工条件和不同土质的要求放足边坡进行土方开挖，如图 6-28 所示。施工时，要求边坡土体稳定，满足土方边坡坡度要求，位移控制严格。由于不需支挡材料，经济性好，但回填土方量较大。适用于周围场地开阔，周围无重要建（构）筑物的情况。

图 6-28　放坡开挖工程实例

2. 支护结构

支护结构按其受力状况可分为重力式支护结构和非重力式支护结构两类。深层搅拌水泥土桩、水泥旋喷桩和土钉墙等皆属于重力式支护结构。钢板桩、H 形钢桩、混凝土灌注桩和地下连续墙等皆属于非重力式支护结构。

支护结构根据不同的开挖深度和不同的工程地质与水文地质等条件，可选用悬臂式支护结构或设有撑锚体系的支护结构。悬臂式支护结构由挡墙和冠梁组成，设有撑锚体系的支护结构由挡墙、冠梁和撑锚体系三部分组成。

（1）挡墙

挡墙主要起挡土和止水作用，其种类很多，下面主要介绍常用的几种：

1）钢板桩

钢板桩是带锁口的热轧型钢制成。常用的截面型式有平板型、波浪型板桩等。钢板桩通过锁口连接、相互咬合而形成连续的钢板桩挡墙。

钢板桩在软土层施工方便，在砂砾层及密实砂土中则施工困难。打设后可立即组织土方开挖和基础施工，除可起挡土作用外，还有一定止水作用。但一次性投资较大，若施工完后拔出重复使用，可节省成本。另外钢板桩的刚度较低，一般当基坑开挖深度为4～6m时就需设置支撑（或拉锚）体系。它适用于基坑深度不太大的软土地层的基坑支护。

2）混凝土灌注桩挡墙

混凝土灌注桩作为支护结构的挡墙，其布置方式有连续式排列、间隔式排列和交错相接排列等型式。由于目前的施工技术使桩与桩之间仍会有间隙，因此仅用于无挡水要求的基坑支护。

混凝土灌注桩挡墙具有平面布置灵活，施工工艺简单，成本低，无噪声，无挤土，对周围环境不会造成危害等优点。但挡墙是由单桩排列而成，所以整体性较差，因此，使用时需在单桩顶部设置一道钢筋混凝土圈梁（亦称冠梁）将单桩连成整体，以提高排桩挡墙的整体性和刚度。

3）深层搅拌水泥土桩

深层搅拌水泥土桩，采用水泥作为固化剂，通过深层搅拌机械，在地基土中将土和固化剂强制拌合。利用土和固化剂之间所产生的一系列物理化学反应后，使软土硬化成水泥土柱状加固体。施工时将桩体相互搭接（通常搭接宽度为150～200mm），形成具有一定强度和整体性的深层搅拌水泥土挡墙，简称水泥土墙。

水泥土墙属于重力式支护结构，它利用其自身重力挡土，同时由于桩体相互搭接形成连续整体，又能形成隔水帷幕。由于抗拉强度低，宽度往往比较大。适用于软土地基，开挖深度不大于6m的基坑支护。

4）地下连续墙

地下连续墙系沿拟建工程基坑周边，利用专门的挖槽设备，在泥浆护壁的条件下，每次开挖一定长度（一个单元槽段）的沟槽，在槽内放置钢筋笼，利用导管法浇筑水下混凝土。施工时，每个单元槽段之间，通过接头管等方法处理后，形成一道连续的地下钢筋混凝土封闭墙体，简称地下连续墙。它既可挡土，又可挡水，也可以作为建筑物的承重结构。

地下连续墙整体性好，刚度大，变形小，能承受较大的竖向荷载及水平荷载。但成槽需专用设备，工程造价高。适用于地下水位高的软土地基，或基坑开挖深度大，且与邻近的建筑物、道路等市政设施等相距较近时的深基坑支护。

（2）冠梁

在钢筋混凝土灌注桩挡墙、水泥土墙和地下连续墙顶部设置的一道钢筋混凝土圈梁，称为冠梁，亦称为压顶梁。

施工时应先将桩顶或地下连续墙顶上的浮浆凿除，清理干净，并将外露的钢筋伸入冠梁内，与冠梁混凝土浇筑成一体，有效地将单独的挡土构件连系起来，以提高挡墙的整体性和刚度，减少基坑开挖后挡墙顶部的位移。冠梁宽度不小于桩径或墙厚，高度不小于 400mm，冠梁可按构造配筋，混凝土强度等级宜大于 C20。

（3）撑锚体系

对较深基坑的支护结构，为改善挡墙的受力状况，减少挡墙的变形和位移，应设置撑锚体系，撑锚体系按其工作特点和设置部位，可分为坑内支撑体系和坑外拉锚体系。

1）坑内支撑体系

坑内支撑体系由支撑、腰梁和立柱等构件组成，承受挡墙所传递的土压力、水压力等。如图 6-29 所示，根据不同的基坑宽度和开挖深度，可采用无中间立柱的对撑，有中间立柱的单层或多层水平支撑，当基坑平面尺寸很大而开挖深度不太大时，可采用斜撑。

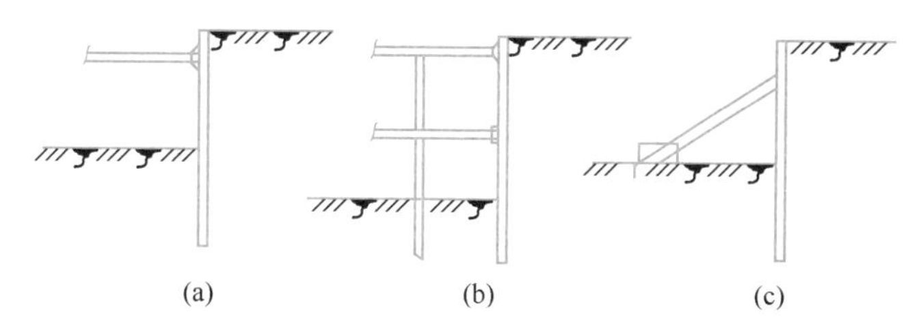

图 6-29　坑内支撑形式

（a）对撑；（b）两层水平撑；（c）斜撑

水平支撑的布置应根据基坑平面形状、大小、深度和施工要求，应避开地下结构的柱网或墙轴线，相邻水平支撑净距一般不小于 4m。立柱应布置在纵横向水平撑的交点处，并避开地下结构柱、梁与墙的位置，间距一般不大于 15m，其下端应支撑在较好的土层中。斜撑宜对称布置，水平间距不宜大于 6m，斜撑与基坑底面之间的夹角，一般不宜大于 35°，在地下水位较高的软土地区不宜大于 26°，当斜撑长度大于 15m 时，宜在斜撑中部设置立柱，且斜撑底部应具备可靠的水平力传递条件。

支撑结构体系必须具有足够的强度、刚度和稳定性，节点构造合理，安全可靠，能满足支护结构变形控制要求，同时要方便土方开挖和地下结构施工。

2）坑外拉锚体系

坑外拉锚体系由杆件与锚固体组成。根据拉锚体系的设置方式及位置不同，可分为两类：

A. 水平拉杆沿基坑外地表水平设置（图 6-30），一端与挡墙顶部连接，另一端锚固在锚碇上，用于承受挡墙所传递的土压力、水压力和附加荷载等产生的侧压力。拉杆通过开沟浅埋于地表下，以免影响地面交通，锚碇位置应处于地层滑动面之外，以防止坑壁土体整体滑动时，引起支护结构整体失稳。拉杆通常采用粗钢筋或钢绞线。根据使用时间长短和周围环境情况，事先应对拉杆采取相应的防腐措施，拉杆中间设有紧固器，将挡墙拉紧之后即可进行土方开挖作业。

此法施工简便，经济可行，适用于土质条件较好，开挖深度不大，基坑周边有较开阔施工场地时的基坑支护。

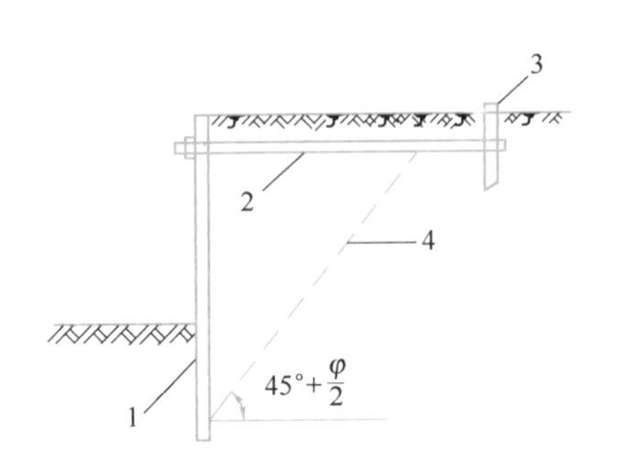

图 6-30　锚碇式支护结构

1—挡墙；2—拉杆；

3—锚碇桩；4—主动滑动面

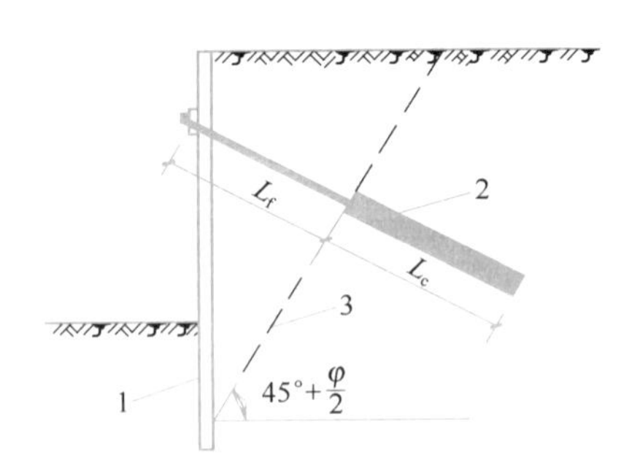

图 6-31　锚杆式支护结构

1—挡墙；2—土层锚杆；

3—主动滑动面；L_f—非锚固段长度；L_c—锚固段长度

B. 土层锚杆在坑外土层中设置（图6-31），锚杆的一端与挡墙连结，另一端锚固在土层中，利用土层的锚固力承受挡墙所传递的土压力、水压力等侧压力。锚杆通常采用粗钢筋或钢绞线，成孔后放入锚杆并注浆，在锚固段长度范围内形成抗拔力，只要抗拔力大于挡墙侧压力产生的锚杆轴向力，支护结构就能保持稳定。

由于软土、淤泥质土中抗拔力低，故土层锚杆适用于地质条件为砂土或黏性土地层的深基坑支护。当地质条件太差或环境不允许时（建筑红线外的地下空间不允许侵占或锚杆范围内存在着深基础、沟管等障碍物）不宜采用。

6.4.2　基坑支护结构的选型原则

支护结构的选型应满足下列基本要求：

（1）符合基坑侧壁安全等级要求，确保坑壁稳定，施工安全；

（2）确保邻近建筑物、道路、地下管线等的正常使用；

（3）方便土方开挖和地下结构工程施工；

（4）做到经济合理、工期短、效益好。

基坑支护结构形式，应根据上述基本要求，并综合考虑基坑周边环境、开挖深度、工程地质和水文地质条件、施工作业设备、挖土方案、施工季节、工期及造价等因素，经技术经济比较后优选确定。在工程实践中，可参照《建筑边坡工程技术规范》、《建筑基坑支护技术规程》及相关文献资料等。

6.4.3　基坑支护结构的破坏形式

基坑支护结构的破坏或失效有多种形式，任何一种控制条件不能满足都有可能造成支护结构的整体破坏或支护功能的丧失。支护结构方案制定时应全面考虑这些破坏因素，施工过程也要观察和监测各种不同的破坏迹象，一旦发现问题应及时采取有效措施，避免在某一个环节上处理不当而造成通盘失败。这些破坏和失效形式归纳起来主要包括：

1. 支护结构构件的承载能力破坏

（1）护坡桩或地下连续墙的受弯、受剪承载能力；

（2）支撑和支撑立柱的承载能力；

（3）锚杆或土钉的抗拔承载力；

（4）腰梁或受力冠梁的受弯、受剪承载力；

（5）结构各连接件的受压、受剪承载力等。

2. 支护结构的整体失稳破坏

（1）当桩墙—锚杆结构滑动面向外延伸发展时，使其滑动面以外的锚杆锚固长度减小，或最危险滑动面出现在锚杆以外，造成滑动面以内土体和支护结构一起滑移失稳；

（2）对于各种支护结构，由于支护结构下面土的承载力不够，产生沿支护结构底面的滑动面，土体向幕坑内滑动，基坑外土体下沉，基底隆起；

（3）重力式结构自身的抗倾覆或抗滑移能力不够，使重力式结构倾覆或向基坑内水平滑移；

（4）土钉墙的滑弧稳定能力不足，土钉拔出，产生边坡整体滑动，或滑动面发展到土钉以外，使土钉和土体一起滑移。

3. 支护结构位移和地面沉降过大

（1）由于支护结构水平位移连带着基坑周边土体的水平变形和垂直变形；

（2）在地下水位高于基坑面的场地，由于施工降水引起的地下水位下降，使土的有效应力增加，产生固结变形而引起地面下沉；

（3）由于支护结构施工对土的扰动所产生的变形。

4. 地下水作用下土的渗透破坏

地下水位高于基坑面或土层中有承压含水层的场地，当有水的渗流时，应防止坑底和侧壁土的渗流破坏。土的渗流破坏的形式主要有流土、管涌破坏，以及基底下承压含水层使较薄的上层隔水层被顶破而产生的突涌破坏。基坑降水或基坑侧壁采用截水帷幕后，能防止侧壁的渗透破坏，增加地下水的渗透路径长度和减小基底的渗流水力坡度，从而减小渗透破坏发生的可能性。

6.4.4　基坑支护结构的现场监测

1. 基坑监测项目

一般来说，基坑施工监测的目的是：根据现场监测数据与设计值（或预测值）进行比较，如超过某个限值就需要采取工程措施，防止支护结构破坏和环境事故发生，避免或减轻破坏性的后果。

基坑工程监测方案，应根据场地条件和支护结构设计确定。应密切关注两个方面的问题：一是基坑支护结构的稳定与安全；二是基坑开挖对周围环境的影响。主要监测项目有：

（1）支护结构的变形、内力，包括基坑围护桩（墙）的水平变位（水平位移和侧斜），支护结构支撑轴力或锚杆拉力，各立柱桩的沉降量和水平位移，围护桩（墙）的内力等；

（2）基坑周边的地面变形，基坑外侧土体的分层沉降和土体倾斜；

（3）邻近工程和地下设施的变形，包括地下各种管道、线缆等的沉降、位移，周边建筑物、道路的沉降、位移和倾斜等；

（4）基坑内外侧地下水位、孔隙水压力；

（5）基坑渗漏、冒水、冲刷、管涌等情况。

在基坑工程施工中，监测项目可根据本工程基坑侧壁安全等级及结构形式按相关规范要求选择。

2. 基坑监测注意事项

（1）基坑开挖前应做出系统的监测方案；

（2）监测点的布置应满足监控要求；

（3）位移观测基准点数量不应少于两点，且应设在影响范围以外；

（4）监测项目在基坑开挖前应测得初始值，且不应少于两次；

（5）基坑监测项目的监控报警应根据监测对象的有关规范及支护结构设计要求确定；

（6）各项监测的时间间隔可根据施工进度确定，当变形超过有关标准或监测结果变化速率较大时，应加密观测次数，当有事故征兆时，应连续监测；

（7）监测过程中，应根据设计要求提交阶段性监测报告，工程结束时应提交完整的监测报告。

复习思考题

1. 什么是土压力？根据挡土墙的移动或转动情况可将土压力分成几种类型？

2. 何谓主动土压力、静止土压力和被动土压力？三者之间有何关系？

3. 土压力的影响因素主要有哪些？

4. 三种土压力的大小关系是什么？

5. 朗肯土压力理论和库仑土压力理论的基本假定有什么不同？在什么条件下可以得到相同的结果？

6. 挡土结构物的主要作用是什么？

7. 挡土墙主要有什么类型？各类型有何特点？

8. 挡土墙设计中需要进行哪些验算？

9. 墙后积水对挡土墙有什么影响？

10. 土方边坡如何表示？什么是边坡系数？

11. 施工中造成土方边坡塌方的原因有哪些？如何防治？

12. 基坑放坡开挖的适用条件？应满足的要求？

13. 简述常见支护结构的特点。

14. 举例说明支护结构的整体失稳破坏。

15. 基坑支护结构现场监测的主要内容有哪些？

习　　题

6-1　挡土墙高 5m，墙背垂直光滑，填土表面水平，填土为砂土，$\gamma=18\text{kN/m}^3$，$\varphi=30°$，试

确定挡土墙上的主动土压力 E_a 及其作用点。

6-2　挡土墙高4.5m，墙背垂直光滑，填土表面水平，$\varphi=22°$，$c=6kPa$，$\gamma=18kN/m^3$。

(1) 求主动土压力 E_a，并作出主动土压力强度分布图。

(2) 当填土表面上作用有 $q=10kN/m^2$ 的均布荷载时，求主动土压力 E_a，并作出主动土压力强度分布图。

6-3　习题6-1中假设墙背倾斜角 $\alpha=80°$，$\beta=0$，$c=0$，$\gamma=19kN/m^3$，$\delta=15°$，试用库仑土压力理论求作用在墙背上的主动土压力 E_a，并画出土压力强度分布图形。

6-4　挡土墙高4m，墙背垂直光滑，$c=0$，$\varphi=30°$，$\beta=0$，$\alpha=90°$，$\delta=0$，$\gamma=18.5kN/m^3$，基底摩擦系数 $\mu=0.5$，墙身由毛石砌筑，砌体重度 $\gamma=22kN/m^3$。试验算挡土墙的稳定性(图6-32)。

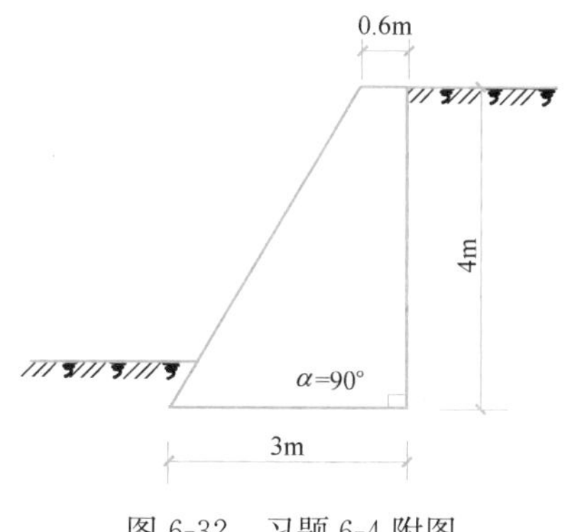

图6-32　习题6-4附图

教学单元 7

建筑场地的工程地质勘察

教学单元7　导学视频

7.1 概 述

建筑场地是指建筑物所处的有限面积的土地。建筑场地的概念是宏观的，建筑场地勘察应广泛研究整个工程在建设施工和使用期间，场地内可能发生的各种岩、土体的失稳、自然地质及工程地质灾害等问题。

7.1.1 工程地质勘察的目的

工程地质勘察的目的在于使用各种勘察手段和方法，调查研究和分析评价建筑场地和地基的工程地质条件，为设计和施工提供所需的工程地质资料。

建筑场地地形平坦，地表土坚实，并不能保证地基土均匀与坚实。优良的设计方案，必须以准确的工程地质资料为依据，地基土层的分布、土的松密、压缩性高低、强度大小、均匀性、地下水埋深及水质、土层是否会液化等条件都关系着建筑物的安危和正常使用。结构工程师只有对建筑场地的工程地质资料全面深入的研究，才能做出好的地基基础设计方案。

在工程实践中，有不少因不经过调查研究而盲目进行地基基础设计和施工而造成严重工程事故的例子，但是，更常见的是勘察不详或分析结论有误，以致延误建设进度、浪费大量资金，甚至遗留后患。因此，地质勘察工作应该遵循基本建设程序，走在设计和施工前面，采取必要的勘察手段和方法，提供准确无误的工程地质勘察报告。

7.1.2 各阶段勘察的内容

建筑场地的岩土工程勘察宜分阶段进行，可行性研究勘察应符合选择场址方案的要求；初步勘察应符合初步设计的要求；详细勘察应符合施工图设计的要求；场地条件复杂或有特殊要求的工程，宜进行施工勘察。

场地较小且无特殊要求的工程可合并勘察阶段。当建筑物平面布置已经确定，且场地或其附近已有岩土工程资料时，可根据实际情况，直接进行详细勘察。

1. 可行性研究勘察（规划性勘察、选址勘察）

可行性研究勘察，应对拟选场址的稳定性和适宜性做出评价。这一阶段的勘察工作如下：

（1）搜集区域地质、地形地貌、地震、矿产，当地的工程地质、岩土工程和建筑经验等资料；

（2）在充分搜集和分析已有资料的基础上，通过勘察了解场地的地层、构造、岩性、不良地质作用和地下水等工程地质条件；

（3）当拟建场地工程地质条件复杂，已有资料不能满足要求时，要根据具体情况进行工程地质测绘和必要的勘探工作；

(4) 当有两个或两个以上拟选场址时，应进行比较分析。

根据我国的建设经验，下列地区、地段不宜选为场址：

1) 不良地质发育现象且对场地稳定性有直接危害或潜在威胁，如有大滑坡、强烈发育岩溶、地表塌陷、泥石流及江河岸边强烈冲淤区等；

2) 地震基本烈度较高，可能存在地震断裂带及地震时可能发生滑坡、山崩、地表断裂的场地；

3) 洪水或地下水对建筑场地有严重不良影响；

4) 地下有尚未开采的有价值矿藏或未稳定的地下采空区。

2. 初步勘察

在场址选定批准后进行初步勘察，初步勘察应对场地内拟建建筑地段的稳定性做出评价，并进行下列主要工作：

(1) 搜集拟建工程的有关文件、工程地质和岩土工程资料以及工程场地范围的地形图；

(2) 初步查明地质构造、地层结构、岩土工程特性、地下水埋藏条件；

(3) 查明场地不良地质作用的成因、分布、规模、发展趋势，并对场地的稳定性做出评价；

(4) 对抗震设防烈度等于或大于 6 度的场地，应对场地和地基的地震效应做出初步评价；

(5) 季节性冻土地区，应调查场地土的标准冻结深度；

(6) 初步判定水和土对建筑材料的腐蚀性；

(7) 高层建筑初步勘察时，应对可能采取的地基基础类型、基坑开挖与支护、工程降水方案进行初步分析评价。

3. 详细勘察

经过可行性研究勘察和初步勘察之后，场地工程地质条件基本查明，详细勘察的任务就在于针对具体建筑物地基或具体工程的地质问题，为进行施工图设计和施工提供可靠的依据或设计计算参数。因此，详细勘察应按单体建筑物或建筑群提出详细的岩土工程资料和设计、施工所需的岩土参数；对建筑地基做出岩土工程评价，并对地基类型、基础形式、地基处理、基坑支护、工程降水和不良地质作用的防治等提出建议。主要应进行下列工作：

(1) 搜集附有坐标和地形的建筑总平面图，场区的地面整平标高，建筑物的性质、规模、荷载、结构特点、基础形式、埋置深度、地基允许变形等资料；

(2) 查明不良地质作用的类型、成因、分布范围、发展趋势和危害程度，提出整治方案和建议；

(3) 查明建筑范围内岩土层的类型、深度、工程特性，分析和评价地基的稳定性、均匀性和承载力；

(4) 对需进行沉降计算的建筑物，提供地基变形计算参数，预测建筑物的变形特征；

(5) 查明埋藏的河道、沟浜、墓穴、防空洞、孤石等对工程不利的埋藏物；

(6) 查明地下水的埋藏条件，提供地下水位及其变化幅度；

(7) 在季节性冻土地区，提供场地土的标准冻结深度；

(8) 判定水和土对建筑材料的腐蚀性。

对抗震设防烈度等于或大于 6 度的场地，应进行场地和地基地震效应的岩土工程勘察，并应根据国家批准的地震震动参数区划和有关规范，提出勘察场地的抗震设防烈度、设计基本地震加速度和设计特征周期。应划分场地的类别，划分对抗震有利、不利或危险的地段，进行液化判别。

当建筑物采用桩基时，应查明场地各层岩土的类型、深度、分布、工程特性和变化规律；当采用基岩作为桩的持力层时，应查明基岩的岩性、构造、岩面变化、风化程度，确定其坚硬程度、完整程度和基本质量等级，判定有无洞穴、临空面、破碎岩体或软弱岩层；查明水文地质条件，评价地下水对桩基设计和施工的影响，判定水质对建筑材料的腐蚀性；查明不良地质作用，可液化土层和特殊性岩土的分布及其对桩基的危害程度，并提出防治措施的建议；评价成桩可能性，论证桩的施工条件及其对环境的影响。

4. 施工勘察

遇下列各种情况，都应配合设计、施工单位进行施工勘察，解决施工中的工程地质问题，并提出相应的勘察资料。

(1) 对较重要建筑物的复杂地基，需进行施工勘察；

(2) 基槽开挖后，地质条件与原勘察资料不符，并可能影响工程质量时；

(3) 深基础施工设计及施工中需进行有关地基监测工作；

(4) 当软弱地基处理时，需进行设计和检验工作；

(5) 地基中溶洞或土洞较发育，需进一步查明及处理；

(6) 施工中出现边坡失稳，需进行观测和处理。

7.1.3 详细勘察阶段勘探点的布置

建筑场地的复杂程度分为三个等级：

(1) 复杂场地：是指对建筑抗震危险的地段；不良地质作用强烈发育；地质环境已经或可能受到强烈破坏；地形地貌复杂；有影响工程的多层地下水、岩溶裂隙水或其他水文地质条件复杂，需专门研究的场地。

(2) 中等复杂场地：是指对建筑抗震不利的地段；不良地质作用一般发育；地质环境已经或可能受到一般破坏；地形地貌较复杂；基础位于地下水位以下的场地。

(3) 简单场地：是指抗震设防烈度等于或小于 6 度，或对建筑抗震有利的地段；不良地质作用不发育；地质环境基本未受破坏；地形地貌简单；地下水对工程无影响的场地。

详细勘察阶段勘探点的间距应根据建筑物的安全等级和建筑场地的复杂程度确定：

（1）简单场地：30～50m

（2）中等复杂场地：15～30m

（3）复杂场地：10～15m

勘探点分为一般性勘探点和控制性勘探点两种，为了较好地评价地基的均匀性，对于单栋的高层建筑，勘探点不应小于4个；对于密集的高层建筑群，勘探点可以适当减少，但每栋建筑物至少应有一个控制性的勘探点。

详细勘察阶段的勘探深度自基础底面算起，其确定原则：

（1）勘探孔深度应能控制地基主要受力层，当基础底面宽度不大于5m时，对条形基础不应小于基础底面宽度的3倍；对单独基础不应小于1.5倍，且不应小于5m。

（2）对高层建筑和需作变形验算的地基，控制性勘探孔的深度应超过地基变形计算深度；高层建筑的一般性勘探孔应达到基底下0.5～1.0倍基础宽度，并深入稳定分布的地层。

（3）当需进行地基整体稳定性验算时，控制性勘探孔深度应根据具体条件满足验算要求。

（4）当有大面积地面堆载或软弱下卧层时，应加深勘探孔的深度。

详见《岩土工程勘察规范》GB 50021—2001（2009年版）。

7.2 工程地质勘察报告

7.2.1 工程地质勘察报告的编制

地基勘察的最终成果是以报告书的形式提出的。勘察工作结束后，将取得的野外工作和室内试验的记录和数据以及搜集到的各种直接和间接资料进行分析整理、检查校对、归纳总结后，作出建筑场地的工程地质评价。这些内容，最后以简要明确的文字和图表编成报告书。

岩土工程勘察报告应资料完整、真实准确、数据无误、图表清晰、结论有据、建议合理、便于使用和适宜长期保存，并应因地制宜，重点突出，有明确的工程针对性。

岩土工程勘察报告应根据任务要求、勘察阶段、工程特点和地质条件等具体情况编写，一般应包括下列内容：

（1）勘察目的、任务要求和依据的技术标准；

（2）拟建工程概况；

（3）勘察方法和勘察工作布置；

（4）场地地形、地貌、地层、地质构造、岩土性质及其均匀性；

（5）各项岩土性质指标，岩土的强度参数、变形参数、地基承载力的建议值；

（6）地下水埋藏情况、类型、水位及其变化；

（7）土和水对建筑材料的腐蚀性；

（8）可能影响工程稳定的不良地质作用的描述和对工程危害程度的评价；

（9）场地稳定性和适宜性评价。

岩土工程勘察报告应对岩土利用、整治和改造的方案进行分析论证，提出建议；对工程施工和使用期间可能发生的岩土问题进行预测，提出监控和预防措施的建议。

成果报告应附下列图件：

（1）勘探点平面布置图；

（2）工程地质柱状图；

（3）工程地质剖面图；

（4）原位测试成果图表；

（5）室内试验成果图表；

（6）当需要时，尚可附综合工程地质图、综合地质柱状图、地下水等水位线图、素描、照片、综合分析图表以及岩土利用、整治和改造方案的有关图表、岩土工程计算简图及计算成果图表等。

7.2.2 勘察报告的阅读与使用

为了充分发挥勘察报告在设计和施工工作中的作用，必须重视对勘察报告的阅读和使用。阅读勘察报告应该熟悉勘察报告的主要内容，了解勘察结论和岩土参数的可靠程度，进而判断报告中的建议对该项工程的适用性，从而正确地使用勘察报告。这里，应把场地的工程地质条件与拟建建筑物具体情况和要求联系起来进行综合分析，既要从场地工程地质条件出发进行设计施工，也要在设计施工中发挥主观能动性，充分利用有利的工程地质条件。在阅读和使用地质报告的过程中，以下几点必须引起工程技术人员重视。

1. 场地稳定性评价

这里涉及区域稳定性和场地地基稳定性两方面问题。前者是指一个地区的整体稳定，如有无新的、活动的构造断裂带通过；后者是指一个具体的工程建筑场地有无不良地质现象及其对场地稳定性的直接与潜在的危害。原则上采取区域稳定性和地基稳定性相结合的观点。当地区的区域稳定性条件不利时，找寻一个地基好的场地，会改善区域稳定性条件。对勘察报告中指明宜避开的危险场地，则不宜进行建筑，如不得不在其中较为稳定的地段进行建筑，也需事先采取有力的防范措施，以免中途更改场地或花费极高的处理费用。对建筑场地可能发生的不良地质现象，如泥石流、滑坡、崩塌、岩溶、塌陷等，应查明其成因、类型、分布范围、发展趋势及危害程度，采取适当的整治措施。因此，勘察报告的综合分析首先是评价场地的稳定性和适宜性，然后才是地基土的承载力和变形问题。

2. 持力层的选择

如果建筑场地是稳定的，地基基础的设计就必须满足地基承载力和基础沉降这两项基本要求。基础的形式有深、浅之分，前者主要把所承受的荷载相对集中地传递到地基深部，而后者则通过基础底面，把荷载扩散分布到浅层地基，因而基础形式不同、持力层选择时侧重点不一样。

对浅基础而言，在满足地基稳定和变形要求的前提下，基础应尽量浅埋。如果上层土地基承载力大于下层土时，尽量利用上层土作地基持力层，若遇软弱地基，宜利用上部硬壳层作为持力层。冲填土、建筑垃圾和性能稳定的工业废料，当均匀和密实度好时，亦可利用作为持力层，不应一概予以挖除。如果荷载影响范围内的地层不均匀，有可能产生不均匀沉降时，应采取适当的防治措施，或加固处理，或调整上部荷载的大小。如果持力层承载力不能满足设计要求，则可采取适当的地基处理措施，如软弱地基的深层搅拌、预压堆载、化学加固，湿陷性地基的强夯密实等。需要指出的是，由于勘察详细程度有限，加之地基土工程性质和勘察手段本身的局限性，勘察报告不可能完全准确地反映场地的全部特征，因而在阅读和使用勘察报告时，应注意分析和发现问题，对有疑问的关键性问题应设法进一步查明，以确保工程质量。

对深基础而言，主要的问题是选择桩尖持力层。一般地，桩尖持力层宜选择层位稳定的硬塑～坚硬状态的低压缩性黏土层和粉土层，中密以上的砂土和碎石层，中～微风化的基岩。当以第四纪松散的沉积层作为桩尖持力层时，持力层的厚度宜超过 6～10 倍桩身直径或桩身宽度。持力层的下部不应有软弱地基和可液化地层。当不可避免持力层下有软弱地层时，应从持力层的整体强度及变形要求考虑，保证持力层有足够的厚度。此外，还应结合地层的分布情况和岩土特征，考虑成桩时穿过持力层以上各地层的可能性。

3. 考虑环境效应

任何一个基础设计方案的实施不可能仅局限于拟建场地范围内，它或多或少，或直接或间接要对场地周围的环境甚至工程自身产生影响。如排水时地下水位要下降，基坑开挖时要引起坑外土体的变形，打桩时产生的挤土效应，灌注桩施工时泥浆排放对环境的污染等。因此选定基础方案时就要预测到施工过程中可能出现的岩土工程问题，并提出相应的防治措施和合理的施工方法。《岩土工程勘察规范》GB 50021—2001（2009 年版）已经对这些问题的分析、计算与论证作了相应的规定，设计和施工人员在阅读和使用勘察报告时，也不应仅局限于掌握有关的工程地质资料，而要从工程建设的全过程出发来分析和考虑问题。

7.2.3 工程勘察报告示例

××市××乡××所办公楼

岩土工程勘察报告

（详细勘察）（勘察编号：20××-043）

1. 工程概况

拟建××市××乡××所办公楼，由××市××乡筹建，××市××建筑设计院设计，××市××勘察院进行岩土工程勘察。拟建工程为办公楼：东西长 14m，南北宽 50m，6 层，框架结构。场地位于××路东侧。拟建工程概况见表 7-1。

拟建工程概况 表7-1

建筑物名称	地上层数	基础埋置深度(m)	基础形式	结构类型
办公楼	六	待 定	条形基础	框 架

本次勘察的任务和要求：查明场地地层的分布及其物理力学性质在水平方向和垂直方向的变化情况；地基土的性质；地下水情况；提供地基土的承载力；对场地的稳定性和适宜性作出评价；对场地条件和地震液化进行判定；对水和土对建筑材料的腐蚀性作出评价；对地基和基础设计方案提出建议；对基槽开挖和地下水位的控制提出建议；对不良地质现象提出治理意见；提出地基处理的方案。

2. 勘察工作（略）

3. 场地条件

（1）位置和地形。场地位于××路东侧，场地地势较平坦，地貌单元单一。

（2）标高。本次勘察标高采用相对标高系统，标高接测点为场地东侧××南路路中心线处（J1孔所对），假设该处标高为0.00m，平、剖面图中勘探点的标高均由该引测点接测，场地标高一般在0.00～0.15m。地貌为长江中下游第四纪全新世冲积平原。

（3）地层。本次勘察查明，在钻探所达深度范围内，场地土可分为4层，现将其物理力学性质逐层分述见表7-2。

地层描述 表7-2

地层层序及名称	地 层 描 述
(1) 素填土	以灰色为主,粉质黏土,软塑,松散,厚约0.7～1.9m左右,该层土物理力学性质较差,为低强度高压缩性地基土
(2) 粉土	灰黄色～灰色,含白云母碎片,稍密为主,摇震反应中等、干强度较低、韧性较低、无光泽反应,层厚较均匀,一般在4.0m左右,该层土物理力学性质一般,为中等压缩性地基土
(3) 粉质黏土	可塑为主,局部硬塑,局部为黏土,光泽反应稍有光滑、无摇震反应、中等干强度,层厚较均匀,在5.8～6.1m左右,为中等压缩性地基土
(4) 粉质黏土	软塑,局部夹粉土,光泽反应稍有光滑、无摇震反应、中等偏低干强度,该层土最大揭穿厚度为8.2m,本次勘察未揭穿

（4）地下水和土对建筑材料的腐蚀性评价。在本次勘察深度范围内浅层地下水为潜水类型，勘察期间实测稳定水位为假设标高－1.50m左右，但地下水位会受大气降水渗入补给、蒸发、自然排泄等因素的影响。现场踏勘查明场地四周无明显的污染源，根据区域水文地质、工程地质资料，可判定地下水和土对混凝土无腐蚀性，对钢筋有弱的腐蚀性。

4. 岩土工程分析评价

（1）场地的稳定性和适宜性

本次勘察结果表明，拟建场地地基土在勘探深度范围内分布基本稳定，无明显的软弱下卧层，无发生滑坡、泥石流、崩塌等地质灾害的可能性，场地的稳定性较好，适宜进行本工程的建设。

（2）地基土力学性质评价

1）地基土常规物理力学性质指标见土工试验成果表（略）。

2）各层土的主要物理力学性质指标统计见分层统计表（略）。

（3）地基方案

1）地基土承载力、压缩性等设计指标的评价。地基土承载力根据本次勘察成果并结合地区勘察经验综合确定，压缩性指标根据土工试验成果取平均值，见表7-3。

地基土承载力、压缩性等设计指标 表7-3

地层层序及名称	地基土承载力特征值 f_{ak}(kPa)	压缩模量平均值 E_s(MPa)	地层层序及名称	地基土承载力特征值 f_{ak}(kPa)	压缩模量平均值 E_s(MPa)
(1) 素填土			(3) 粉质黏土	240	7.91
(2) 粉土	130	9.84	(4) 粉质黏土	160	

2）地基方案。根据拟建工程特点及场地土物理力学性质，拟建工程可采用天然地基方案，基础持力层为第二层粉土，基槽开挖深度见工程地质剖面图，采用天然地基时应注意以下问题：

A. 开挖基槽时如地下水位高于坑底，应采取坑内明排及时降低地下水位；

B. 局部超深的应将表层填土全部挖除，用1∶1砂石回填。

（4）场地地震效应

根据《建筑抗震设计规范》有关规定，本场地的抗震设防烈度为7度，设计基本地震加速度为0.10m/s²，设计地震分组为第一组。该工程抗震设防分类为丙类。

1）场地土类型的划分。根据《建筑抗震设计规范》规定，现以J1孔为例，经计算拟建场地土层等效剪切波速 V_{se} 值约为185.2m/s，见表7-4，故拟建场地土综合判定为中软场地土。

土层等效剪切波速 表7-4

孔号	层号	土层名称	地基承载力特征值 f_{ak}(kPa)	土层剪切波速 V_s(m/s)	层 厚 (m)	传播时间 t(s)	土层等效剪切波速 V_{se}(m/s)
J1	1	素填土		100.0	1.60	0.016	185.2
	2	粉 土	130	160.0	4.00	0.025	
	3	粉质黏土	240	300.0	6.20	0.021	
	4	粉质黏土	160	180	8.2	0.046	

2）建筑场地类别的划分。根据《建筑抗震设计规范》规定，场地土类型为中软场地土，场地覆盖层厚度依据区域地质资料，可知大于50m，故建筑场地类别为Ⅲ类。

3）场地地段的划分。根据《建筑抗震设计规范》规定，拟建建筑场地地段为可进行建设的一般场地。

4）拟建场地15m深度范围内饱和砂性土的液化判别：依据《建筑抗震设计规范》有关液化判别规定，经计算可知第二层粉土为非液化土层。具体判别见表7-5。

标准贯入试验液化判别表　　　　表7-5

层号	孔号	试验底深度（m）	实测击数（击）	水位深度（m）	黏粒含量 ρ_c（%）	临界击数 N_{cr}（击）	液化指数	液化等级
1	J1	2.7	9	0.5	9.7	3.73		不液化
		4.2	14		5.8	5.48		不液化
2	J2	2.3	10		9.2	3.7		不液化
		3.8	16		6.1	5.18		不液化
		5.7	18		3.1	8.38		不液化

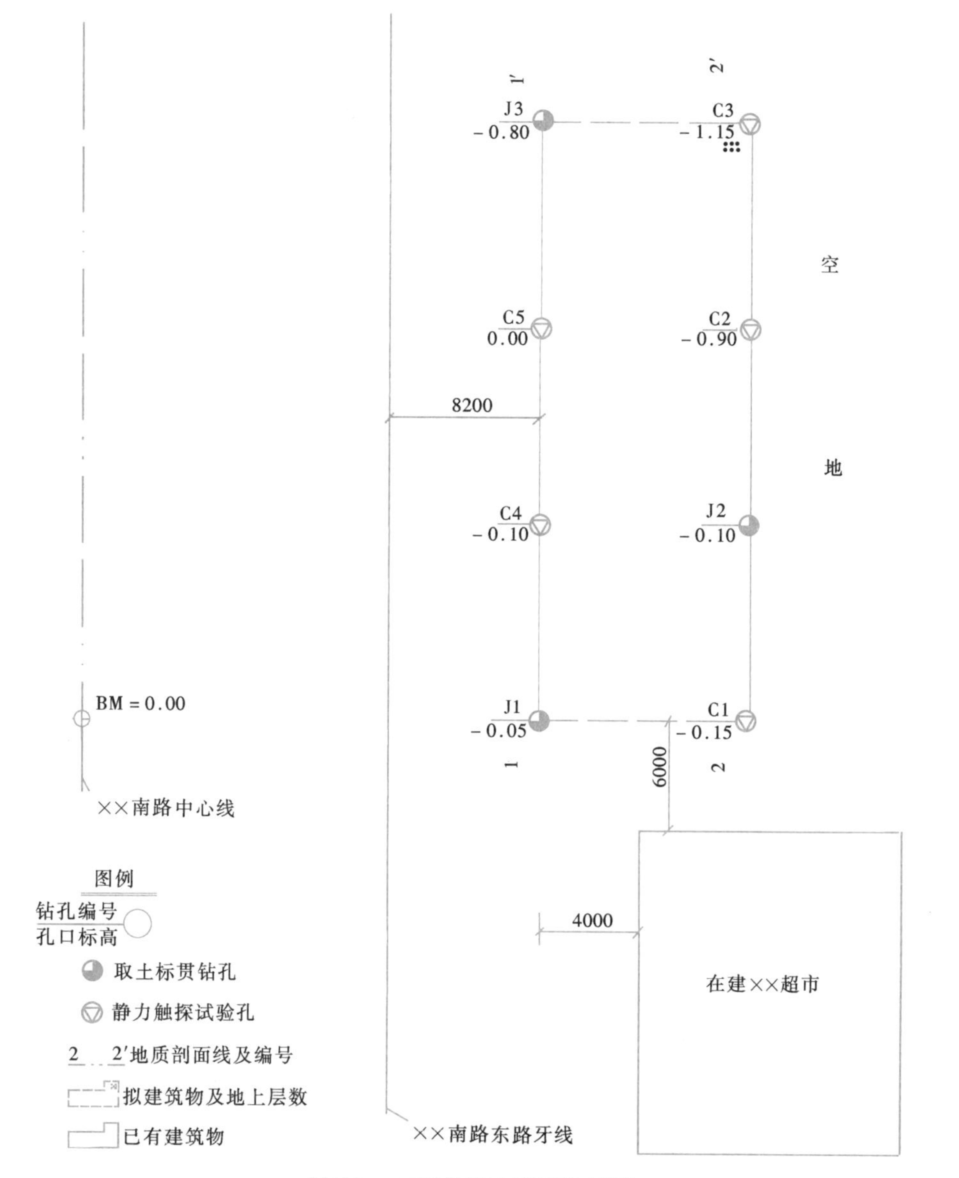

图7-1　工程勘探点平面位置图

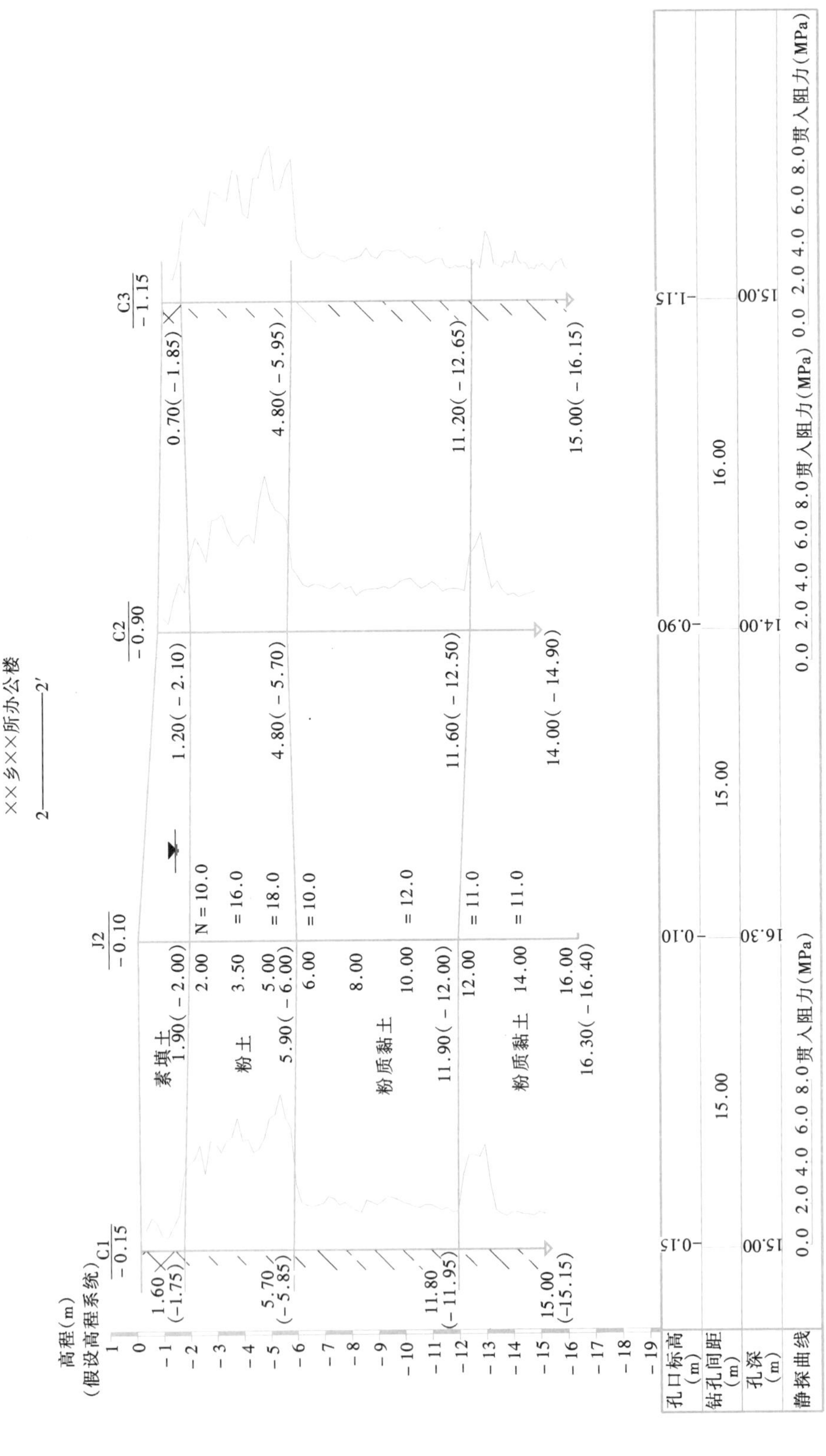

××乡××所办公楼

2——————2′

高程(m)
(假设高程系统)

1, 0, -1, -2, -3, -4, -5, -6, -7, -8, -9, -10, -11, -12, -13, -14, -15, -16, -17, -18, -19

C1 / -0.15: 1.60 (-1.75); 5.70 (-5.85); 11.80 (-11.95); 15.00 (-15.15)

J2 / -0.10: 素填土 1.90(-2.00); 2.00 N=10.0; 粉土 3.50 =16.0; 5.00 =18.0; 5.90(-6.00); 6.00 =10.0; 8.00; 粉质黏土 10.00 =12.0; 11.90(-12.00); 12.00 =11.0; 粉质黏土 14.00 =11.0; 16.00; 16.30(-16.40)

C2 / -0.90: 1.20(-2.10); 4.80(-5.70); 11.60(-12.50); 14.00(-14.90)

C3 / -1.15: 0.70(-1.85); 4.80(-5.95); 11.20(-12.65); 15.00(-16.15)

	C1		J2		C2		C3
孔口标高(m)	-0.15		-0.10		-0.90		-1.15
钻孔间距(m)		15.00		15.00		16.00	
孔深(m)	15.00		16.30		14.00		15.00
静探曲线	0.0 2.0 4.0 6.0 8.0贯入阻力(MPa)				0.0 2.0 4.0 6.0 8.0贯入阻力(MPa)		0.0 2.0 4.0 6.0 8.0贯入阻力(MPa)

图 7-2 工程地质剖面图

5. 结论和建议

(1) 地基方案：拟建工程可采用天然地基，以第二层粉土为基础持力层。

(2) 开挖基槽时，基槽底不宜夯拍，防止对持力层土的扰动，破坏土的原状结构，使地基土承载力降低。

(3) 基槽开挖后应通知勘察单位，会同各有关部门，做好验槽工作。

(4) 为避免差异沉降对结构的影响，应适当加强基础和上部结构的强度。

(5) 15m 深度范围内，第二层粉土为非液化土层。

另实例中附上平面布置及钻孔平面位置图（图 7-1）2—2′剖面图（图 7-2），其余从略。

7.3 基槽检验与地基的局部处理

7.3.1 地基钎探

1. 施工准备

(1) 主要机具

一般用钢钎，直径 $\phi22 \sim \phi25$mm 的钢筋制成，钎头呈 60°尖锥形状，钎长 1.8～2.0m，8～10 磅大锤；也可采用轻便触探器。

(2) 作业条件

基土已挖至基坑（槽）底设计标高，表面应平整，轴线及坑（槽）宽、长均符合设计图纸要求；夜间施工时，应有足够的照明设施，并要合理安排钎探顺序，防止错打或漏打；钎杆上预先划好 30cm 横线。

(3) 钎探孔位平面布置

根据设计图纸绘制钎探孔位平面布置图，如设计无特殊规定时，可按表 7-6 布置钎探孔。

钎探孔排列方式　　表 7-6

槽宽(cm)	排列方式	图形	间距(m)	深度(m)
小于 80	中心一排	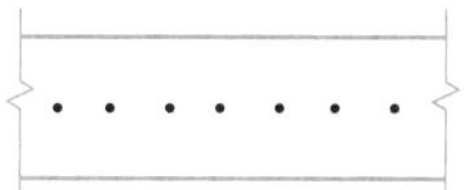	1.5	1.5
80～200	两排错开	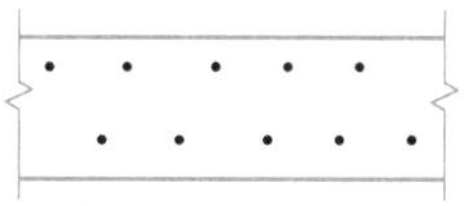	1.5	1.5

续表

槽宽(cm)	排列方式	图形	间距(m)	深度(m)
大于 200	梅花型		1.5	2.0
桩基	梅花型		1.5～2.0	1.5，并不短于短边

2. 操作工艺

钎探工艺流程如图 7-3 所示。

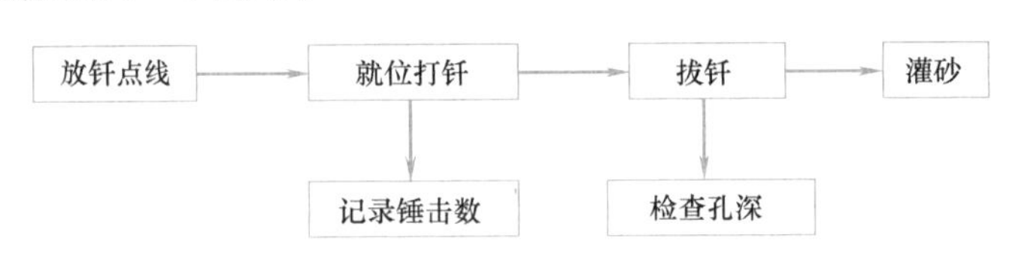

图 7-3　钎探工艺流程

（1）按钎探孔位平面布置图放线，孔位钉上小木桩或洒上白灰点。

（2）就位打钎可采用人工打钎或机械打钎：人工打钎将钎尖对准孔位，一人扶正钢钎，一人站在操作凳子上，用大锤打钢钎的顶端；锤举高度一般为 50～70cm，将钎垂直打入土层中；机械打钎将触探杆尖对准孔位，再把穿心锤套在钎杆上，扶正钎杆，拉起穿心锤，使其自由下落，锤距为 50cm，把触探杆垂直打入土层中。

（3）记录锤击数，钎杆每打入土层 30cm 时，记录一次锤击数。钎探深度如设计无规定时，一般按表 7-6 执行。

（4）拔钎与移位：用麻绳或铅丝将钎杆绑好，留出活套，套内插入撬棍或铁管，利用杠杆原理，将钎拔出。每拔出一段将绳套往下移一段，依此类推，直至完全拔出为止；将钎杆或触探器搬到下一孔位，以便继续打钎。

（5）灌砂：打完的钎孔，经过质量检查人员检查孔深与记录无误后，即可进行灌砂。灌砂时，每填入 30cm 左右可用木棍或钢筋棒捣实一次。灌砂有两种形式，一种是每孔打完或几孔打完后及时灌砂；另一种是每天打完后，统一灌砂一次。

（6）整理记录：按钎孔顺序编号，将锤击数填入统一表格内。字迹要清楚，再经过打钎人员和技术员签字后归档。

冬、雨期施工：基土受雨后，不得进行钎探；基土在冬季钎探时，每打几孔后及时掀盖保温材料一次，不得大面积掀盖，以免基土受冻。

3. 质量标准

钎探深度必须符合要求，锤击数记录准确，不得作假；钎位基本准确，探孔不得遗漏；钎孔灌砂应密实。

4. 成品保护

钎探完成后，应作好标记，保护好钎孔，未经质量检查人员和有关工长复验，不得堵塞或灌砂。

5. 应注意的质量问题

遇钢钎打不下去时，应请示有关工长或技术员：取消钎孔或移位打钎，不得不打或任意填写锤数。

钎探工作应进行完整的记录，检查记录时，应先将钎孔平面布置图上的钎孔与记录表上的钎孔先行对照，发现错误及时修改或补打。在记录表上用色铅笔或符号将不同的钎孔（锤击数的大小）分开。在钎孔平面布置图上，注明过硬或过软的孔号的位置，把枯井或坟墓等尺寸画上，以便设计勘察人员或有关部门验槽时分析处理。

7.3.2 基槽检验

基槽检验就是通常所说的"验槽"，它是在基槽开挖后，根据施工揭露的地层情况，对地质勘察成果与评价建议等进行现场的检查，校核施工所揭露的土层是否与勘察成果相符，结论和建议是否符合实际情况。如果有出入，应进行补充修正，必要时尚应作施工勘察。

1. 验槽的目的

验槽是一般工程地质勘察工作中的最后一个环节。当施工单位挖完基槽并普遍钎探后，由甲方约请勘察、设计、监理与施工单位技术负责人，共同到工地验槽。验槽的主要目的为：

（1）检验岩土工程勘察成果及结论建议是否正确，是否与基槽开挖后的实际情况相一致。

（2）根据挖槽后的直接揭露，设计人员可以掌握第一手工程地质和水文地质资料，对出现的异常情况及时提出分析处理意见。

（3）解决勘察报告中未解决的遗留问题，必要时布置施工勘察项目，以便进一步完善设计，确保施工质量。

2. 验槽的内容

基槽检验主要以细致的观察为主，并以钎探、夯声等手段配合，这一过程的主要内容包括：

（1）校核基槽开挖的平面位置与槽底标高是否符合勘察、设计要求。

（2）检验槽底持力层土质与勘察报告是否相同。参加验槽的五方代表需下槽底，依次逐段检验。发现可疑之处，用铁铲铲出新鲜土面，用野外土的鉴定方法进行鉴定。

（3）当发现基槽平面土质显著不均匀，或局部有古井、菜窖、坟穴、河沟等不良地基，可用钎探查明平面范围与深度。

（4）检查基槽钎探情况。

基槽土质局部软弱、不均匀的情况经常遇到，应处理得当，避免严重不均匀沉降，导致墙体开裂等事故。

3. 验槽注意事项

（1）验槽前应完成合格钎探，提供验槽的数据。

（2）验槽时间应抓紧，基槽挖好立即组织验槽。尤其夏季要避免下雨浸泡，冬季要防冰冻，不可形成隐患。

（3）槽底设计标高位于地下水位以下较深时，必须做好基槽排水，保证槽底不泡水。

（4）验槽时，应验看新鲜土面，清除加填虚土。冬季冻结地表土或夏日晒干土，都是虚假状态。

我们要认识到验槽的重要性和面临问题的复杂性。例如，验槽时发现槽底存在钢筋混凝土巨大化粪池、邻近建筑基础等，为了保证工程的安全、防止事故的发生，需要及时妥善处理。

4. 基槽的防护处理

（1）采用较大型机械开挖基槽时，应先挖至设计标高以上30～50cm，然后用人工挖掘的方法挖至设计标高，防止地基土遭受破坏而降低承载力。

（2）如果地基土比较软弱，施工运料不应直接从槽顶将砖石抛进槽内，而应沿斜坡滑下，以免扰动基底土的结构。

（3）若槽底土被扰动，基础施工前应先清除扰动部分土，作适当垫层后再施工基础。

（4）干砂地基，基础施工前应适当洒水夯实。

7.3.3 地基的局部处理

如果根据勘察报告局部存在异常地基或经基槽检验，局部分布异常土层时，可根据地基的实际情况、工程要求和施工条件，采取必要的局部处理措施。处理方法要遵循减小地基不均匀沉降的原则，使建筑物各个部分的沉降尽量趋于一致。下面列举一些常见的地基局部处理的方法。

1. 古井、坑穴及局部淤泥层的处理

（1）将其中的虚土或淤泥全部挖除，然后采用与天然土压缩性相近的土回填，分层夯实至设计标高，保持地基的均匀性。如天然土为砂土，可用砂石回填，分层洒水夯实；天然土为密实的黏性土，可用3∶7的灰土分层夯实回填；天然土为中等密实可塑状态的黏性土或新近沉积的软弱土，则可用1∶9或2∶8的灰土分层夯实回填。

（2）坑井范围较大，全部挖除有困难时，则应将坑槽适当放坡。用砂石或黏性土回填时，坡度为1∶1；用灰土回填时，坡度为1∶0.5；如用3∶7灰土回填而基础刚度较大时，可不放坡。

（3）坑井埋藏深度大，可部分挖除虚土，挖除深度一般为槽宽的2倍，再行回填。

（4）在单独柱基础下，如坑井范围大于槽宽的1/2时，应尽量挖除虚土将基底落深，但相邻柱基的基底高差在黏性土中不得大于相邻基底的净间距，在砂土中不得大于相邻基底净间距的1/2。

(5) 在墙下条形基础下，如虚土的范围较大，可采用高低基础相接，降低局部基底标高，如图7-4所示。

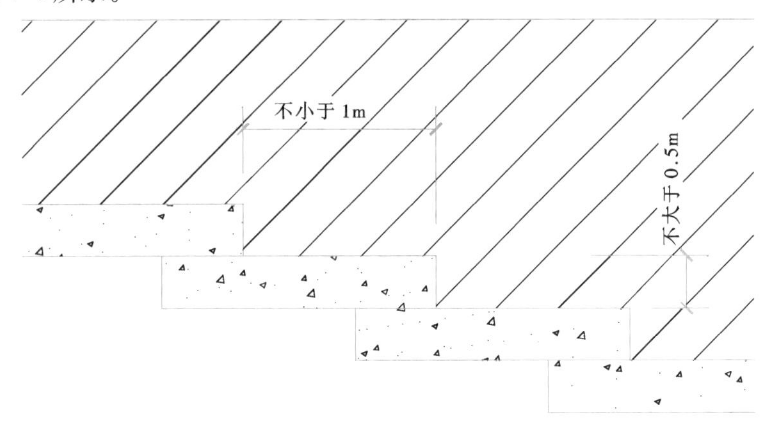

图7-4 高低基础相接

(6) 在上述情况下若通过地基局部处理仍不能解决问题时，可采取加强上部结构刚度或采用梁板形式跨越的方法，以抵抗可能发生的不均匀沉降，或者改变基础形式，如采用桩基础穿越坑井或软弱土层。

2. 局部坚硬土层的处理

在桩基或部分基槽下，有可能碰到局部坚硬层，如压实的路面、旧房墙基、老灰土、孤石、大树根及基岩等，均应挖除，然后再按上述办法回填处理，以防建筑物产生不均匀沉降而使上部结构和基础开裂。

3. 管道的处理

如基槽以上有上下水管道，应采取措施防止漏水浸湿地基土，特别是当地基土为填土、湿陷性黄土或膨胀土时，尤其应引起重视。如管道在基槽以下，也应采取保护措施，避免管道被基础压坏，此时可考虑在管道周围包筑混凝土，或用铸铁管代替缸瓦管

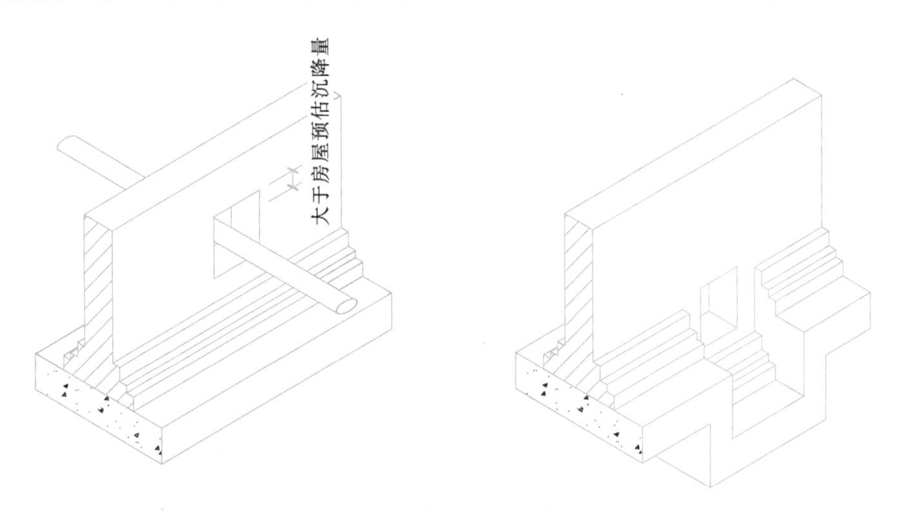

图7-5 管道穿墙的处理

等。如管道穿过基础或基础墙而基础又不允许被切断时，则应在管道周围留出足够空隙，使管道不致因基础沉降而产生变形或损坏，如图7-5所示。

4. 其他情况处理

如遇人防通道，一般均不应将拟建建筑物设在人防工程或人防通道上。若必须跨越人防通道，基础部分可采取跨越措施。如在地基中遇有文物、古墓、战争遗弃物，应及时与有关部门联系，采取适当保护或处理措施。如在地基中发现事先未标明的电缆、管道，不应自行处理，应与主管部门共同协商解决办法。

复习思考题

1. 为何要进行工程地质勘察？中小工程荷载不大，是否要勘察？
2. 建筑物的岩土工程勘察分哪几阶段进行？各阶段的勘察工作主要有哪些？
3. 如何阅读和使用工程地质勘察报告？阅读使用勘察报告重点要注意哪些问题？
4. 完成工程地质勘察报告后，为何还要验槽？验槽包括哪些内容？应注意些什么问题？
5. 列举一些常见的地基局部处理的方法。

教学单元 8

浅基础

教学单元8　导学视频

8.1 概　　述

地基基础设计是以建筑场地的工程地质条件和上部结构的要求为主要设计依据。所有建筑物（构筑物）都建造在一定地层上，如果基础直接建造在未经加固处理的天然地层上，这种地基称为天然地基。若天然地层较软弱，不足以承受建筑物荷载，而需要经过人工加固，才能在其上建造基础，这种地基称为人工地基。人工地基造价高，施工复杂。因此，一般情况下应尽量采用天然地基。

在工程实践中，基础可分为浅基础和深基础两大类，通常根据基础埋深和施工方法不同来区分：一般埋深在5m以内且用常规方法施工的基础称为浅基础；当基础需要埋在较深的土层上，并采用特殊方法（需要一定的机械设备）施工的基础称为深基础，如桩基、沉井、地下连续墙等。

基础设计应保证上部结构的安全与正常使用的前提下，使基础的费用尽可能经济合理。

8.1.1 地基基础计算内容与步骤

1. 设计资料

在一般情况下，进行地基基础设计时，需具备下列资料：

(1) 建筑场地的地形图；

(2) 建筑场地的工程地质勘察资料；

(3) 建筑物的平面、立面、剖面图及使用要求，作用在基础上的荷载、设备基础以及各种设备管道的布置和标高；

(4) 建筑材料的供应情况。

2. 地基基础设计步骤

天然地基浅基础的设计，应根据上述资料和建筑物的类型、结构特点，按下列步骤进行：

(1) 选择基础的材料和构造形式；

(2) 确定基础的埋置深度；

(3) 确定地基土的承载力特征值；

(4) 确定基础底面尺寸，必要时进行下卧层强度验算；

(5) 对设计等级为甲级、乙级的建筑物，以及不符合《建筑地基基础设计规范》GB 5007—2011要求的丙级建筑物，进行地基变形验算；

(6) 对建于斜坡上的建筑物和构筑物及经常承受较大水平荷载的高层建筑和高耸结构，进行地基稳定性验算；

（7）确定基础的剖面尺寸，进行基础结构计算；

（8）绘制基础施工图。

8.1.2　浅基础的类型

根据基础的材料、构造类型和受力特点不同，可将浅基础分为以下几种类型：

1. 无筋扩展基础

无筋扩展基础系指由砖、毛石、混凝土或毛石混凝土、灰土和三合土等材料组成的，且不需配置钢筋的墙下条形基础或柱下独立基础，如图 8-1 所示。

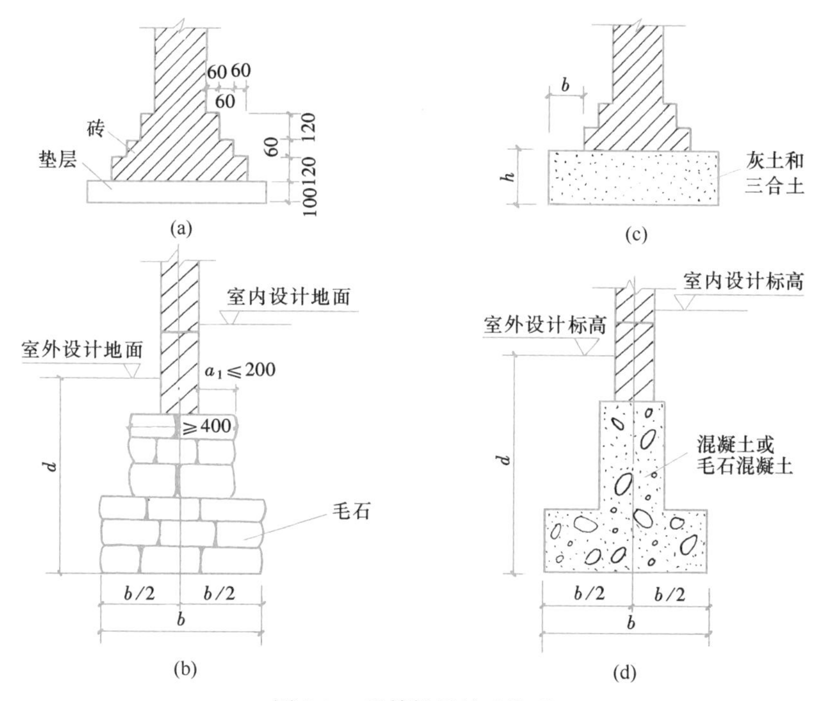

图 8-1　无筋扩展基础类型

（a）砖基础；（b）毛石基础；（c）灰土和三合土基础；（d）混凝土或毛石混凝土基础

（1）砖基础

多用于低层建筑的墙下基础。其优点是可就地取材，砌筑方便，但强度低且抗冻性差。因此，在寒冷而又潮湿地区采用不理想。为保证耐久性，砖的强度等级不低于 MU10，砌筑砂浆的强度等级不低于 M5。砖基础剖面一般砌成阶梯形，通常称其为大放脚。大放脚从垫层上开始砌筑，为保证大放脚的刚度应采用两皮一收与一皮一收相间砌筑（即二、一间隔收砌筑法），每砌一阶，基础两边各收 1/4 砖长。一皮即一层砖，标志尺寸为 60mm，如图 8-1（a）所示。

（2）毛石基础

毛石基础是用强度等级不低于 MU20 的毛石，不低于 M5 的砂浆砌筑而成。由于毛石尺寸差别较大，为保证砌筑质量，毛石基础每台阶高度和基础墙厚不宜小于

400mm，每阶两边各伸出宽度不宜大于 200mm。石块应错缝搭砌，缝内砂浆应饱满，且每步台阶不应少于两皮毛石（图 8-1b）。

毛石基础的抗冻性较好，在寒冷潮湿地区可用于 6 层以下建筑物基础。

（3）混凝土和毛石混凝土基础

混凝土基础的强度、耐久性和抗冻性均较好，其混凝土强度等级一般可采用 C15，常用于荷载较大的墙柱基础。当浇筑较大基础时，为了节约混凝土用量，可在混凝土内掺入 15%～25%（体积比）的毛石做成毛石混凝土基础，如图 8-1（d）所示，掺入毛石的尺寸不得大于 30mm，使用前须冲洗干净。

（4）灰土基础

灰土是用熟石灰和粉土或黏性土拌合而成。按体积配合比为 3∶7 或 2∶8 加适量水拌合均匀，铺在基槽内分层夯实（每层虚铺 220～250mm 厚，夯实至 150mm）。灰土基础造价低，可节约水泥和砖石材料，多用于五层及五层以下的民用建筑。

（5）三合土基础

三合土是由石灰、砂和骨料（矿渣、碎砖或石子），按体积比为 1∶2∶4 或1∶3∶6 拌合均匀后分层夯实而成（每层虚铺 220mm 厚，夯实至 150mm）。三合土基础强度较低，一般用于四层及四层以下的民用房屋。

以上这些基础都是用抗弯性能较差的材料建造的，在受弯时很容易因弯曲变形过大而拉坏。因此，必须限制基础的悬挑长度。

2. 扩展基础

扩展基础系指柱下钢筋混凝土独立基础和墙下钢筋混凝土条形基础。这类基础抗弯、抗剪强度都很高，耐久性和抗冻性都较理想。特别适用于荷载大，土质较软弱时，并且需要基底面积较大而又必须浅埋的情况。

（1）墙下钢筋混凝土条形基础

条形基础是承重墙下基础的主要形式。当上部结构荷载较大而地基土质又较软弱时，可采用墙下钢筋混凝土条形基础。这种基础一般做成无肋式如图 8-2（a)所示；如果地基土质分布不均匀，在竖直方向压缩性差异较大，为了减小基础的不均匀沉降，增加基础的整体性，可做带肋式的条形基础（图 8-2b）。

图 8-2　墙下钢筋混凝土条形基础

（a）无肋式；（b）带肋式

(2) 柱下独立基础

独立基础是柱下基础的基本形式。现浇柱下独立基础的截面可做成阶梯形（图 8-3a）和锥形（图 8-3b）；预制柱一般采用杯形基础（图 8-3c）。

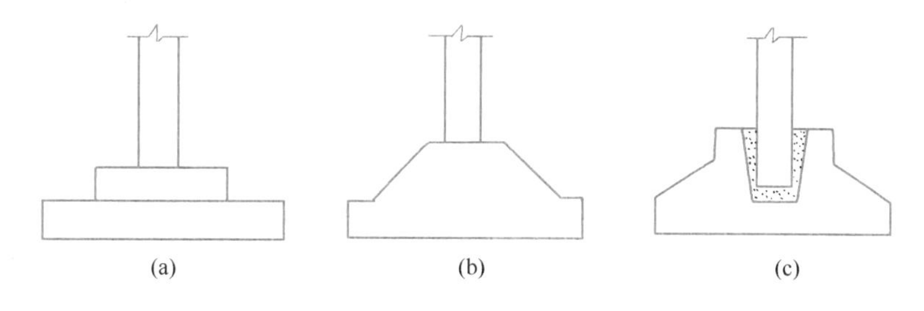

图 8-3　柱下独立基础

（a）阶梯形基础；（b）锥形基础；（c）杯形基础

3. 柱下钢筋混凝土条形基础

当柱承受荷载较大而地基土软弱，采用柱下独立基础，基础底面积很大而几乎相互连接，为增加基础的整体性和抗弯刚度，可将同一柱列的柱下基础连通做成钢筋混凝土条形基础（图 8-4）。这种基础常在框架结构中采用。

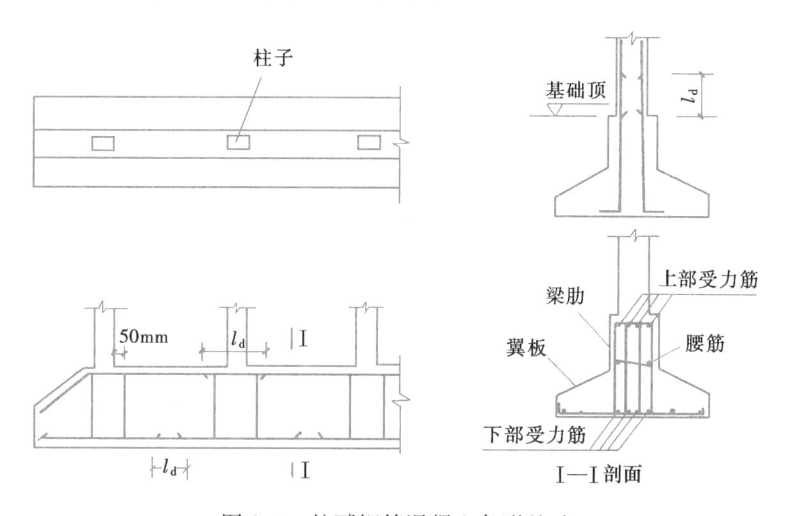

图 8-4　柱下钢筋混凝土条形基础

4. 柱下十字交叉基础

对于荷载较大的高层建筑，如果地基土软弱且在两个方向分布不均，需要基础纵横两向都具有一定的抗弯刚度来调整基础的不均匀沉降。可在柱网下沿纵横两个方向都设置钢筋混凝土条形基础，即形成柱下十字交叉基础或叫柱下交梁基础（图 8-5）。

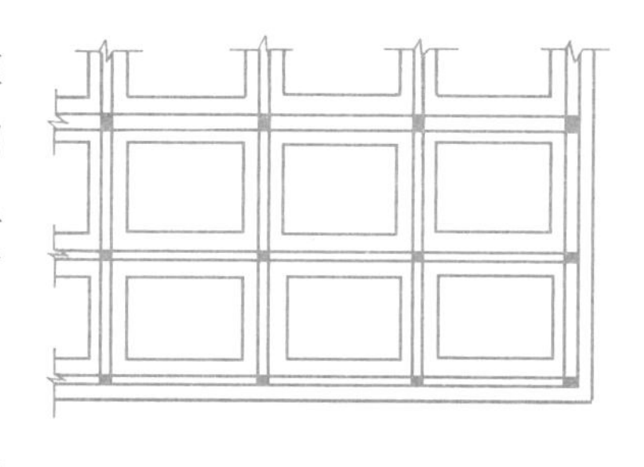

图 8-5　柱下十字交叉基础

5. 筏形基础

如果地基很软弱，荷载很大，采用十字交叉基础仍不能满足要求；或相邻基础距离很小，或设置地下室时，可把基础底板做成一个整体的等厚度的钢筋混凝土连续板，形成无梁式筏形基础。当在柱间设有梁时则为梁板式筏形基础（图 8-6）。筏形基础整体性好，刚度大，能有效地调整基础各部分的不均匀沉降。

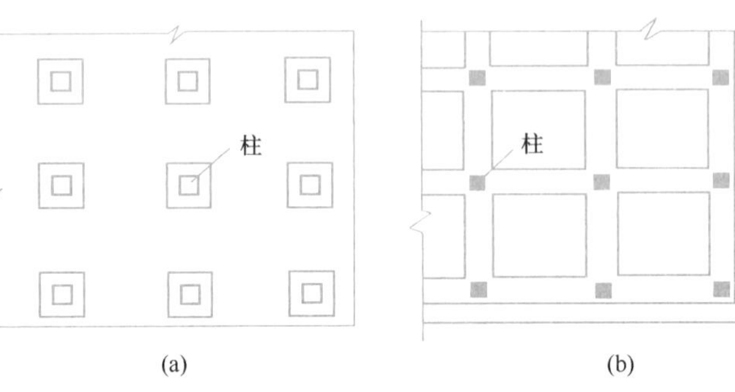

图 8-6　筏形基础

（a）平板式；（b）梁板式

6. 箱形基础

当柱荷载很大，地基又特别软弱，基础可做成由钢筋混凝土底板、顶板、侧墙及纵横墙组成的箱形基础（图 8-7）。

箱形基础具有整体性好，抗弯刚度大，且空腹深埋等特点，可相应增加建筑物层数，基础空心部分可作为地下室，可以减少基底附加应力，从而减小地基的变形。但基础的钢筋和水泥用量很大，造价较高，施工技术要求也高。

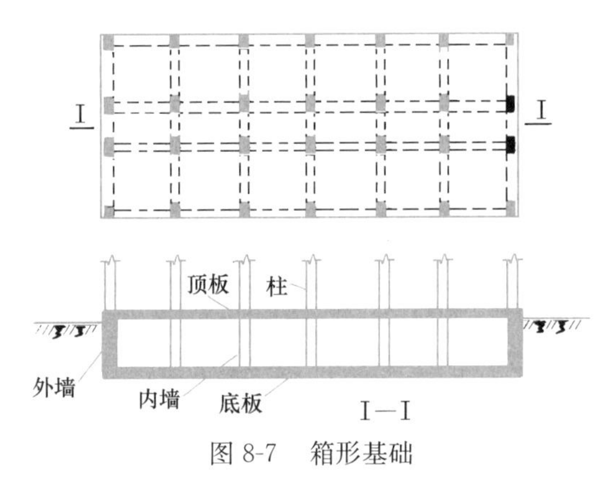

图 8-7　箱形基础

8.2　基础埋置深度

基础埋置深度是指基础底面至设计地面（一般指室外设计地面）的距离。基础埋深的确定对建筑物的安全和正常使用以及对施工工期、造价影响较大。

基础埋置深度的确定，应综合考虑下列因素：

8.2.1　工程地质和水文地质条件

应从两方面考虑，一是合理选择持力层；二是考虑地下水的水位和水质。当上层地基的承载力大于下层土时，宜利用上层土作为持力层。当下层土承载力大于上层土时，则应进行方案比较后，再确定基础埋在哪一层上。此外，还应考虑地基在水平方向是否均匀，必要时同一建筑物的基础还可以采用不同的埋深，以调整地基的不均匀变形，使之减小到建筑物所允许的范围之内。如果存在地下水，宜将基础埋在地下水位以上，以避免地下水对基坑开挖、基础施工和使用期间的影响。若基础必须埋在地下水位以下时，应考虑基础防水处理和施工期间的基坑降水、坑壁支撑以及是否会产生流砂、涌水等现象。需采取必要的施工措施，保护地基土不受扰动。对于有侵蚀性的地下水，应采取防止基础受侵蚀破坏的措施。对位于江河岸边的基础，其埋深应考虑流水的冲刷作用，施工时宜采取相应的保护措施。

8.2.2　建筑物用途及基础形式与构造

确定基础埋深时，应了解建筑物的用途及使用要求。当有地下室、设备基础和地下设施时，往往要求加大基础的埋深。基础的形式和构造有时也对基础埋深起决定性作用。例如，采用无筋扩展基础，当基础底面积确定后，由于基础本身的构造要求（即满足台阶宽高比允许值要求），就决定了基础最小高度，也决定了基础的埋深。为了保证基础不受人类及生物活动的影响，基础埋置地表以下的最小埋深为 0.5m，且基础顶面至少应低于室外设计地面 0.1m。

在抗震设防区，除岩石地基外，天然地基上的筏形、箱形基础，其埋置深度不宜小于建筑物高度的 1/15。

8.2.3　作用在地基上的荷载大小和性质

基础埋深的选择必须考虑荷载的性质和大小的影响。比如对同一层土而言，荷载小的基础可能是良好的持力层；而对荷载大的基础则可能不适宜作持力层。尤其是承受较大的水平荷载的基础或承受较大的上拔力的基础（如输电塔等），往往需要有较大的基础埋深，以提供足够的抗拔阻力，保证基础的稳定性。此外，对于饱和的细粉砂土层，在振动荷载作用下，易产生“液化”现象，造成基础大量沉陷，甚至倾倒。因此，不宜选择这种土层作为承受振动荷载作用的基础持力层。

8.2.4　相邻建筑物的影响

在确定基础埋深时，应保证相邻原有建筑物在施工期间的安全和正常使用。一般新建筑物基础埋深不宜大于相邻原有建筑物基础。当必须深于原有建筑物基础时，两相邻基础之间应保持一定净距，其数值应根据原有建筑荷载大小和土质情况确定。一般取两相邻基础底面高差的 1～2 倍，如图 8-8 所示。若不能满足上述要求，应采取分段施工，设临时加固支撑，打板桩，浇筑地下连续墙等施工措施。

此外，当墙下条形基础有不同埋深时，应沿基础纵向做成台阶形，并由深到浅逐渐过渡，台阶做法如图 8-9 所示。在使用期间，还要注意由于新基础的荷载作用，是否将引起原有建筑物产生不均匀沉降。

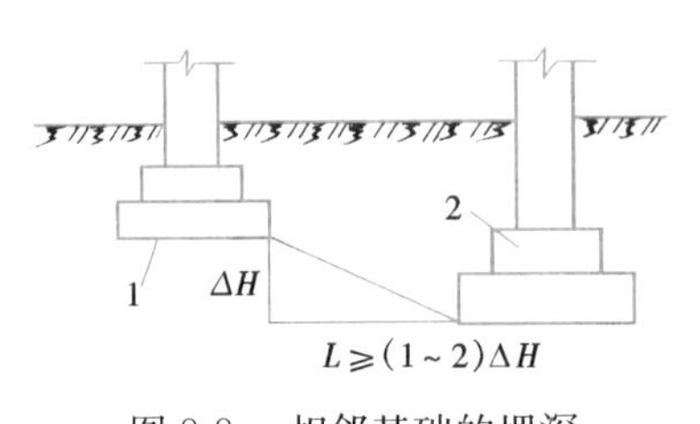

图 8-8　相邻基础的埋深

1—原有基础；2—新基础

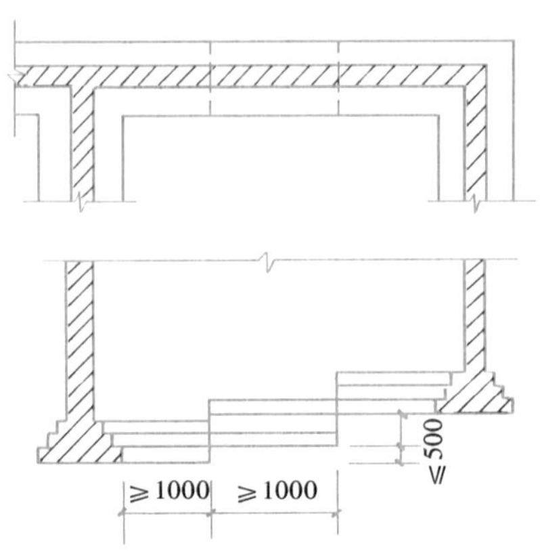

图 8-9　墙下基础埋深变化时台阶做法

8.2.5　地基土冻胀和融陷的影响

地表以下一定深度的地层温度是随大气温度而变化的。当地层温度低于 0～1℃时，土中部分孔隙水将冻结形成冻土。冻土可分为季节性冻土和多年冻土两类：季节性冻土指地表层冬季冻结、夏季全部融化的土；多年冻土则是指冻结状态持续 2 年或 2 年以上的土。

1. 地基土冻胀性分类

冻胀是指土冻结后其体积增大的现象。而冻土融化后引起地基土沉陷的现象称为融陷。确定基础埋深应考虑地基的冻胀性影响。《建筑地基基础设计规范》将地基的冻胀类别根据冻土层的平均冻胀率 η 的大小分为五类：不冻胀、弱冻胀、冻胀、强冻胀、特强冻胀，可按表 8-1 查取。

地基土的冻胀性分类　　　　表 8-1

土的名称	冻前天然含水量 w(%)	冻结期间地下水位距冻结面的最小距离 h_w(m)	平均冻胀率 η(%)	冻胀等级	冻胀类别
碎（卵）石、砾、粗、中砂（粒径小于 0.075mm）颗粒含量大于 15%，细砂（粒径小于 0.075mm 颗粒含量大于 10%）	$w\leqslant 12$	>1.0	$\eta\leqslant 1$	Ⅰ	不冻胀
		≤1.0	$1<\eta\leqslant 3.5$	Ⅱ	弱冻胀
	$12<w\leqslant 18$	>1.0			
		≤1.0	$3.5<\eta\leqslant 6$	Ⅲ	冻　胀
	$w>18$	>0.5			
		≤0.5	$6<\eta\leqslant 12$	Ⅳ	强冻胀
粉　砂	$w\leqslant 14$	>1.0	$\eta\leqslant 1$	Ⅰ	不冻胀
		≤1.0	$1<\eta\leqslant 3.5$	Ⅱ	弱冻胀
	$14<w\leqslant 19$	>1.0			
		≤1.0	$3.5<\eta\leqslant 6$	Ⅲ	冻　胀
	$19<w\leqslant 23$	>1.0			
		≤1.0	$6<\eta\leqslant 12$	Ⅳ	强冻胀
	$w>23$	不考虑	$\eta>12$	Ⅴ	特强冻胀

续表

土的名称	冻前天然含水量 w(%)	冻结期间地下水位距冻结面的最小距离 h_w(m)	平均冻胀率 η(%)	冻胀等级	冻胀类别
粉　土	$w \leqslant 19$	>1.5	$\eta \leqslant 1$	Ⅰ	不冻胀
		≤1.5	$1 < \eta \leqslant 3.5$	Ⅱ	弱冻胀
	$19 < w \leqslant 22$	>1.5			
		≤1.5	$3.5 < \eta \leqslant 6$	Ⅲ	冻　胀
	$22 < w \leqslant 26$	>1.5			
		≤1.5	$6 < \eta \leqslant 12$	Ⅳ	强冻胀
	$26 < w \leqslant 30$	>1.5			
		≤1.5	$\eta > 12$	Ⅴ	特强冻胀
	$w > 30$	不考虑			
黏性土	$w \leqslant w_p + 2$	>2.0	$\eta \leqslant 1$	Ⅰ	不冻胀
		≤2.0	$1 < \eta \leqslant 3.5$	Ⅱ	弱冻胀
	$w_p + 2 < w \leqslant w_p + 5$	>2.0			
		≤2.0	$3.5 < \eta \leqslant 6$	Ⅲ	冻　胀
	$w_p + 5 < w \leqslant w_p + 9$	>2.0			
		≤2.0	$6 < \eta \leqslant 12$	Ⅳ	强冻胀
	$w_p + 9 < w \leqslant w_p + 15$	>2.0			
		≤2.0	$\eta > 12$	Ⅴ	特强冻胀
	$w > w_p + 15$	不考虑			

注：1. w_p——塑限含水量（%）；w——在冻层内冻前天然含水量的平均值。
2. 盐渍化冻土不在表列。
3. 塑性指数大于 22 时，冻胀性降低一级。
4. 粒径小于 0.005mm 的颗粒含量大于 60%时，为不冻胀土。
5. 碎石类土当充填物大于全部质量的 40%时，其冻胀性按充填物土的类别判断。
6. 碎石土、砾砂、粗砂、中砂（粒径小于 0.075mm 颗粒含量不大于 15%），细砂（粒径小于 0.075mm 颗粒含量不大于 10%）均按不冻胀考虑。

季节性冻土在冻融过程中，反复地产生冻胀和融陷，使土的强度降低，压缩性增大。当基础埋深浅于冻深时，即基础位于冻胀区内，在基础侧面作用着切向冻胀力 T，在基础底面作用着法向冻胀力 p（图 8-10），如果作用在基础顶面上的荷载 F 和基础自重 G 不能足以平衡这些冻胀力，那么基础受冻胀力的作用而上抬。当春季融化时，冻胀力消失，基础产生下沉。由于融陷和上抬往往都是不均匀的，致使建筑物产生方向

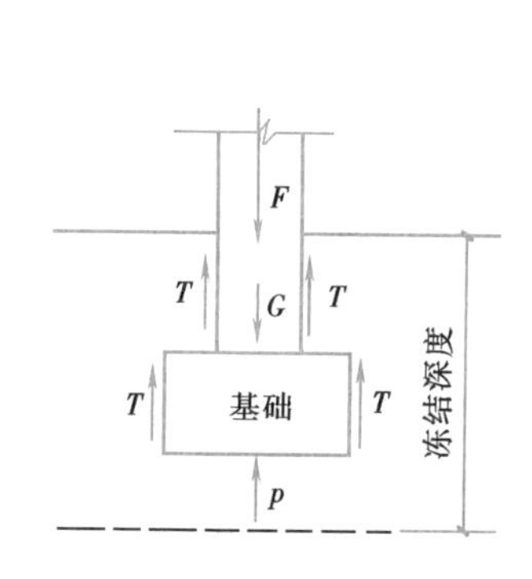

图 8-10　作用在基础上的冻胀力

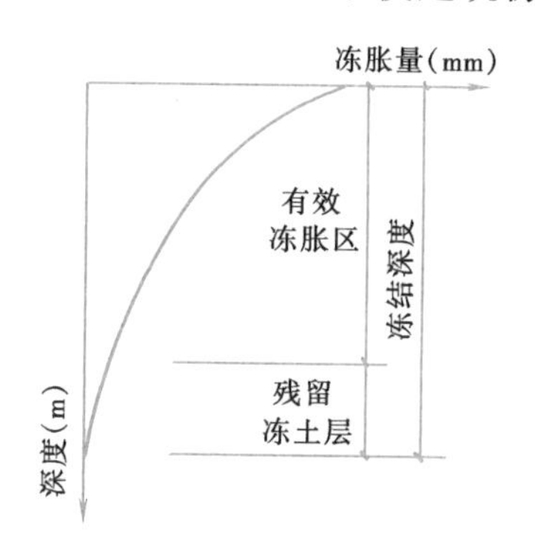

图 8-11　土的冻胀量示意

相反、相互交叉的斜裂缝。

2. 基础最小埋深

为了使建筑免遭冻害，对于埋置在冻胀土中的基础，应保证基础有相应的最小埋置深度 $d_{\min}$ 以消除基底冻胀力。基础最小埋深按下式计算：

$$d_{\min}=z_d-h_{\max} \tag{8-1}$$

式中 z_d——季节性冻土地基的场地冻结深度（m），当有多年实测资料时，可按 $z_d=h'-\Delta z$ 计算，h' 和 Δz 分别为最大冻深出现时场地最大冻土层厚度和地表冻胀量。z_d 应按下式计算：

$$z_d=z_0\psi_{zs}\cdot\psi_{zw}\cdot\psi_{ze} \tag{8-2}$$

式中 z_0——标准冻结深度（m）。系采用在地表平坦、裸露、城市之外的空旷场地中不少于 10 年实测最大冻深的平均值（m）。当无实测资料时，按《建筑地基基础设计规范》采用；

ψ_{zs}——土的类别对冻深的影响系数，按表 8-2 查取；

ψ_{zw}——土的冻胀性对冻深的影响系数，按表 8-3 查取；

ψ_{ze}——环境对冻深的影响系数，按表 8-4 查取；

$h_{\max}$——基础底面下允许残留冻土层的最大厚度（m），参见图 8-11，按表 8-5 查取。

土的类别对冻深的影响系数　表 8-2

土的类别	影响系数 ψ_{zs}	土的类别	影响系数 ψ_{zs}
黏性土	1.00	中、粗、砾砂	1.30
细砂、粉砂、粉土	1.20	碎石土	1.40

土的冻胀性对冻深的影响系数　表 8-3

冻胀性	影响系数 ψ_{zw}	冻胀性	影响系数 ψ_{zw}
不冻胀	1.00	强冻胀	0.85
弱冻胀	0.95	特强冻胀	0.80
冻　胀	0.90		

环境对冻深的影响系数　表 8-4

周围环境	影响系数 ψ_{ze}	周围环境	影响系数 ψ_{ze}
村、镇、旷野	1.00	城市市区	0.90
城市近郊	0.95		

注：环境影响系数，当城市市区人口为 20 万～50 万时，按城市近郊取值；当城市市区人口大于 50 万小于等于 100 万时，只计入市区影响；当城市市区人口超过 100 万时，除计入市区影响外，尚应考虑 5km 以内的近郊影响系数。

建筑基底允许冻土层最大厚度 h_{max}（m）　　表 8-5

冻胀性 \ 基础形式 \ 采暖情况 \ 基底平均压力			110	130	150	170	190	210
弱冻胀土	方形基础	采暖	0.90	0.95	1.00	1.10	1.15	1.20
		不采暖	0.70	0.80	0.95	1.00	1.05	1.10
	条形基础	采暖	>2.50	>2.50	>2.50	>2.50	>2.50	>2.50
		不采暖	2.20	2.50	>2.50	>2.50	>2.50	>2.50
冻胀土	方形基础	采暖	0.65	0.70	0.75	0.80	0.85	
		不采暖	0.55	0.60	0.65	0.70	0.75	
	条形基础	采暖	1.55	1.80	2.00	2.20	2.50	
		不采暖	1.15	1.35	1.55	1.75	1.95	

注：1. 本表只计算法向冻胀力，如果基侧存在切向冻胀力，应采取防切向力措施。
2. 基础宽度小于 0.6m 时不适用，矩形基础取短边尺寸按方形基础计算。
3. 表中数据不适用于淤泥、淤泥质土和欠固结土。
4. 计算基底平均压力时取永久荷载标准值乘以 0.9，可以内插。
5. 不冻胀土如有地区经验，基础埋深可不受冻胀限制，无地区经验时可按弱冻胀土考虑。

8.3　基础底面尺寸

8.3.1　作用在基础上的荷载

计算作用在基础顶面的总荷载时，应从建筑物的檐口（屋顶）开始计算。首先计算屋面恒载和活载，其次计算由上至下房屋各层结构（梁、板）自重及楼面活载，然后再计算墙和柱的自重。这些荷载在墙或柱的承载面以内的总和，在相应于荷载效应标准组合时，就是上部结构传至基础顶面（±0.00 处）的竖向力值 F_k。在这里需要注意，外墙和外柱（边柱），由于存在室内外高差，荷载应算至室内设计地面与室外设计地面平均标高处；内墙和内柱算至室内设计地面标高处（图 8-12）。最后再加上基础自重和基

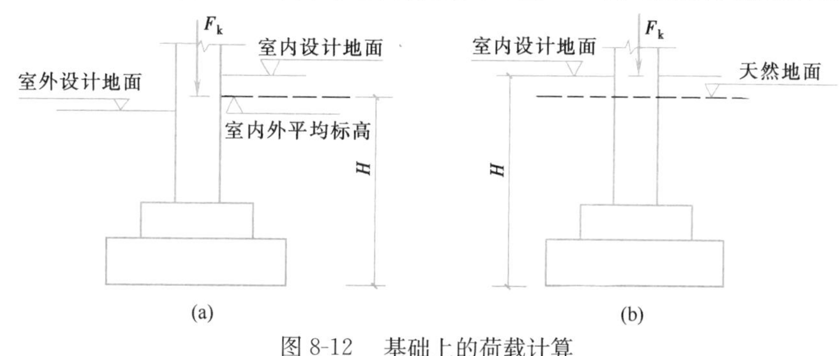

图 8-12　基础上的荷载计算
（a）外墙或外柱；（b）内墙或内柱

础上的土重 G_k。

8.3.2 中心荷载作用下的基础

1. 柱下独立基础

在中心荷载作用下，基础底面上的平均压力应小于或等于经修正后的地基承载力特征值，即

$$p_k = \frac{F_k + \gamma_G A d}{A} \leqslant f_a \tag{8-3}$$

由式（8-3）可得基础底面积为：

矩形基础
$$A = l \cdot b \geqslant \frac{F_k}{f_a - \gamma_G d} \tag{8-4}$$

对于柱下矩形基础，如果取基础长边 l 与短边 b 的比例为 $l/b=n$（一般取 $n=1.5$～2.0），则 $A=l \cdot b=n \cdot b^2$，于是基底宽度可写成：

$$b = \sqrt{\frac{A}{n}} = \sqrt{\frac{F_k}{n(f_a - \gamma_G d)}} \tag{8-5}$$

基底长边
$$l = n \cdot b$$

方形基础
$$b = l = \sqrt{\frac{F_k}{f_a - \gamma_G d}} \tag{8-6}$$

2. 墙下条形基础

墙下条形基础通常沿墙纵向取单位长度（$l=1$m）为计算单元，F_k 即为每延米的荷载（kN/m），则条形基础宽度为：

$$b \geqslant \frac{F_k}{f_a - \gamma_G d} \tag{8-7}$$

应当指出，如果计算带有窗洞口的墙下基础时，应取一个开间（即 s 为相邻窗洞中心线间的距离）为荷载计算单元，其荷载（kN/m）可以由相邻窗洞中心线间的荷载除以窗洞中心线的距离得到。

8.3.3 偏心荷载作用下的基础

单层工业厂房的柱基础是典型的偏心受压基础，它在 F_k+G_k，M_k 和 V_k 共同作用下，可以假定基底压力呈直线分布，在满足 $p_{kmin}>0$ 条件下时，基底压力呈梯形分布（如图 8-13）。在确定基底尺寸时，可暂不考虑基础底面的水平荷载，仅考虑基底形心处的竖向荷载和单向力矩（荷载作用在某一主轴上）。在偏心荷载作用下，基础底面积通常采用试算的方法确定，其具体步骤如下：

(1) 先假定基础底宽 $b \leqslant 3$m，进行承载力深度修正，初步确定地基承载力特征值 f_a；

(2) 按中心受压情况，用式 (8-4) 估算基础面积 A_0，然后再考虑偏心荷载的影响，将基底面积 A_0 扩大 10%～40%，即

$$A=(1.1\sim1.4)A_0$$

$$=(1.1\sim1.4)\frac{F_k}{f_a-\gamma_G d} \tag{8-8}$$

(3) 对于矩形基础，取基底长短边之比 $l/b=1.5\sim2.0$，初步确定基底的长短边尺寸，并计算基底边缘的最大和最小压力；要求最大压力应满足：$p_{kmax}\leqslant1.2f_a$，同时要求基底平均压力应满足：$\overline{p}_k\leqslant f_a$。

当 $p_{kmin}<0$ 时，应按公式 (3-8) 计算 p_{kmax}，详见教学单元 3。

如果不满足地基承载力要求，需重新调整基底尺寸，直至符合要求为止。

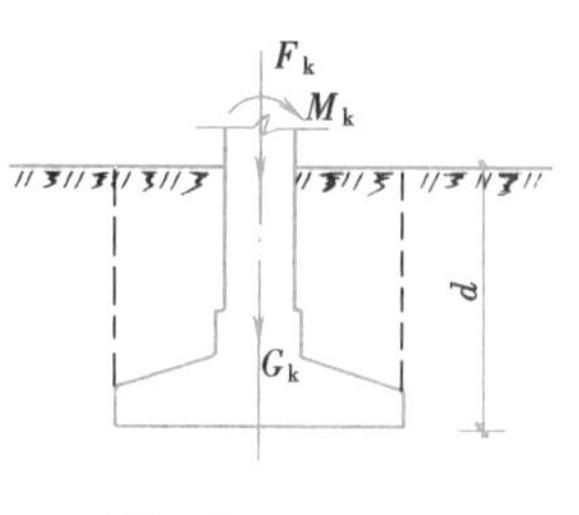

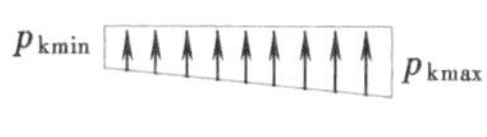

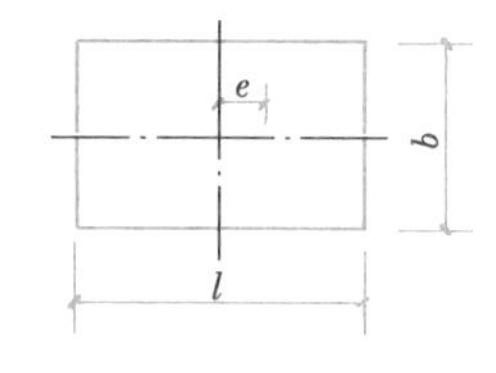

图 8-13 单向偏心受压基础

8.3.4 软弱下卧层承载力验算

按式 (8-4)～ 式 (8-8) 确定的基础底面积，只考虑基底压力不超过持力层承载力。如果地基受力层范围内有软弱下卧层时，还应验算软弱下卧层的地基承载力。要求作用在软弱下卧层顶面的附加应力与自重应力之和不超过下卧层的承载力，即

$$p_z+p_{cz}\leqslant f_{az} \tag{8-9}$$

式中 p_z——相应于荷载效应标准组合时，软弱下卧层顶面处的附加压力值 (kPa)；

p_{cz}——软弱下卧层顶面处土的自重应力值 (kPa)；

f_{az}——软弱下卧层顶面处经深度修正后地基承载力特征值。

对条形基础和矩形基础，式 (8-9) 中的 p_z 值可按下列公式简化计算：

条形基础
$$p_z=\frac{b(p_k-p_c)}{b+2z\tan\theta} \tag{8-10}$$

矩形基础
$$p_z=\frac{b(p_k-p_c)}{(b+2z\tan\theta)(l+2z\tan\theta)} \tag{8-11}$$

式中 b——矩形基础或条形基础底边的宽度 (m)；

l——矩形基础底边的长度 (m)；

p_k——基础底面处的平均压力值；

p_c——基础底面处土的自重压力值 (kPa)；

z——基础底面至软弱下卧层顶面的距离 (m)；

θ——地基压力扩散线与垂直线的夹角如图 8-14 所示，可按表 8-6 采用。

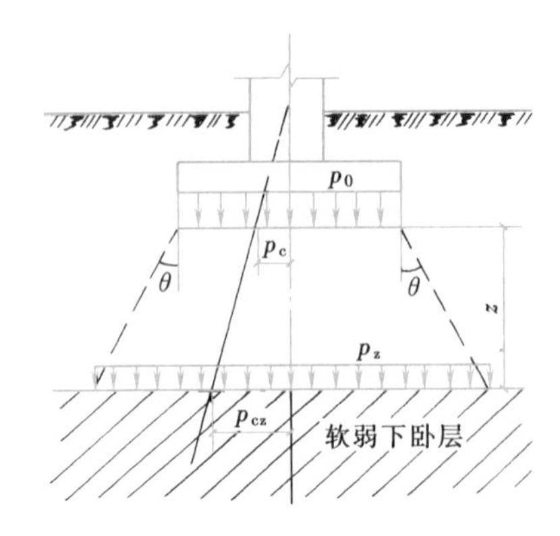

图 8-14　软弱下卧层承载力验算

地基压力扩散角 θ　　表 8-6

E_{s1}/E_{s2}	z/b		E_{s1}/E_{s2}	z/b	
	0.25	0.50		0.25	0.50
3	6°	23°	10	20°	30°
5	10°	25°			

注：1. E_{s1}为上层土压缩模量；E_{s2}为下层土压缩模量；

2. $z/b<0.25$ 时取 $\theta=0°$，必要时，宜由试验确定；$z/b>0.50$ 时 θ 值不变；

3. z/b 在 0.25 与 0.50 之间可插值使用。

【例 8-1】 墙下条形基础，在荷载效应标准组合时，作用在基础顶面上的轴向力 $F_k=280\text{kN/m}$，基础埋深 $d=1.5\text{m}$，室内外高差 0.6m，地基为黏土（$\eta_b=0.3$，$\eta_d=1.6$），其重度 $\gamma=18\text{kN/m}^3$，地基承载力特征值 $f_{ak}=150\text{kPa}$，求该条形基础宽度。

【解】（1）求修正后的地基承载力特征值

假定基础宽度 $b<3\text{m}$，因埋深 $d>0.5\text{m}$，故仅进行地基承载力深度修正。

$$f_a=f_{ak}+\eta_d\gamma_m(d-0.5)$$
$$=150+1.6\times18\times(1.5-0.5)$$
$$=178.8\text{kPa}$$

（2）求基础宽度

因为室内外高差 0.6m，故基础自重计算高度

$$d=1.5+\frac{0.6}{2}=1.8\text{m}$$

基础宽度　$$b\geqslant\frac{F_k}{f_a-\gamma_G d}=\frac{280}{178.8-20\times1.8}=1.96\text{m}$$

取 $b=2\text{m}$，由于与假定相符，最后取 $b=2\text{m}$。

【例 8-2】 某柱下矩形单独基础如图8-15所示。已知按荷载效应标准组合时传至基础顶面的内力值 $F_k=920\text{kN}$，$V_k=15\text{kN}$，$M_k=235\text{kN}\cdot\text{m}$；地基为粉质黏土，其重度 $\gamma=18.5\text{kN/m}^3$，地基承载力特征值 $f_{ak}=180\text{kPa}$（$\eta_b=0.3$，$\eta_d=1.6$）基础埋深 $d=1.2\text{m}$，试确定基础底面尺寸。

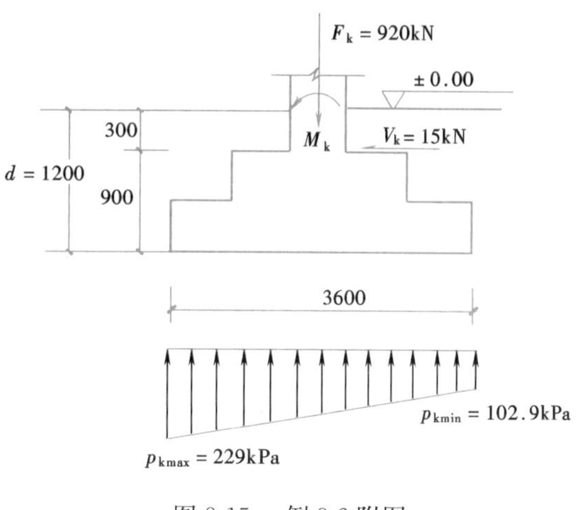

图 8-15 例 8-2 附图

【解】(1) 求修正后的地基承载力特征值

先假定基础宽度 $b<3\text{m}$，则

$$f_a=f_{ak}+\eta_d\gamma_m(d-0.5)$$
$$=180+1.6\times18.5(1.2-0.5)$$
$$=200.72\text{kPa}$$

(2) 初步按轴心受压基础估算基底面积

$$A_0=\frac{F_k}{f_a-\gamma_G d}=\frac{920}{200.72-20\times1.2}=5.2\text{m}^2$$

考虑偏心荷载的影响，将底面积 A_0 增大 20%，则 $A=5.2\times1.2=6.24\text{m}^2$。取基底长短边之比 $l/b=2$，得 $b=\sqrt{\frac{A}{2}}=1.77\text{m}$，取 $b=1.8\text{m}$，$l=3.6\text{m}$。

(3) 验算地基承载力

基础及其台阶上土重

$$G_k=\gamma_G Ad=20\times3.6\times1.8\times1.2=155.52\text{kN}$$

基底处力矩

$$M_k=235+15\times0.9=248.5\text{kN}\cdot\text{m}$$

偏心矩

$$e=\frac{M_k}{F_k+G_k}=\frac{248.5}{920+155.52}=0.23<\frac{l}{6}=0.6\text{m}$$

基底边缘最大压力

$$p_{kmax}=\frac{F_k+G_k}{A}\left(1+\frac{6e}{l}\right)=\frac{920+155.52}{3.6\times1.8}\left(1+\frac{6\times0.23}{3.6}\right)=229\text{kPa}<1.2f_a$$
$$=240.86\text{kPa}$$

满足要求，故基底尺寸长 $l=3.6\text{m}$ 宽 $b=1.8\text{m}$ 合适。

【例 8-3】 有一轴心受压基础，上部结构传来轴向力 $F_k=850\text{kN}$，地质条件如图 8-16所示，已知按持力层承载力求得的基底尺寸为 $l=3\text{m}$，$b=2\text{m}$，持力层厚 $z=3.5\text{m}$，基础埋深 $d=1.5\text{m}$。试根据图示地质资料，验算软弱下卧层承载力是否满足要求。

【解】(1) 计算下卧层经修正后的地基承载力特征值

下卧层埋深范围内土的加权平均重度为：

$$\gamma_{mz}=\frac{\gamma_1 d+\gamma_2 z}{d+z}=\frac{16\times1.5+18\times3.5}{1.5+3.5}=17.40\text{kN/m}^3$$

经深度修正下卧层承载力特征值为

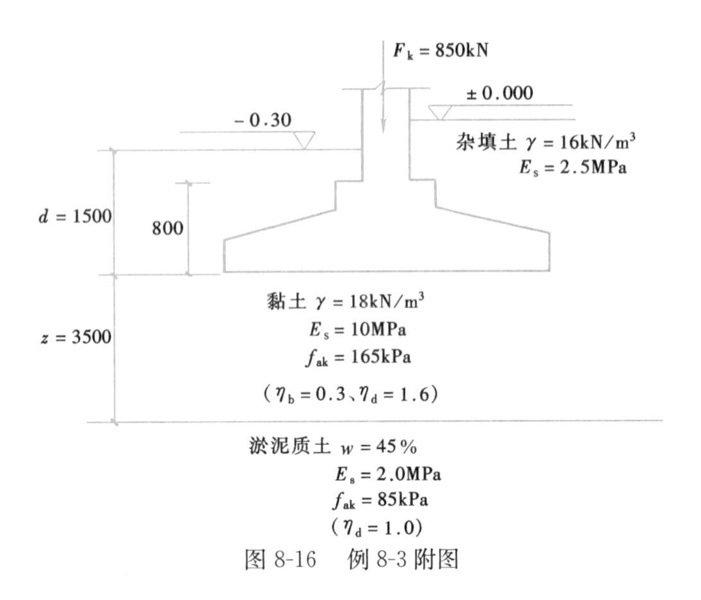

图 8-16　例 8-3 附图

$$f_{az}=f_{ak}+\eta_d\gamma_{mz}(d_z-0.5)=85+1.0\times17.40\times(5-0.5)=163.30\text{kPa}$$

(2) 下卧层顶面处的自重应力

$$p_{cz}=\gamma_{mz}d_z=17.40\times5=87\text{kPa}$$

(3) 确定地基压力扩角 θ

按持力层与下卧层压缩模量之比 $E_{S1}/E_{S2}=\dfrac{10}{2}=5$ 及 $z/b=3.5/2=1.75>0.5$，查表 8-6 得 $\theta=25°$，$\tan\theta=0.466$。

(4) 计算基底平均压力和土的自重压力

$$p_k=\frac{F_k+G_k}{A}=\frac{850+20\times3\times2\times1.65}{3\times2}=174.67\text{kPa}$$

$$p_c=\gamma_1 d=16\times1.5=24\text{kPa}$$

(5) 计算下卧层顶面处的附加压力 p_z

$$\begin{aligned}p_z&=\frac{lb(p_k-p_c)}{(l+2z\tan\theta)(b+2z\tan\theta)}\\&=\frac{3\times2\times(174.67-24)}{(3+2\times3.5\times0.466)(2+2\times3.5\times0.466)}\\&=27.44\text{kPa}\end{aligned}$$

(6) 验算下卧层承载力

$$p_z+p_{cz}=27.44+87=114.44\text{kPa}<f_{az}=163.30\text{kPa}$$

满足要求。

8.4　无筋扩展基础

无筋扩展基础材料抗拉、抗剪强度低，而抗压性能相对较高。因此，在地基反力作用下，基础挑出部分如同悬臂梁一样向上弯曲。显然，基础外伸悬臂长度越大，基础越容易因弯曲而拉裂。所以必须减少外伸悬臂长度或增加基础高度，使基础宽高比 b_2/H_0 减小而刚度增大。

根据大量实验研究和实践表明，对无筋扩展基础当材料及基础底面积确定后，只要限制基础台阶宽高比 b_2/H_0 小于（表 8-7）允许值要求，就可以保证基础不会因受弯、受剪而破坏。b_2/H_0 的比值，就是基础斜面 AC 与垂直线 AE 所构成的角度 α 的正切值（图 8-17）。

无筋扩展基础台阶宽高比的允许值　　表 8-7

基础材料	质量要求	台阶宽高比的允许值		
		$p_k \leqslant 100$	$100 < p_k \leqslant 200$	$200 < p_k \leqslant 300$
混凝土基础	C15 混凝土	1∶1.00	1∶1.00	1∶1.25
毛石混凝土基础	C15 混凝土	1∶1.00	1∶1.25	1∶1.50
砖基础	砖不低于 MU10、砂浆不低于 M5	1∶1.50	1∶1.50	1∶1.50
毛石基础	砂浆不低于 M5	1∶1.25	1∶1.50	—
灰土基础	体积比为 3∶7 或 2∶8 的灰土，其最小干密度 粉土 1550kg/m^3 粉质黏土 1500kg/m^3 黏土 1450kg/m^3	1∶1.25	1∶1.50	—
三合土基础	体积比 1∶2∶4～1∶3∶6（石灰∶砂∶骨料），每层约虚铺 220mm，夯至 150mm	1∶1.50	1∶2.00	—

注：1. p_k 为荷载效应标准组合时基础底面处的平均压力值（kPa）。
2. 阶梯形毛石基础的每阶伸出宽度，不宜大于 200mm。
3. 当基础由不同材料叠合组成时，应对接触部分作抗压验算。
4. 基础底面处的平均压力值超过 300kPa 的混凝土基础，尚应进行抗剪验算。

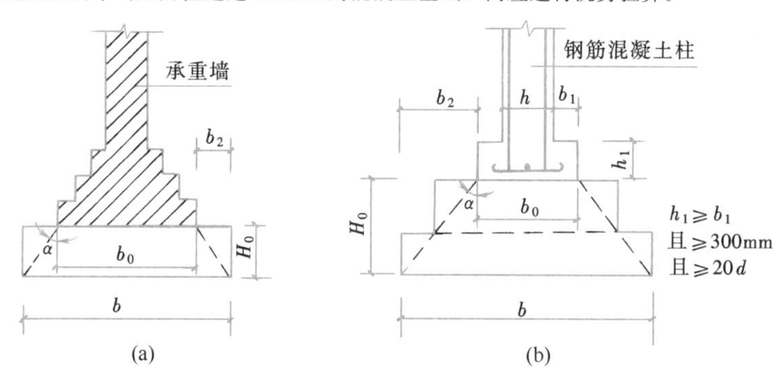

图 8-17　无筋扩展基础构造示意

d—柱中纵向钢筋直径

基础高度应满足下式要求：

$$H_0 \geqslant \frac{b-b_0}{2\tan\alpha} \tag{8-12}$$

式中　b——基础底面宽度（m）；

b_0——基础顶面的墙体宽度或柱脚宽度（m）；

H_0——基础高度（m）；

$\tan\alpha$——基础台阶宽高比 b_2/H_0，b_2 为基础台阶宽度（m），其允许值可按表 8-7 选用。

采用无筋扩展基础的钢筋混凝土柱，其柱脚高度 h_1 不得小于 b_1（图 8-17），并不应小于 300mm 且不小于 $20d$（d 为柱中的纵向受力钢筋的最大直径）。当柱纵向钢筋在柱脚内的竖向锚固长度不满足锚固要求时，可沿水平方向弯折，弯折后的水平锚固长度不应小于 $10d$ 也不应大于 $20d$。

【例 8-4】 某中学教学楼承重墙厚240mm，地基第一层土为 0.8m 厚的杂填土，重度 17kN/m^3；第二层为粉质黏土层，厚 5.4m，重度为 18kN/m^3，地基承载力特征值 $f_{ak}=180\text{kPa}$，$\eta_b=0.3$，$\eta_d=1.6$。已知上部墙体传来的竖向荷载值 $F_k=210\text{kN/m}$，室内外高差为 0.45m，试设计该承重墙下条形基础。

【解】（1）计算经修正后的地基承载力特征值

选择粉质黏土层作为持力层，初步确定基础埋深 $d=1.0\text{m}$。

$$\gamma_m=\frac{17\times0.8+18\times0.2}{0.8+0.2}=17.2\text{kN/m}^3$$

$$f_a=f_{ak}+\eta_d\gamma_m(d-0.5)=180+1.6\times17.2\times(1.0-0.5)=193.76\text{kPa}$$

（2）确定基础宽度

$$b\geqslant\frac{F_k}{f_a-\gamma_G\overline{d}}=\frac{210}{193.76-20\times\left(1.0+\dfrac{0.45}{2}\right)}=1.24\text{m}$$

取基础宽度 $b=1.3\text{m}$

（3）选择基础材料，并确定基础剖面尺寸

基础采用 350mm 厚 C15 素混凝土，其上层采用 MU10 砖 M5 砂浆砌二、一间隔收的砖大放脚。

混凝土基础设计：

$$\text{基底压力 } p_k=\frac{F_k+G_k}{A}=\frac{210+20\times1.3\times1.0\times1.225}{1.3\times1.0}=186\text{kPa}$$

由表 8-7 查得 C15 混凝土基础的宽高比允许值$[b_2/h_0]=1:1$，混凝土基础每边收进 350mm，基础高 350mm。

砖大放脚所需台阶数

$$n=\frac{1300-240-2\times350}{60}\times\frac{1}{2}=3$$

砖基础高度 $H=120\times2+60\times1+350=650\text{mm}$

（4）基础剖面图

基础剖面形状及尺寸如图 8-18 所示。

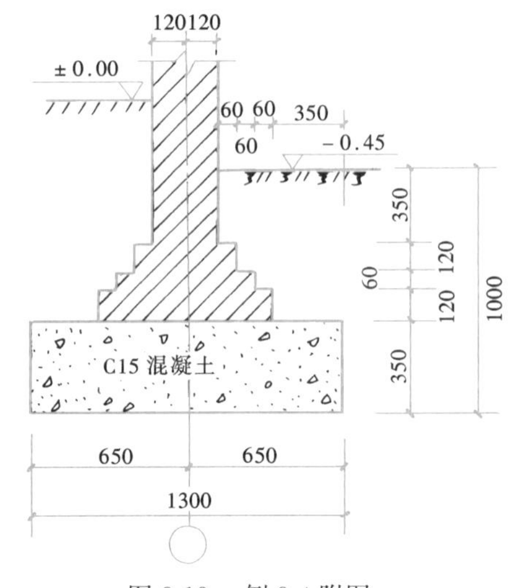

图 8-18　例 8-4 附图

【例 8-5】 某学生宿舍，底层内纵墙厚 0.37m，上部结构传至基础顶面处竖向力值 $F_k=260kN/m$，已知基础埋深 $d=2.0m$，基础材料采用毛石，砂浆采用 M5 砌筑，地基土为黏土，其重度 $\gamma=18kN/m^3$，经深度修正后的地基承载力特征值 $f_a=200kPa$，试确定毛石基础宽度及剖面尺寸，并绘出基础剖面图形。

【解】 (1) 确定基础宽度

$$b \geqslant \frac{F_k}{f_a-\gamma_G d}=\frac{260}{200-20\times 2.0}=1.63m \quad 取 b=1.7m$$

(2) 确定台阶宽高比允许值

$$基底压力 \quad p_k=\frac{F_k+G_k}{A}=\frac{260+20\times 1.7\times 1.0\times 2}{1.7\times 1.0}=193kPa$$

由表 8-7 查得毛石基础台阶宽高比允许值为 1∶1.5。

(3) 毛石基础所需台阶数（要求每台阶宽≤200mm）

$$n=\frac{b-b_0}{2}\times\frac{1}{200}=\frac{1700-370}{2}\times\frac{1}{200}=3.3 \quad 需设四步台阶$$

(4) 确定基础剖面尺寸并绘出图形（图 8-19）

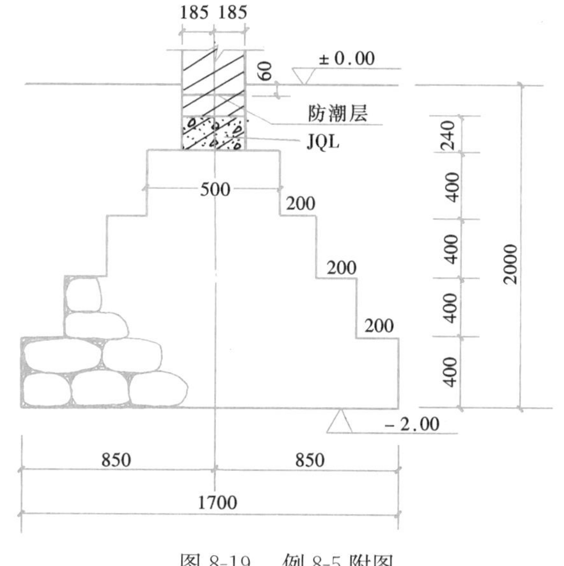

图 8-19　例 8-5 附图

(5) 验算台阶宽高比

基础宽高比

$$b_2/H_0=\frac{665}{1600}=\frac{1}{2.4}<\frac{1}{1.5}$$

每阶宽高比

$$b_2/H_0=\frac{200}{400}=\frac{1}{2}<\frac{1}{1.5} \quad 满足要求。$$

8.5　扩展基础

8.5.1　扩展基础的构造要求

1. 现浇柱基础

(1) 锥形基础的截面形式如图 8-20 所示。锥形基础的边缘高度不宜小于 200mm，且两个方向的坡度不宜大于 1∶3；顶部做成平台，每边从柱边缘放出不少于 50mm，以便于柱支模。

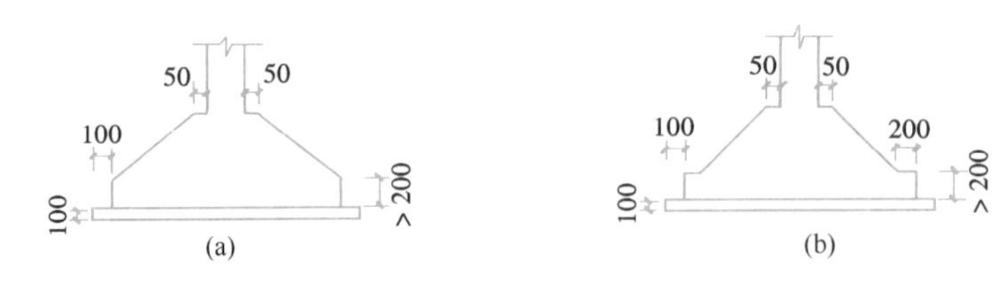

图 8-20　现浇柱锥形基础形式

（2）阶梯形基础的每阶高度宜为 300～500mm。当基础高度 $h \leqslant 500$mm 时，宜用一阶；当基础高度 500mm$<h \leqslant$900mm 时，宜用两阶；当 $h>900$ 时，宜用三阶。阶梯形基础尺寸一般采用 50mm 的倍数。由于阶梯形基础的施工质量容易保证，宜优先考虑采用。

（3）扩展基础底板受力钢筋宜选用 HRB400 级，最小直径不宜小于 10mm；间距不宜大于 200mm，也不宜小于 100mm。基础垫层的厚度不宜小于 70mm；垫层混凝土强度等级不宜低于 C10。当有垫层时钢筋保护层的厚度不小于 40mm；无垫层时不小于 70mm。

（4）扩展基础混凝土强度等级不应低于 C20。

（5）当柱下钢筋混凝土独立基础的边长大于或等于 2.5m 时，底板受力钢筋的长度可取边长或宽度的 0.9 倍，并宜交错布置（图 8-21a）。

（6）钢筋混凝土条形基础底板在 T 形及十字交叉形交接处，底板横向受力钢筋仅沿一个主要受力方向通常布置，另一方向的横向受力钢筋可布置到主要受力方向底板宽度 1/4 处（图 8-21b）。在拐角处底板横向受力钢筋应沿两个方向布置（图 8-21c）。

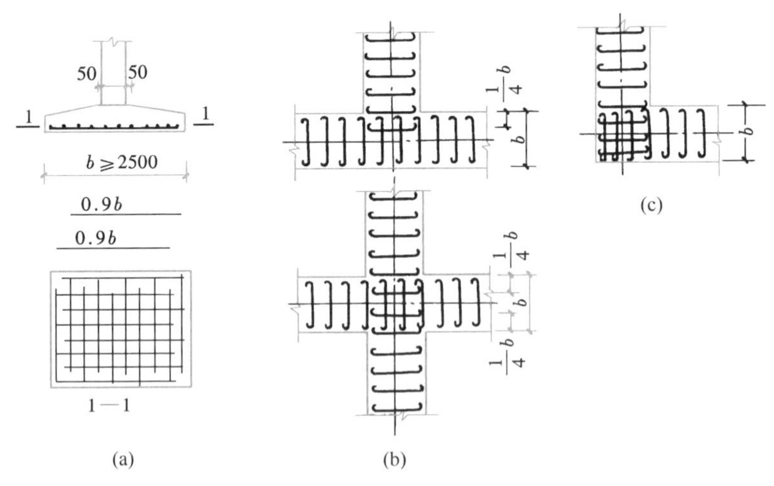

图 8-21　扩展基础底板受力钢筋布置示意

（7）钢筋混凝土柱和剪力墙纵向受力钢筋在基础内的锚固长度 l_a 应根据现行《混凝土结构设计规范》的有关规定确定：

有抗震设防要求时，纵向钢筋最小锚固长度 l_{aE} 应按下式计算：

一、二级抗震等级 $l_{aE}=1.15l_a$；

三级抗震等级 $l_{aE}=1.05l_a$；

四级抗震等级 $l_{aE}=l_a$。

式中 l_a 为受拉钢筋的锚固长度。

(8) 现浇柱的基础插筋，其数量、直径以及钢筋种类应与柱内纵向受力钢筋相同。插筋的锚固长度应满足上述要求，插筋与柱内纵向受力钢筋的连接方法，应符合现行《混凝土结构设计规范》的规定。插筋的下端宜作成直钩放在基础底板钢筋网上。当符合下列条件之一时，可仅将四角的插筋伸至底板钢筋网上，其余插筋锚固在基础顶面下 l_a 或 l_{aE}（有抗震要求时）处（图 8-22）：

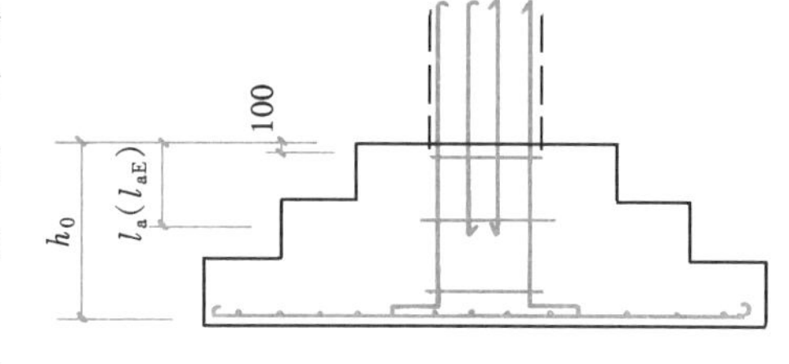

图 8-22 现浇柱的基础中插筋构造示意

1) 柱为轴心受压或小偏心受压，基础高度 $h \geqslant 1200$mm；

2) 柱为大偏心受压，基础高度 $h \geqslant 1400$mm。

2. 预制柱杯形基础

如图 8-23 所示预制柱与杯形基础的连接，应符合下列要求：

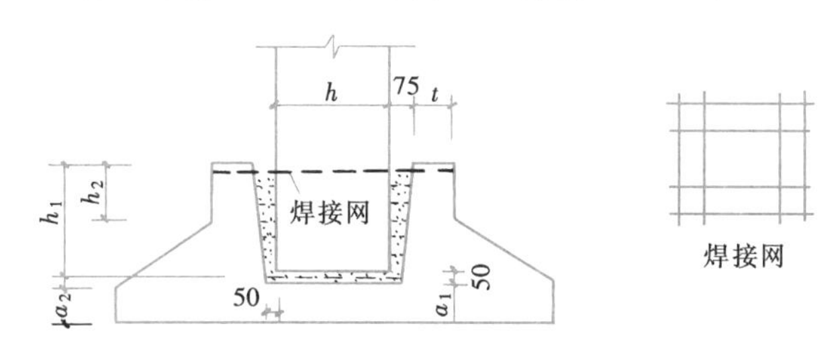

图 8-23 预制钢筋混凝土柱独立基础示意（$a_2>a_1$）

(1) 柱插入杯口深度，可按表 8-8 选用，并应满足钢筋锚固长度要求及吊装时柱的稳定性。

柱的插入深度 h_1 (mm) 表 8-8

矩形或工字形柱				双肢柱
$h<500$	$500\leqslant h<800$	$800\leqslant h<1000$	$h>1000$	
$1\sim1.2h$	h	$0.9h$ $\geqslant 800$	$0.8h$ $\geqslant 1000$	$(1/3\sim2/3)h_a$ $(1.5\sim1.8)h_b$

注：1. h 为柱截面长边尺寸；h_a 为双肢柱全截面长边尺寸；h_b 为双肢柱全截面短边尺寸。
2. 柱轴心受压或小偏心受压时，h_1 可适当减小，偏心距大于 $2h$ 时，h_1 应适当加大。

(2) 基础的杯底厚度和杯壁厚度，可按表 8-9 选用。

(3) 当柱为轴心受压或小偏心受压且 $t/h_2 \geqslant 0.65$ 时，或大偏心受压且 $t/h_2 \geqslant 0.75$ 时，杯壁可不配筋；当柱为轴心受压或小偏心受压且 $0.5 \leqslant t/h_2 < 0.65$ 时，杯壁可按

基础的杯底厚度和杯壁厚度　　表 8-9

柱截面长边尺寸 h（mm）	杯底厚度 a_1（mm）	杯壁厚度 t（mm）	柱截面长边尺寸 h（mm）	杯底厚度 a_1（mm）	杯壁厚度 t（mm）
h＜500	≥150	150～200	1000≤h＜1500	≥250	≥350
500≤h＜800	≥200	≥200	1500≤h＜2000	≥300	≥400
800≤h＜1000	≥200	≥300			

注：1. 双肢柱的杯底厚度值，可适当加大；
2. 当有基础梁时，基础梁下的杯壁厚度，应满足其支承宽度的要求；
3. 柱子插入杯口部分的表面应凿毛，柱子与杯口之间的空隙，应用比基础混凝土强度等级高一级的细石混凝土充填密实，当达到材料设计强度的 70%以上时，方能进行上部吊装。

表 8-10 构造配筋；其他情况下，应按计算配筋。

杯壁构造配筋　　表 8-10

柱截面长边尺寸(mm)	h＜1000	1000≤h＜1500	1500≤h≤2000
钢筋直径(mm)	8～10	10～12	12～16

注：表中钢筋置于杯口顶部，每边两根（图 8-23）。

（4）双杯口基础（图 8-24）用于厂房伸缩缝处的双柱下，或者考虑厂房扩建而设置的预留杯口情况。当中间杯壁的宽度小于 400mm 时，宜在其杯壁内配筋。

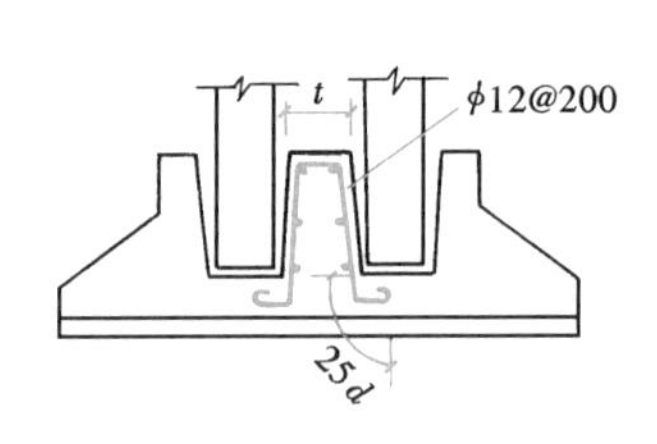

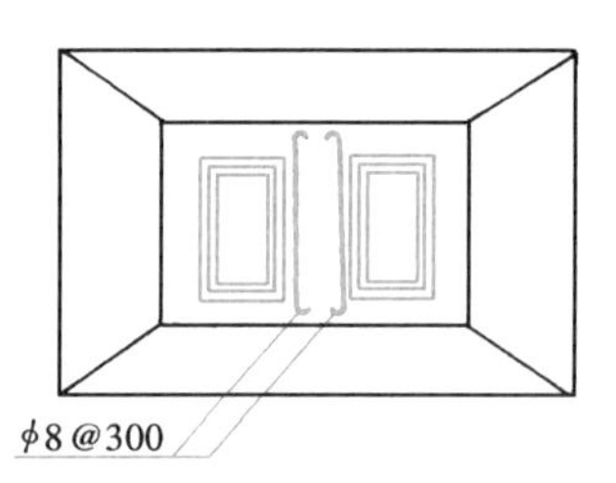

图 8-24　双杯口基础中间杯壁构造配筋示意

图 8-25　高杯口基础

3. 高杯口基础

高杯口基础是带有短柱的杯形基础，其构造形式如图 8-25所示。一般用于上层土较软弱或有空穴、井等不宜作持力层以及必须将基础深埋的情况。

高杯口基础柱的插入深度应符合杯形基础的要求；杯壁厚度应符合表 8-11 的规定和有关要求；杯壁短柱配筋可按图 8-26 的构造要求设置。基础短柱的纵向钢筋，在非地震区及抗震设防烈度低于 9 度地区，短柱四角纵向钢筋直径不宜小于 20mm，并延伸至基础底板的钢筋网上。短柱长边的纵向钢筋，当长边尺寸小于或等于 1000mm 时，其钢筋直径不应小于 12mm，间距不应大于 300mm；当长边尺寸大于 1000mm 时，其钢筋直径不应小于 16mm，间距不应大于 300mm，每隔一半左右伸下一根并作 150mm 的直钩支承在基础底部的钢筋网上，其余钢筋锚固至基础底板顶面下 l_a 处（图 8-26）。短柱短边每隔 300mm 应配置直径不少于 12mm 的纵向钢筋，且每边的配筋率不少于 0.05%短柱的截面面积。短柱中的箍筋直径不应小于 8mm，间距不应大于 300mm；当抗震设防烈度为 8 度和 9 度时，箍筋直径不小于 8mm，间距不应大于 150mm。

高杯口基础的杯壁厚度 t　　表 8-11

h(mm)	t(mm)	h(mm)	t(mm)	h(mm)	t(mm)	h(mm)	t(mm)
600<h≤800	≥250	1000<h≤1400	≥350	800<h≤1000	≥300	1400<h≤1600	≥400

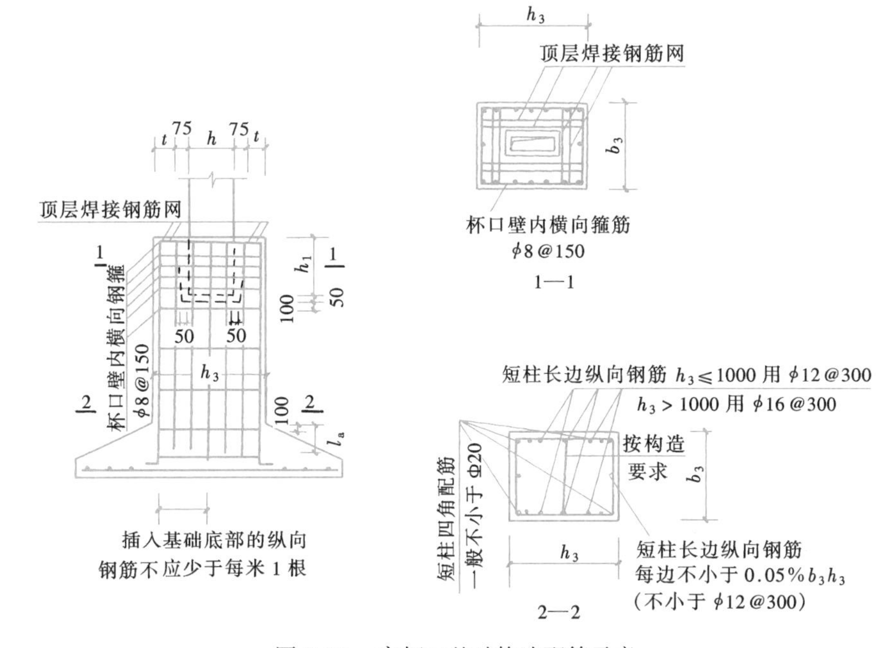

图 8-26　高杯口基础构造配筋示意

4. 墙下钢筋混凝土条形基础

(1) 墙下钢筋混凝土条形基础的构造如图 8-27 所示。当基础高度 h>250mm 时，截面采用锥形，其边缘高度不宜小于 200mm。当基础高度 h≤250mm 时，宜采用平板式。

当地基较软弱时，为增加基础抗弯刚度，减少基础不均匀沉降的影响，基础剖面也可采用带肋式条形基础（图 8-2b），肋的纵向钢筋和箍筋一般按经验确定。

(2) 墙下钢筋混凝土条形基础纵向分布钢筋的直径不小于 8mm；间距不大于 300mm；每延米分布钢筋的面积应不小于受力钢筋面积的 15%。基础有垫层时，钢筋保护层不小于 40mm；无垫层时不小于 70mm。

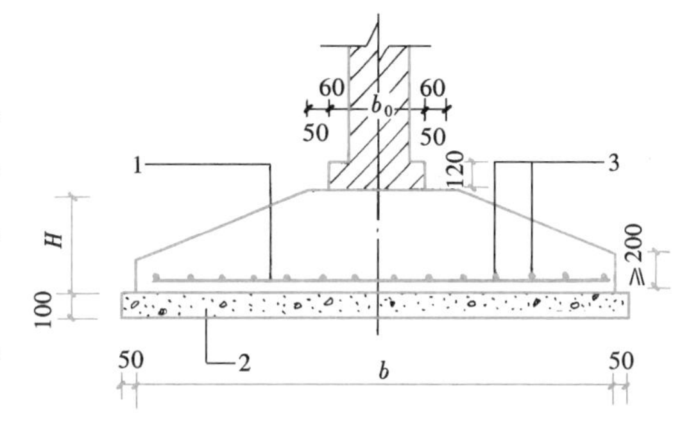

图 8-27　墙下钢筋混凝土条形基础的构造

1—受力钢筋；2—C10 混凝土垫层；3—构造钢筋

(3) 墙下钢筋混凝土条形基础的宽度大于或等于 2.5m 时，底板受力钢筋的长度可取宽度的 0.9 倍，并且交错布置（图 8-21）。

（4）墙下条形基础的钢筋一般采用 HRB400 级钢筋，受力钢筋在横向（基础宽度方向）布置，其直径不应小于 10mm，间距不应大于 200mm，也不应小于 100mm，最小配筋率不应小于 0.15%。

8.5.2 墙下钢筋混凝土条形基础的底板厚度和配筋计算

1. 轴心荷载作用

（1）基础底板厚度

基础底板如同倒置的悬臂板，在地基净反力作用下，基础的最大内力实际发生在悬臂板的根部（墙外边缘垂直截面处）。计算基础内力时，通常沿条形基础长度方向取单位长度（即 l=1m）进行计算。

地基净反力 p_j 为：

$$p_j = \frac{F}{b} \tag{8-13}$$

式中 F——相应于荷载效应基本组合时作用在基础顶面上的荷载（kN/m）；

b——基础宽度（m）。

基础任意截面Ⅰ—Ⅰ处（图 8-28）的弯矩 M 和剪力 V 为：

$$M = \frac{1}{2} p_j a_1^2 \tag{8-14}$$

$$V = p_j a_1 \tag{8-15}$$

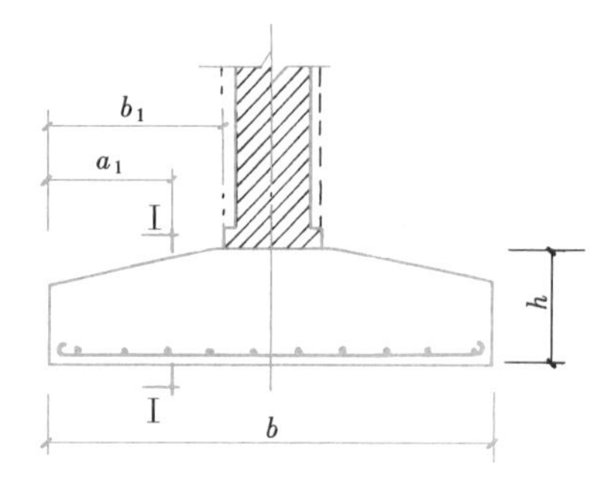

图 8-28 墙下条形基础的计算示意

其最大弯矩和最大剪力截面的位置：

当墙体材料为混凝土时，取 $a_1 = b_1$；

如为砖墙且大放脚不大于 1/4 砖长时，取 $a_1 = b_1 + 1/4$ 砖长。

条形基础底板厚度（即基础高度）的确定，有下列两种方法：

1）根据经验，一般取 $h=b/8$（b 为基础宽度）进行抗剪验算，即 $V \leqslant 0.7\beta_{hs} f_t b h_0$；

2）根据剪力 V 值，按受剪承载力条件，求得条形基础的截面有效高度 h_0，即

$$h_0 \geqslant \frac{V}{0.7\beta_{hs} f_t b} \tag{8-16}$$

式中 b——对于条形基础通常沿基础长边方向取 1m；

f_t——混凝土轴心抗拉强度设计值（N/mm²）；

β_{hs}——受剪承载力截面高度影响系数，$\beta_{hs} = \left(\frac{800}{h_0}\right)^{\frac{1}{4}}$，当 h_0 小于 800mm 时，取 800mm；h_0 大于 2000mm 时，取 2000mm。

基础底板厚度：

当设垫层时 $h = h_0 + \frac{\phi}{2} + 40$

当无垫层时 $h=h_0+\frac{\phi}{2}+70$

式中 ϕ——受力钢筋直径（mm）。

基础底板厚度的最后取值，应以 50mm 为模数确定。

（2）基础底板配筋

基础底板配筋接下式计算：
$$A_s=\frac{M}{0.9h_0 f_y} \quad (8\text{-}17)$$

式中 A_s——条形基础每米长基础底板受力钢筋截面面积（mm^2/m）；

f_y——钢筋抗拉强度设计值（N/mm^2）。

2. 偏心荷载作用

基础在偏心荷载作用下，基底净反力一般呈梯形分布，如图 8-29 所示。

计算基底偏心距
$$e_0=\frac{M}{F} \quad (8\text{-}18)$$

基底边缘处的最大和最小净反力
$$\left.\begin{matrix}p_{j\max}\\p_{j\min}\end{matrix}\right\}=\frac{F}{b}\left(1\pm\frac{6e_0}{b}\right) \quad (8\text{-}19)$$

悬臂支座处Ⅰ—Ⅰ截面的地基净反力为
$$p_{j\mathrm{I}}=p_{j\min}+\frac{b-a_1}{b}(p_{j\max}-p_{j\min}) \quad (8\text{-}20)$$

Ⅰ—Ⅰ截面处的弯矩 M 和剪力 V
$$M=\frac{1}{4}(p_{j\max}+p_{j\mathrm{I}})a_1^2 \quad (8\text{-}21)$$
$$V=\frac{1}{2}(p_{j\max}+p_{j\mathrm{I}})a_1 \quad (8\text{-}22)$$

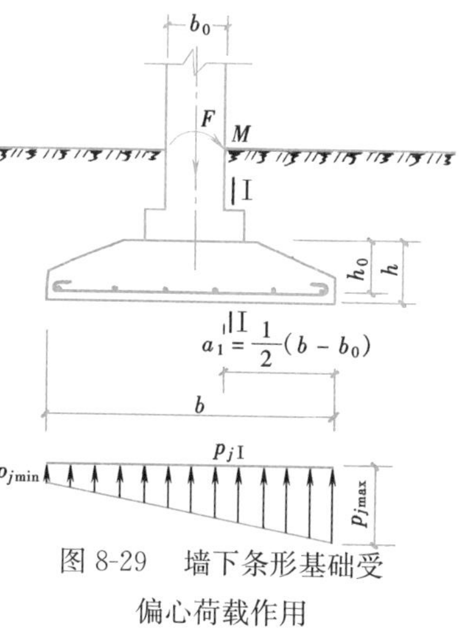

图 8-29 墙下条形基础受偏心荷载作用

【例 8-6】 某住宅楼砖墙承重，底层墙厚 0.37m，相应于荷载效应基本组合时，作用基础顶面上的荷载 $F=290kN/m$，基础埋深 $d=1.0m$，已知条形基础宽度 $b=2m$，基础材料采用 C20 混凝土，$f_t=1.1N/mm^2$；HPB300 钢筋，$f_y=270N/mm^2$。试确定墙下钢筋混凝土条形基础的底板厚度及配筋。

【解】（1）地基净反力
$$p_j=\frac{F}{b}=\frac{290}{2}=145kPa$$

（2）计算基础悬臂部分最大内力
$$a_1=\frac{2-0.37}{2}=0.815m$$
$$M=\frac{1}{2}p_j a_1^2=\frac{1}{2}\times145\times0.815^2=48.15kN\cdot m$$
$$V=p_j a_1=145\times0.815=118.18kN$$

（3）初步确定基础底板厚度

一般先按 $h=\frac{b}{8}$ 的经验值假定，然后再进行抗剪验算。

$$h=\frac{b}{8}=\frac{2.0}{8}=0.25\text{m}$$

取 $h=0.3\text{m}=300\text{mm}$，$h_0=300-40=260\text{mm}$。

(4) 受剪承载力验算

$$\begin{aligned}0.7\beta_{hs}f_tbh_0&=0.7\times1.0\times1.1\times1000\times260\\&=200200\text{N}=200.2\text{kN}>V\\&=118.18\text{kN}\end{aligned}$$

(5) 基础底板配筋

$$A_s=\frac{M}{0.9h_0f_y}=\frac{48.15\times10^6}{0.9\times260\times270}=762\text{mm}^2$$

选用 $\phi12@140$（$A_s=808\text{mm}^2$），分布钢筋选用 $\phi8@300$（图 8-30）。

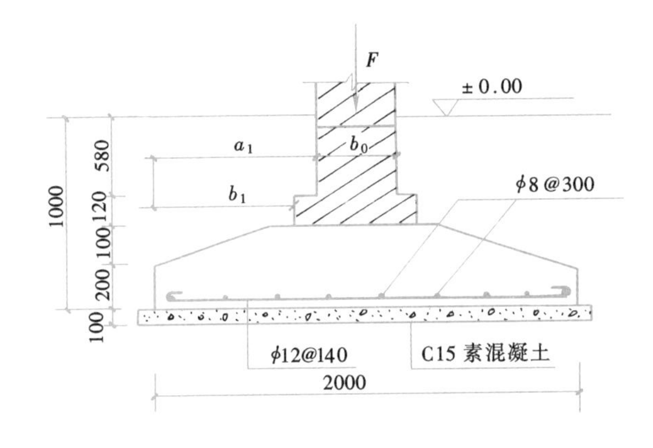

图 8-30　例 8-6 附图

8.5.3　柱下钢筋混凝土单独基础的底板厚度和配筋计算

1. 基础底板厚度

柱下钢筋混凝土单独基础的底板厚度（即基础高度）主要由受冲切承载力确定。在柱轴心荷载作用下，如果基础底板厚度不足，将沿柱周边（或基础变阶处）产生冲切破坏，形成 45°斜裂面的锥体（图 8-31）。为防止基础发生这种破坏，由冲切破坏锥体以外的地基净反力所产生的冲切力 F_l 应小于冲切面处混凝土的抗冲切能力。

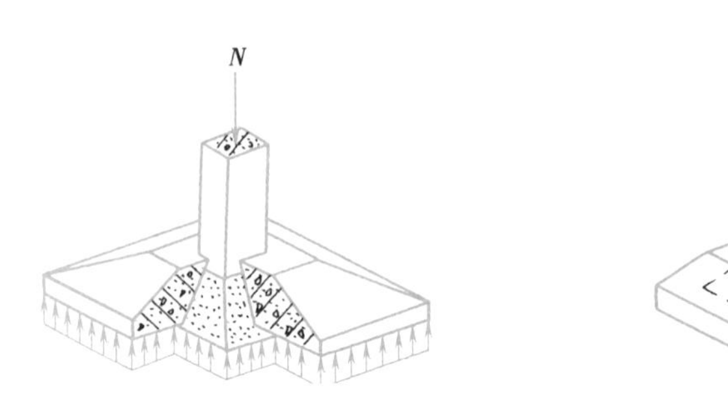

图 8-31　基础冲切破坏

对矩形截面柱的矩形基础，应验算柱与基础交接处以及基础变阶处的受冲切承载力；受冲切承载力应按下列公式验算：

$$F_l \leqslant 0.7\beta_{hp} \cdot f_t \cdot a_m \cdot h_0 \tag{8-23}$$

$$a_m = (a_t + a_b)/2 \tag{8-24}$$

$$F_l = p_j \cdot A_l \tag{8-25}$$

式中 β_{hp}——受冲切承载力截面高度影响系数，当 h 不大于 800mm 时 β_{hp} 取 1.0；当 h 大于等于 2000mm 时，β_{hp} 取 0.9，其间按线性内插法取用；

f_t——混凝土轴心抗拉强度设计值；

h_0——基础冲切破坏锥体的有效高度；

a_m——冲切破坏锥体最不利一侧计算长度；

a_t——冲切破坏锥体最不利一侧截面的上边长，当计算柱与基础交接处的受冲切承载力时，取柱宽；当计算基础变阶处的受冲切承载力时，取上阶宽；

a_b——冲切破坏锥体最不利一侧斜截面在基础底面积范围内的下边长，当冲切破坏锥体的底面落在基础底面以内（图 8-32a、b），计算柱与基础交接处的受冲切承载力时，取柱宽加两倍基础有效高度；当计算基础变阶处的受冲切承载力时，取上阶宽加两倍该处的基础有效高度；

p_j——扣除基础自重及其上土重后相应于荷载效应基本组合时的地基土单位面积净反力，对偏心受压基础可取基础边缘处最大地基土单位面积净反力；

F_l——相应于荷载效应基本组合时作用在 A_l 上的地基土净反力设计值；

A_l——冲切验算时取用的部分底面积（图 8-32a、b）中的阴影面积 $ABCDEF$。

当 $l \geqslant a_t + 2h_0$ 时（图 8-32a、b）

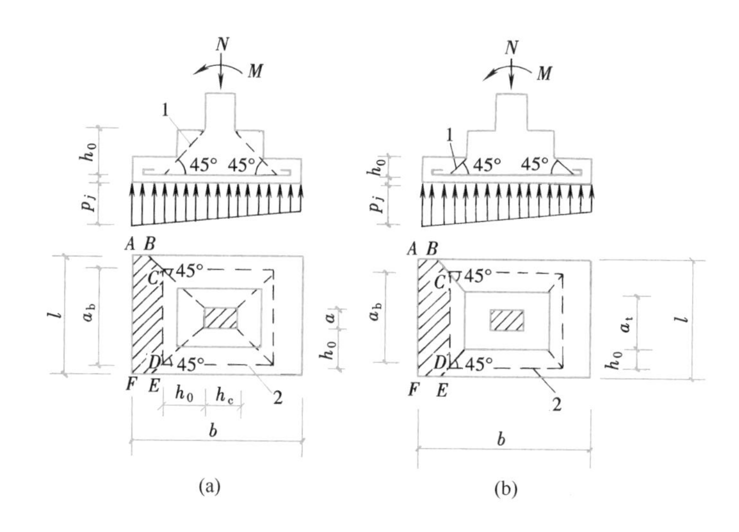

图 8-32 计算阶梯形基础的受冲切承载力截面位置

（a）柱与基础交接处；（b）基础变阶处

1—冲切破坏锥体最不利一侧的斜截面；2—冲切破坏锥体的底面线

$$A_l=\left(\frac{b}{2}-\frac{h_c}{2}-h_0\right)l-\left(\frac{l}{2}-\frac{a_t}{2}-h_0\right)^2 \tag{8-26}$$

阶梯形基础，尚需验算变阶处的受冲切承载力，此时可将上阶底周边视为柱周边，用台阶的平面尺寸代替柱截面尺寸 $h_c \times a_t$，验算方法同前。当基础底面在 45°冲切破坏线以内时，可不进行冲切验算。

2. 基础底板的配筋

基础底板的配筋，应按受弯承载力确定。柱下单独基础在轴心荷载或单向偏心荷载作用下，基础底板由于地基净反力的作用而沿柱周边向上弯曲，当弯曲应力超过基础受弯承载力时，基础底板将发生弯曲破坏。一般柱下单独基础的长短边尺寸较为接近，故基础底板为双向弯曲，其内力可采用简化的方法计算。即将单独基础的底板视为嵌固在柱子周边的梯形悬臂板，近似地将基底面积按对角线划分成四块梯形面积，计算截面取柱边或基础变阶处（阶梯形基础）。矩形基础沿基础长短两个方向的弯矩，等于梯形面积上的地基净反力的合力对柱边或基础变阶处截面的力矩。

对于矩形基础（图 8-33），当台阶的宽高比小于或等于 2.5 和偏心距小于或等于1/6基础宽度时，基础底板任意截面的弯矩可按下列公式计算：

轴心荷载作用（图 8-33a）

Ⅰ—Ⅰ截面 $$M_{\mathrm{I}}=\frac{1}{6}a_1^2(2l+a')p_j=\frac{1}{24}(b-b')^2(2l+a')p_j \tag{8-27}$$

Ⅱ—Ⅱ截面 $$M_{\mathrm{II}}=\frac{1}{24}(l-a')^2(2b+b')p_j \tag{8-28}$$

偏心荷载作用（图 8-33b）

Ⅰ—Ⅰ截面 $$M_{\mathrm{I}}=\frac{1}{12}a_1^2\left[(2l+a')\left(p_{\max}+p-\frac{2G}{A}\right)+(p_{\max}-p)l\right] \tag{8-29}$$

Ⅱ—Ⅱ截面 $$M_{\mathrm{II}}=\frac{1}{48}(l-a')^2(2b+b')\left(p_{\max}+p_{\min}-\frac{2G}{A}\right) \tag{8-30}$$

式中 M_{I}、M_{II}——任意截面Ⅰ—Ⅰ、Ⅱ—Ⅱ处相应荷载效应基本组合时的弯矩设计值（kN·m）；

a_1——任意截面Ⅰ—Ⅰ至基底边缘最大反力处的距离（m）；

l、b——基础底面的边长（m）；

$p_{\max}$、$p_{\min}$——相应于荷载效应基本组合时的基础底面边缘最大和最小地基反力设计值（kPa）；

p——相应于荷载效应基本组合时在任意截面Ⅰ—Ⅰ处基础底面地基反力设计值（kPa）；

G——考虑荷载分项系数的基础自重及其上的土重；当组合值由永久荷载控制时，$G=1.35G_K$，G_K 为基础及其上土的自重标准值。

平行基底 b 方向的受力钢筋面积为：

$$A_{s\mathrm{I}}=\frac{M_{\mathrm{I}}}{0.9h_0 f_y} \tag{8-31}$$

平行基底 l 方向的受力钢筋面积为：

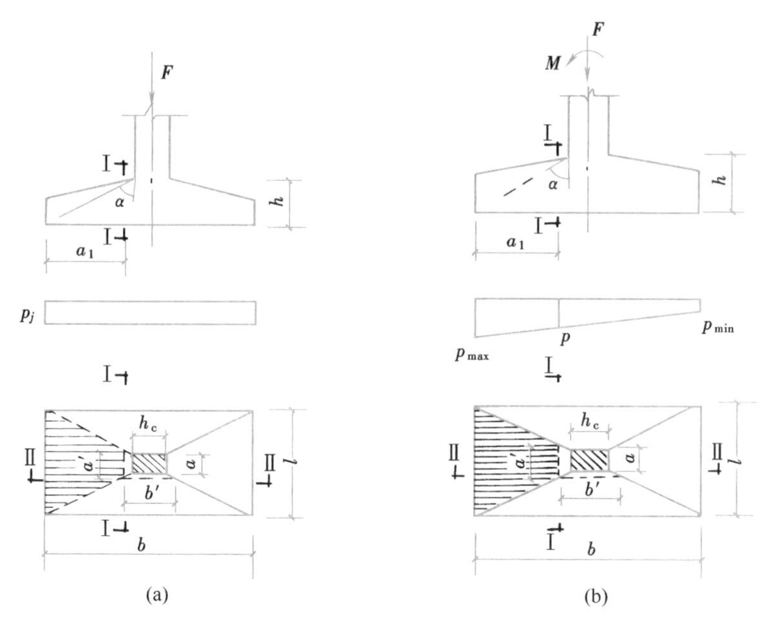

图 8-33　矩形基础底板配筋计算示意

（a）轴心荷载作用；（b）偏心荷载作用

$$A_{s\mathrm{II}}=\frac{M_{\mathrm{II}}}{0.9h_0f_y} \tag{8-32}$$

一般情况下最大弯矩产生在沿柱边截面处，阶梯形基础尚需计算变阶处的弯矩及其配筋，此时只要用台阶平面尺寸代替柱截面尺寸即可，计算方法同前。

当扩展基础的混凝土强度等级小于柱的混凝土强度等级时，尚应验算柱下扩展基础顶面的局部受压承载力。

8.6　塔式起重机基础

塔式起重机是建筑工程中最重要的垂直运输设备，在施工现场具有不可替代的作用。但由于每个工程的场地地质条件不同，塔式起重机基础类型也不尽相同。

8.6.1　塔机基础的形式

根据中华人民共和国行业标准《建筑施工塔式起重机安装、使用、拆卸安全技术规程》JGJ 196—2010 规定，塔式起重机的基础应按国家现行标准和使用说明书所规定的要求进行设计和施工。施工单位应根据地质勘察报告确认施工现场的地基承载力。当施工现场无法满足塔式起重机使用说明书对基础的要求时，可自行设计基础，可采用下列常用的基础形式：①板式基础（指方形或矩形，截面高度不变的整体式混凝土基础）；

②桩基承台式混凝土基础；③组合式基础（指由若干格构式钢柱与其下端连接的基桩以及上端连接混凝土承台或型钢平台组成的基础）。

塔机基础的形式应根据工程地质、荷载大小、与塔机稳定性要求、现场条件、技术经济指标，并结合塔机厂家提供的《塔机使用说明书》的要求确定。如果地质条件良好，能满足塔吊基础地基承载力的要求，塔吊基础附近尚没有开挖，场地不受限制时，可以优先选用板式混凝土基础。采用这种整体式基础时，塔机通过专用塔身基础节和预埋地脚螺栓固定在混凝土基础上（或通过十字底架梁与预埋在十字交叉基础内的地脚螺栓连接而固定在基础上），可以提高塔身的整体稳定性，并起到压载作用。但混凝土用量大，对预埋件位置、标高和垂直度要求较高，且基础表面平整度允许偏差为1/1000。当地基土为软弱土层，采用浅基础不能满足塔机对地基承载力和变形要求；或者起重力矩大、基坑深，可采用桩基础，对于深基坑来讲采用桩基础比较经济。

塔机基础的设计，仅根据工程地质资料来自行设计是比较困难的，还必须从工程实际出发、结合工程特点，依据塔式起重机厂家所提供的《塔机使用说明书》给出的基础图和塔式起重机作用基础上的荷载（技术参数）等资料进行设计计算。

塔机基础的平面布置，由于高层建筑基坑较深以及场地的复杂性，使得塔式起重机基础布置不同。至于塔式起重机布置在基坑壁附近还是布置在基坑内，应在考虑施工工艺、建筑物平面几何尺寸，周边环境和基坑支护安全的前提下，视建筑物的情况因地而宜，这里不做介绍。

8.6.2 板式基础的埋深与构造

1. 基础埋置深度

基础埋置深度应综合考虑工程地质、塔机的荷载大小、相邻环境条件及地基土冻胀影响等因素。基础顶面标高不宜超出场地自然地面。在冻土地区的基础应采取构造措施避免基底及基础侧面的土受冻胀作用。

塔机基础实际施工时，为了方便塔机拆卸，多数不在基础顶面填土，故计算基础自重标准值（G_K）是否含基顶填土重量，应按实际施工中基础顶面有否填土计算。考虑建筑工程施工后期的工作需要，基础顶面埋深宜在竣工的地面标高0.5m以下。

2. 构造要求

（1）基础高度应满足塔机预埋件的抗拔要求，且不宜小于1000mm，不宜采用坡形或台阶形截面的基础。

（2）矩形基础的长短边之比不宜大于2，截面形状宜采用方形基础（图8-34），如用十字形基础其节点处应采用加腋构造（图8-35）。

（3）基础混凝土强度不低于C35，垫层混凝土强度不低于C10，垫层厚度不宜小于100mm。

（4）板式基础在基础表面和底面配置直径不小于12mm、间距不应大于200mm的钢筋，且上下层主筋应用间距不大于500mm的竖向构造钢筋连接。十字形基础主筋应按梁式配筋，主筋直径不小于12mm、箍筋直径不小于8mm且间距不应大于200mm，侧向构造纵筋直径不小于 10mm 且间距不应大于 200mm。板式和十字形基础的架立筋截面积不宜小于受力筋截面积的一半。

（5）预埋在基础中的塔机基础节锚栓或预埋节，应符合塔机制造商提供的《塔机使用说明书》规定的构造要求，并有支盘式锚固措施。

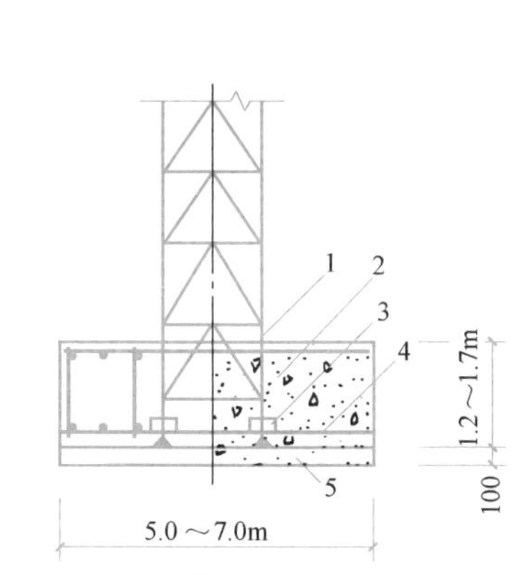

图 8-34 整体式基础示意（参考值）

1—基础节；2—C35 混凝土；3—预埋件；4—底板钢筋；5—C15 素混凝土垫层

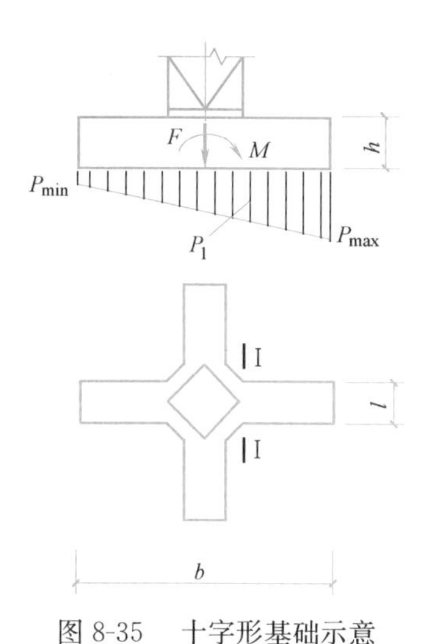

图 8-35 十字形基础示意

8.6.3 塔机基础上的荷载

塔机在独立状态时，作用于基础上的荷载应包括：

（1）塔机作用于基础顶面的竖向荷载标准值 F_K（主要包括塔身自重、配重、压重；最大额定起吊重量）和基础及其上土的自重标准值 G_K。

（2）水平荷载标准值 F_{VK}：基础所受水平荷载主要是风荷载对塔机产生的水平力。

（3）倾覆力矩标准值 M_K：包括塔机自重（起重臂自重、平衡臂自重、平衡块自重、小车和吊钩自重）、起重荷载（工作状态存在）以及风荷载等对基础顶面产生的力矩。风荷载等引起的力矩；还有扭矩荷载标准值 T_K。

塔机基础的设计应按独立状态下的工作状态和非工作状态（风荷载）的荷载分别计算：

1）塔机基础工作状态的荷载：应包括塔机和基础自重荷载、起重荷载、风荷载（塔机工作状态基本风压应按 0.20kN/m^2 取用，其作用方向应按起重力矩同向计算），并应计入可变荷载的组合系数，其中起重荷载不应计入动力系数。

2）非工作状态下的荷载：应包括塔机和基础自重荷载、风荷载（塔机非工作状态基本风压按建筑结构荷载规范给出的 50 年一遇的风压取用，且不小于 0.35kN/m^2，其作用方向应从平衡臂吹向起重臂）。详见《塔式起重机混凝土基础工程技术标准》JGJ/T 187—2019相关规定。

当塔机基础为十字形时，可采用简化计算法，即倾覆力矩标准值 M_K、水平荷载标准值 F_{VK} 仅由与其作用方向相同的条形基础承载，竖向荷载标准值 F_K 和 G_K 应由全部基础承载。

8.6.4 板式基础设计计算

《建筑施工塔式起重机安装、使用、拆卸安全技术规程》JGJ 196—2010 规定，对于塔式起重机板式基础设计计算（图 8-36）应符合下列规定：

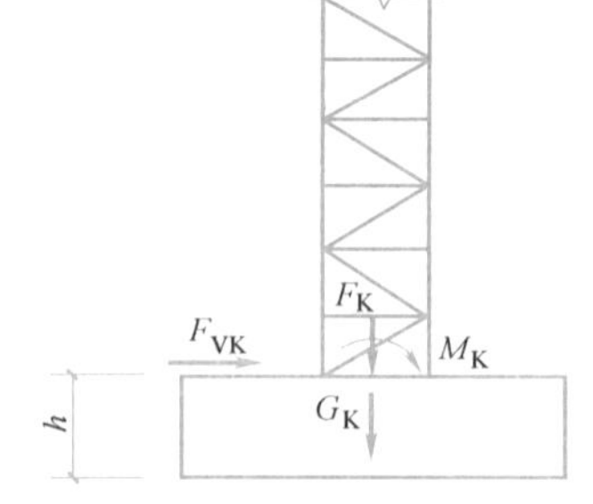

图 8-36 塔式起重机板式基础计算简图

1. 地基承载力验算

地基承载力计算尚应满足下式规定：

（1）轴心荷载作用时

$$p_K=\frac{F_K+G_K}{A}\leqslant f_a \tag{8-33a}$$

（2）偏心荷载作用时

$$p_{Kmax}=\frac{F_K+G_K}{A}+\frac{M_K+F_{VK}\cdot h}{W}\leqslant 1.2f_a \tag{8-33b}$$

当偏心距 $e>\frac{b}{6}$ 时，基底允许部分脱开地基土的面积不应大于基底全面积的 1/4，则

$$p_{Kmax}=\frac{2(F_K+G_K)}{3a\cdot l}\leqslant 1.2f_a \tag{8-34}$$

式中 p_K——相应于荷载效应标准组合时，基础底面处的平均压力值（kPa）；

F_K——塔机作用于传至基础顶面的竖向荷载标准值（kN）；

G_K——基础及其上土的自重标准值（kN）；

A——基础底面积，矩形基础 $A=l\times b$；方形基础 $A=l^2$ 或 b^2（m^2）；

f_a——修正后的地基承载力特征值（kPa）；

p_{Kmax}——相应于荷载效应标准组合时，基础底面边缘的最大压力值（kPa）；

M_K——相应于荷载效应标准组合时，作用于矩形基础顶面短边方向力矩值（kN·m）；

F_{VK}——相应于荷载效应标准组合时，作用于矩形基础顶面短边方向的水平荷载值（kN）；

h——基础高度（m）；

W——基础底面的抵抗矩（m^3）；

a——合力作用点至基础底面最大压力边缘的距离（m）。

塔机基础底面积尺寸可以先初步确定，然后再进行地基承载力验算（即复核基础底面尺寸是否满足地基承载力要求），满足式（8-33）和式（8-34）规定为止。

2. 基础抗倾覆

基础整体抗倾覆稳定性应满足下式规定：

$$e=\frac{M_K+F_{VK}\cdot h}{F_K+G_K}\leqslant\frac{b}{4} \tag{8-35}$$

式中　e——偏心距；

b——垂直于力矩作用方向的基础底面短边长（m）。

3. 基础计算

基础高度应满足塔机预埋件的抗拔要求，同时也应满足抗冲切强度要求，即

$$h_0 \geqslant \frac{F_l}{0.7\beta_{hp} f_t a_m} \tag{8-36}$$

式中符号意义同前。

4. 基础配筋

基础配筋应按现行国家标准《混凝土结构设计规范》GB 50010—2010 的相关规定进行受弯、受剪计算。同时配筋构造应符合《塔式起重机混凝土基础工程技术标准》JGJ/T 187—2019 规定：计算板式基础承载力时，应将塔机 4 根立柱所包围的面积作为塔身柱截面，计算受弯、受剪的最危险截面取柱边缘（图 8-37；当计算十字形基础时如图 8-35 所示）。基底净反力应采用下式求得的基底平均压力设计值（p），即

$$p = \frac{p_{max} + p_1}{2} \tag{8-37}$$

式中　p_{max}——采用荷载效应基本组合计算的基底边缘最大压力值（kPa）；

p_1——采用荷载基本组合计算的塔机立柱边的基底压力值（kPa）。

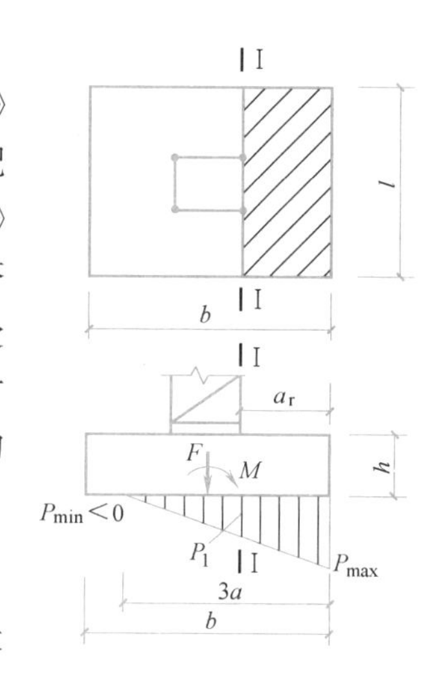

图 8-37　板式基础基底压力分布示意

8.6.5　地基变形与稳定性计算

《塔式起重机混凝土基础工程技术标准》JGJ/T 187—2019 对地基变形和地基稳定性计算有如下规定：

1. 地基变形计算

当地基受力层的承载力特征值（f_{ak}）不小于 130kPa 但有地区经验，且黏性土状态不低于可塑（液性指数 I_L 不大于 0.75）、砂土的密度不低于稍密时，可不进行塔机基础的天然地基变形计算；其他塔机基础的天然地基均应进行变形验算，并要求基础沉降量不得大于 50mm；倾斜率（$\tan\theta$）不得大于 0.001。

注：地基主要受力层指塔机板式基础下为 1.5b（b 为基础底面宽度），十字形基础下为 3b（b 为其中任一条形基础的底面宽度，且厚度不小于 5m 范围内的地基土层）。

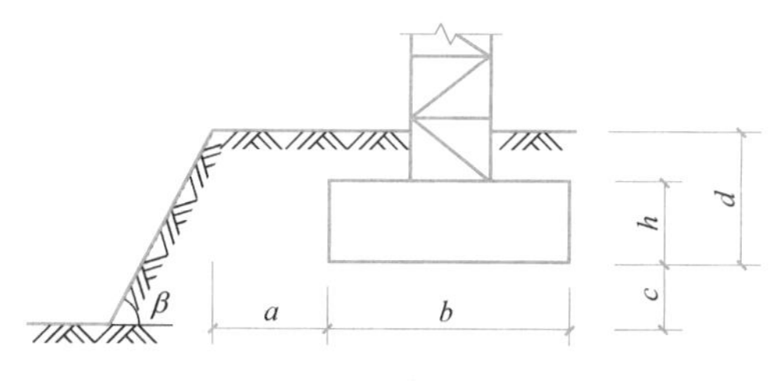

图 8-38　基础位于边坡示意

2. 地基稳定性计算

当塔机基础标高接近边坡坡底或基坑底部，并符合下列要求之一时，可不作地基稳定性验算（图 8-38）。

（1）a 不小于 2.0m，c 不大于 1.0m，f_{aK} 不小于 130kN/m²，且地基持力层下无软弱下卧层。

（2）采用桩基础。

处于边坡内且不符合此规定的塔机基础，应根据地区经验采用圆弧滑动面方法进行边坡稳定性分析。

8.6.6 塔式起重机基础计算实例

1. 工程概况

已知某小区住宅一期工程地面上是由 3 栋 11 层小高层住宅楼组成，结构形式均为框剪结构。结构下为柱下独立基础，基坑底标高－2.45m（含垫层厚度 100mm），室外地坪标高－0.45m。建筑物总高度 40m，总建筑面积约 18000m²。塔机型号 QTZ××，塔机独立固体式最大起升高度 45m（塔式起重机首次高度为 30m）。根据地质资料及施工现场基坑开挖的情况，本工程塔式起重机基础采用整体板式钢筋混凝土基础，基础埋深 d=2.0m，持力层为黏砂质土层，地基承载力 f_{aK}＝180kPa，试设计该塔式起重机基础。

2. 场地地质概况

×××小高层住宅《岩土工程勘察报告》提供：场地的土层分布与主要指标，见表 8-12。

土层分布与主要指标　　表 8-12

层号	土层名称	深度 z(m)	γ(kN/m³)	E_s(MPa)	f_{ak}(kPa)
1	素填土	0.8	18.1	5.0	
2	粉质黏土	1.2	19.0	12.5	130
3	粉土(黏砂质土)	8.6	20.0	23.0	180
4	微风化含粉砂泥岩	6.5	25.0	36.0	210

3. 塔吊厂家提供的塔式起重机技术参数

（1）型号 QTZ××塔式起重机技术参数

塔式起重机独立高度：45m

起重臂长度：55m

最大起吊重量：8 t＝80kN

塔式起重机臂端载重量：1.2t＝12kN

倾覆力矩：800kN·m

塔机结构重：41.6t＝416kN

平衡重：13.8t＝138kN

塔身宽度：1.70m

（2）工作状态及非工作状态技术参数

工作状态及非工作状态技术参数见表 8-13。

4. 塔式起重机基础计算

（1）基础选型

本工程塔吊基础采用整体板式钢筋混凝土基础（方形块状），其基础长×宽×高尺寸为 5500mm×5500mm×1400mm，如塔吊基础示意图（图 8-39）。基础采用 C35 混凝土浇筑，垫层采用 C15 素混凝土 100mm 厚，保护层厚度为 40mm，钢筋采用 HRB335 级。

吊臂最大起重高度（m）基础承受的最大荷载　　表 8-13

主要参数	工作状态	非工作状态
基础承受的垂直力 F_K(kN)	675	575
基础承受的水平力 F_{VK}(kN)	29	79
基础承受的倾覆力矩 M_K(kN·m)	1699	2289
基础承受的扭矩 T_K(kN·m)	304.7	0

基坑开挖时首先应清除回填土，地基基础的土质坚硬平实，塔式起重机基础埋设在黏砂质土（粉土）层。在混凝土浇筑前，要求塔式起重机厂家提供安装塔式起重机的预埋地脚螺栓安装图；按塔式起重机基础方案先预埋地脚螺栓并作可靠固定。

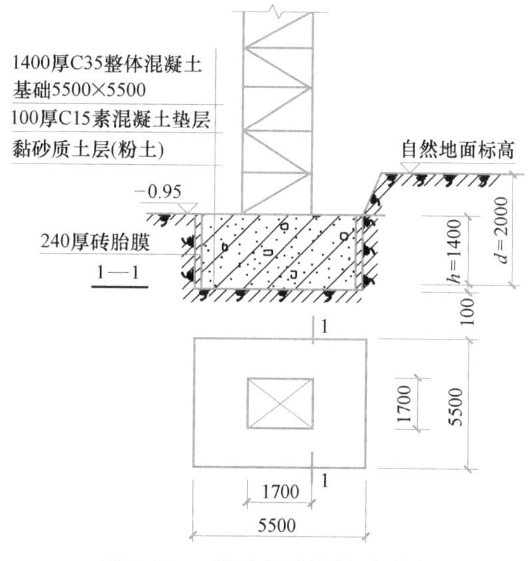

图 8-39　塔式起重机基础示意

（2）荷载计算

参照塔式起重机 QTZ××使用说明书和场地工程地质条件，选择基础埋深：d=2.0m。基础尺寸：$l \times b \times h$=5500mm×5500mm×1400mm。

1）正常使用极限状态下，荷载效应的标准组合值为：

作用于基础顶面的竖向荷载标准组合值为：

F_K=塔式起重机自重+活载最大起吊重量=416+138+80=634kN

作用于基础底面的基础及基础上回填土的竖向荷载标准组合值为：

G_K=基础自重+基础上回填土重量

=5.5×5.5×1.4×25+20×5.5×5.5×(2−1.4)=1422kN

作用于基础底面的弯矩标准组合值为：

$$M_k=\text{倾覆力矩}=800\text{kN}\cdot\text{m}$$

2）承载能力极限状态下，荷载效应的基本组合设计值按照可变荷载效应控制为主，竖向力基础自重分项系数取 1.2；塔式起重机自重和最大起重量以及倾覆力矩、扭矩分项系数均取 1.4，作用于基础顶面的竖向荷载基本组合设计值为：

F=1.4×(塔式起重机自重+活载最大起吊重量)=1.4×634=887.6kN

作用于基础底面的基础及基础上回填土的竖向荷载基本组合设计值为：

G=1.2×(基础自重+基础上回填土重量)=1.2×1422=1706.4kN

作用于基础底面的弯矩的基本组合设计值为：

$$M=1.4\times 倾覆力矩=1.4\times 800=1120\text{kN}\cdot\text{m}$$

经荷载计算比较均小于塔机厂家使用说明书中给定的荷载。下面依据型号 QTZ××塔机使用说明书提供的荷载资料以及场地工程地质条件进行塔机板式基础设计。

（3）地基承载力验算（即复核基础底面尺寸是否满足地基承载力要求）

1）修正后的持力层土的承载力特征值

根据工程地质资料，持力层位于黏砂质土层，为黏粒含量<10%的粉土，查表得 $\eta_b=0.5$，$\eta_b=2.0$。基础底面以上土的加权重度为：

$$\gamma_m=\frac{\sum\gamma_i h_i}{\sum h_i}=\frac{18.1\times 0.8+19\times 1.2}{2.0}=18.64\text{kN/m}^3$$

$$f_a=f_{ak}+\eta_b\gamma(b-3)+\eta_d\gamma_m(d-0.5)$$

$$=180+0.5\times 20\times(5.5-3)+2.0\times 18.64\times(2.0-0.5)=261\text{kPa}$$

2）地基承载力验算（根据塔式起重机厂家提供的主要技术参数进行验算）

A. 塔式起重机工作状态下：基础承受的垂直力 $F_K=675\text{kN}$

基础承受的水平力 $F_{VK}=29\text{kN}$

基础承受的倾覆力矩 $M_K=1699\ \text{kN}\cdot\text{m}$

$$e=\frac{M_K+F_{VK}\times h}{F_K+G_K}=\frac{1699+29\times 1.4}{675+1422}=0.83<\frac{b}{6}=0.92$$

$$p_{kmax}=\frac{F_k+G_k}{A}+\frac{M_K+F_{VK}\cdot h}{W}=\frac{675+1422}{5.5\times 5.5}+\frac{1699+29\times 1.4}{5.5^3/6}$$

$$=132.10\text{kPa}<1.2f_a=1.2\times 261=313\text{kPa}$$

$$p_{kmin}=\frac{F_k+G_k}{A}-\frac{M_K+F_{VK}\cdot h}{W}=\frac{675+1422}{5.5\times 5.5}-\frac{1699+29\times 1.4}{5.5^3/6}=6.59\text{kPa}$$

地基承载力满足要求。

B. 塔式起重机非工作状态下：基础承受的倾覆力矩 $M_K=2289\ \text{kN}\cdot\text{m}$

基础承受的垂直力 $F_K=575\text{kN}$

基础承受的水平力 $F_{VK}=79\text{kN}$

偏心距计算：$e=\dfrac{M_K+F_{VK}\times h}{F_K+G_K}=\dfrac{2289+79\times 1.4}{575+1422}=1.20\text{m}>\dfrac{b}{6}=0.92\text{m}$

且偏心距 $e<\dfrac{b}{4}=1.375\text{m}$ 满足基础整体抗倾覆的要求。

$$a=\frac{b}{2}-e=\frac{5.5}{2}-1.20=1.55\text{m}$$

$$p_{kmax}=\frac{2(F_k+G_k)}{3la}=\frac{2\times(575+1422)}{3\times 5.5\times 1.55}=156.17\text{kPa}<1.2f_a=1.2\times 261=313\text{kPa}$$

地基承载力满足要求。

（4）基础抗冲切验算

《建筑施工塔式起重机安装、使用、拆卸安全技术规程》JGJ 196—2010 3.2条文说明：在板式基础设计与桩基承台的抗弯、抗剪、抗冲切计算时，采用荷载基本组合。

根据构造要求，基础混凝土等级为C35，查表得混凝土抗拉强度设计值为 $f_t=1.55N/mm^2$，钢筋选用HRB400级，钢筋抗拉强度设计值 $f_y=300N/mm^2$，基础垫层采用C15素混凝土100mm厚，保护层厚度为40mm。已初步选择基础高度 $h=1400mm$，则 $h_0=1400-40=1360mm$，$l=b=5.5m$，$a_t=b_t=1.7m$。

1）计算最大基底净反力

按承载能力极限状态计算：$e=\frac{M}{F}=\frac{1120}{887.6}=1.26m>\frac{b}{6}=0.92m$

即基底出现拉应力

$$a=\frac{b}{2}-e=\frac{5.5}{2}-1.26=1.49m$$

$$p_{j\max}=\frac{2F}{3la}=\frac{2\times 887.6}{3\times 5.5\times 1.49}=72.21kPa$$

若按塔式起重机工作状态计算：

竖向力设计值 $F=1.4\times 675=945kN$

力矩设计值 $M=1.4\times(1699+29\times 1.4)=2435.44kN\cdot m$

$$e=\frac{M}{F}=\frac{2435.44}{945}=2.57m>\frac{b}{6}=0.92m$$

$$a=\frac{b}{2}-e=\frac{5.5}{2}-2.57=0.18m$$

$$p_{j\max}=\frac{2F}{3la}=\frac{2\times 945}{3\times 5.5\times 0.18}=636.36kPa$$

取按塔式起重机工作状态下取 $p_{j\max}=636.36kPa$ 验算基础抗冲切。

2）计算冲切力，当 $a_t+2h_0<b$ 时：

即 $a_t+2h_0=1.7+2\times 1.36=4.42m<5.5m$

则 $$A_l=\left(\frac{b}{2}-\frac{b_t}{2}-h_0\right)l-\left(\frac{l}{2}-\frac{a_t}{2}-h_0\right)^2=\left(\frac{5.5}{2}-\frac{1.7}{2}-1.36\right)\times 5.5-\left(\frac{5.5}{2}-\frac{1.7}{2}-1.36\right)^2=2.68mm^2$$

$$a_mh_0=(a_t+h_0)h_0=(1.7+1.36)\times 1.36=4.16m^2$$

$$F_l=p_{j\max}A_l=636.36\times 2.68=1705.45kN$$

3）验算抗冲切承载力，当 $h=1400mm$ 时，按插入法求得：

$$\beta_{hp}=1.0-(1400-800)^2\times\frac{1.0-0.9}{2000-800}=0.95$$

$$0.7\beta_{hp}f_ta_mh_0=0.7\times 0.95\times 1.55\times 10^3\times 4.16=4287.92kN>F_l=1705.45kN$$

取基础高度 $h=1400$mm 满足冲切承载力要求。

（5）基础配筋计算

1）按荷载效应的基本组合计算的基底压力（或地基净反力）

竖向荷载：$F+G=887.6+1706=2593.6$kN

弯矩设计值取其较大者计算：$M=1120$kN·m

$$M=1.4\times(2289+79\times1.4)=3359.44\text{kN}\cdot\text{m}$$

$$p_{\max}=\frac{F+G}{A}+\frac{M}{W}=\frac{2593.65}{5.5\times5.5}+\frac{3359.44}{5.5^3/6}=206.89\text{kPa}$$

$$p_{\min}=\frac{F+G}{A}-\frac{M}{W}=\frac{2593.65}{5.5\times5.5}-\frac{3359.44}{5.5^3/6}=-35.41\text{kPa}<0$$

需重新计算基底最大压力，即

$$a=\frac{b}{2}-e=\frac{5.5}{2}-\frac{3359.44}{2593.65}=1.46\text{m}$$

$$p_{\max}=\frac{2(F+G)}{3la}=\frac{2\times2593.65}{3\times5.5\times1.46}=215.33\text{kPa}$$

按荷载效应的基本组合计算基础截面Ⅰ-Ⅰ的基底压力，如图 8-37 基底压力呈三角形分布，p_1 按下式计算：

$$p_1=\frac{p_{\max}}{3a}\times(3a-a_1)=\frac{215.33}{3\times1.46}\times(3\times1.46-1.9)=121.92\text{kPa}$$

$$a_1=\frac{5.5-1.7}{2}=1.90\text{m},a'=b'=1.70\text{m}$$

注：如果基底压力呈梯形分布，则按 $p_1=p_{\min}+\frac{b+b_t}{2b}(p_{\max}-p_{\min})$ 计算。

2）弯矩与配筋计算

Ⅰ—Ⅰ截面处弯矩取塔身边缘为计算截面，则

$$M_{\text{I}}=\frac{1}{12}a_1{}^2[(2l+a')]\left(p_{\max}+p_{\text{I}}-\frac{2G}{A}\right)+(p_{\max}-p_{\text{I}})l$$

$$=\frac{1}{12}\times1.9^2\times[(2\times5.5+1.7)]\times\left(215.33+121.92-\frac{2\times1706}{5.5^2}\right)$$

$$+(215.33-121.92)\times5.5=1371.32\text{kN}\cdot\text{m}$$

$$A_{s\text{I}}=\frac{M_{\text{I}}}{0.9f_yh_0}=\frac{1371.32\times10^6}{0.9\times300\times1360}=3735\text{mm}^2$$

$$M_{\text{II}}=\frac{1}{48}(l-a')^2[(2b+b')]\left(p_{\max}+p_{\min}-\frac{2G}{A}\right)$$

$$=\frac{1}{48}\times(5.5-1.7)^2\times[(2\times5.5+1.7)]\left(215.33+0-\frac{2\times1706}{5.5^2}\right)=391.76\text{kN}\cdot\text{m}$$

$$A_{s2}=\frac{M_{\text{II}}}{0.9f_yh_0}=\frac{391.76\times10^6}{0.9\times300\times1360}=1067\text{mm}^2$$

钢筋选用：双层双向Φ14@200，上下层主筋之间的拉筋为Φ10@400，基础配筋如图 8-40 所示。

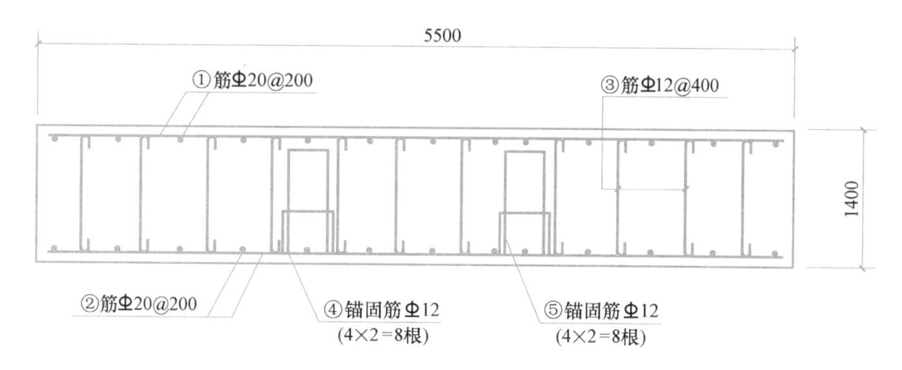

图 8-40　塔式起重机基础配筋图

注：1. 钢筋保护层厚度为 40mm；2. ③竖向构造钢筋呈梅花形布置；3. ④、⑤钢筋绑扎时配合塔吊支腿安装绑扎到位；4. 马凳筋采用Φ12@1000×1000 布置

8.7　钢筋混凝土梁板式基础

8.7.1　柱下条形基础

柱下条形基础是指布置成单向或双向的钢筋混凝土条状基础，也称为基础梁。它由肋梁及其横向伸出的翼板组成，其断面呈倒 T 形（图 8-41）。由于肋梁的截面相对较大且配置一定数量的纵筋和腹筋，因此具有较大的抗弯及抗剪能力。

1. 柱下条形基础的构造

柱下条形基础的构造除满足扩展基础的要求外，尚应符合下列规定：

(1) 柱下条形基础梁的高度宜为柱距的 1/4～1/8，肋宽 b_1 应比该方向的柱截面稍大些，翼板宽 b 应按地基承载力计算确定；

(2) 翼板厚度不应小于 200mm，当翼板厚度大于 250mm 时，宜采用变厚度翼板，其坡度宜小于或等于 1∶3，当柱荷载较大时，可在柱位处加腋，如图 8-41 所示；

(3) 条形基础的端部宜向外伸出，其长度宜为第一跨距的 0.25 倍；

(4) 现浇柱与条形基础梁的交接处的平面尺寸不应小于图 8-41 的规定；

(5) 条形基础肋梁顶部和底部的纵向受力筋除满足计算要求外，顶部钢筋按计算配筋全部贯通，底部通长钢筋不应少于底部受力钢筋总面积的 1/3；

(6) 翼板受力钢筋按计算确定，直径不宜小于 10mm，间距宜为 100～200mm。箍筋直径为 6～8mm，在距支座轴线为 0.25～0.3l（l 为柱距）范围内箍筋应加密布置。当肋宽 $b \leqslant 350$mm 时采用双肢箍；当 $350 < b \leqslant 800$mm 时采用四肢箍；当 $b > 800$mm 时

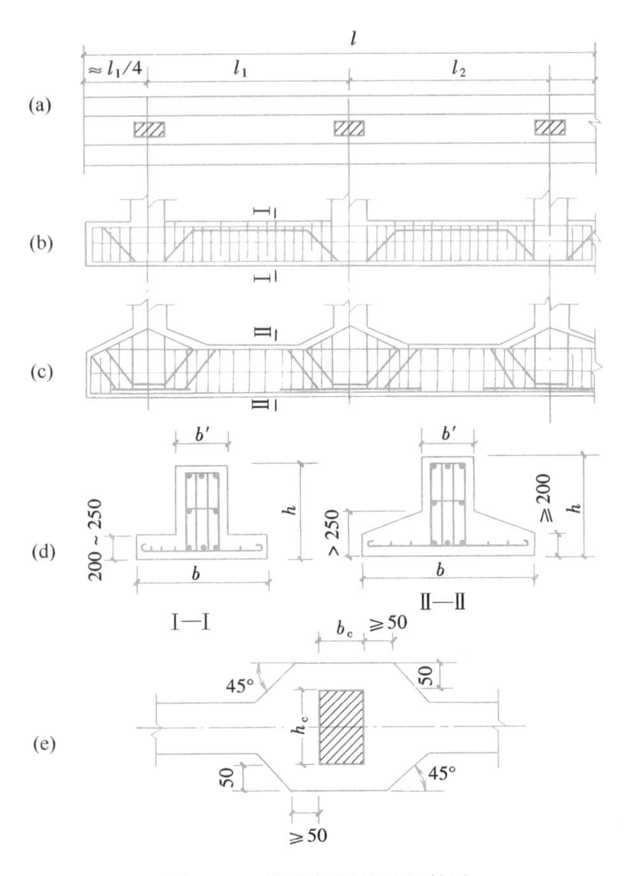

图 8-41 柱下条形基础的构造

（a）平面图；（b）、（c）纵剖面图；（d）横剖面图；

（e）现浇柱与条形基础梁交接处平面尺寸

采用六肢箍；

（7）柱下条形基础的混凝土强度等级不应低于 C20。

2. 柱下条形基础的简化计算方法

柱下条形基础应按地基承载力特征值确定基础底面尺寸，计算时可将条形基础视为长度为 l，宽度为 b 较狭长的矩形基础。先计算荷载合力的位置，然后调整基础两端的悬臂长度，使荷载合力的重心尽可能与基础形心重合。在比较均匀的地基上，当上部结构刚度较好，荷载分布较均匀，且条形基础的高度不小于 1/6 柱距时，地基反力可视为按直线分布，条形基础梁的内力可按连续梁计算（即倒梁法），此时边跨中弯矩及第一内支座的弯矩宜乘以 1.2 的系数。当不满足这些要求时，宜按弹性地基梁计算。

倒梁法是假定柱下条形基础的基底反力为直线分布，以柱子作为固定铰支座，基底净反力作为荷载，将基础视为倒置的连续梁计算内力的方法。计算简图如图 8-42 所示。

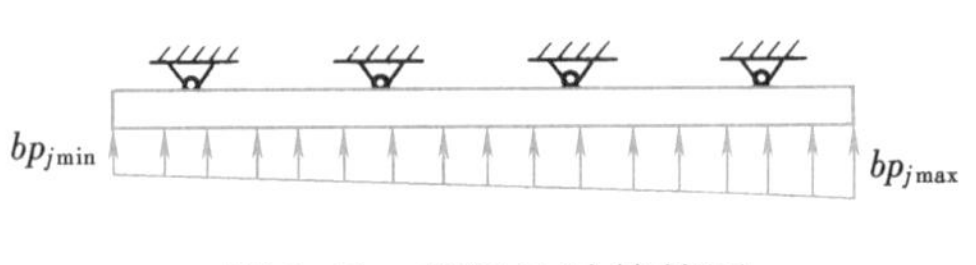

图 8-42 倒梁法计算简图

当基础或上部结构刚度较大，柱距不大且接近等间距，相邻柱荷载相差不大时，用倒梁法计算内力比较接近实际。但按这种方法计算的支座反力一般不等于柱荷载。主要原因是没有考虑土与基础及上部结构的三者共同作用，且假定地基反力按直线分布与实际不符，可通过逐次调整消除不平衡力。将不平衡力折算为均布荷载布置在支座两侧 1/3 跨度范围内，再按连续梁计算内力，然后与原来求得的内力叠加。

（1）基底反力计算

将作用在基础梁上的竖向荷载向基础梁中心简化，然后按偏心受压公式计算基底反力（图 8-43）并要求：

$$\begin{matrix} p_{j\max} \\ p_{j\min} \end{matrix} = \frac{\sum N_i}{b \cdot l} \pm \frac{6\sum M_i}{b \times l^2} \begin{matrix} \leqslant 1.2 f_a \\ \geqslant 0 \end{matrix} \tag{8-38}$$

式中 $\sum N_i$——柱子传来的竖向力之和（kN）；

$\sum M_i$——各荷载对基础梁中心的力矩之和（kN·m）；

$p_{j\max}$、$p_{j\min}$——基础梁边缘处最大及最小地基反力（kPa）；

l、b——基础梁的长度及宽度（m）。

基础宽度 b 可按平均压力求出，再增加 10%～40%后进行验算。

（2）基底翼板的计算

先按式（8-38）计算基底沿宽度 b 方向的净反力，然后按斜截面抗剪能力确定翼板的厚度，并将翼板作为悬臂板按下式计算弯矩和剪力：

$$M = \left(\frac{p_{j1}}{3} + \frac{p_{j2}}{2}\right) l_1^2 \tag{8-39}$$

$$V = \left(\frac{p_{j1}}{3} + \frac{p_{j2}}{2}\right) l_1 \tag{8-40}$$

式中 M 和 V 分别为柱或墙边的弯矩和剪力，P_{j1}、P_{j2}、l 如图 8-43 所示。

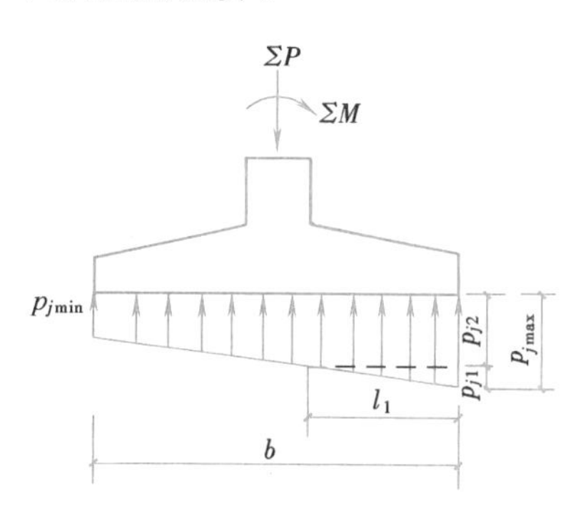

图 8-43 翼板的计算示意

8.7.2 筏形基础

1. 筏形基础的类型及特点

筏形基础是地基上支承全部建筑物荷载整体连续的钢筋混凝土板式基础，分为平板式和梁板式两种类型。平板式筏形基础常做成等厚度的钢筋混凝土板(图 8-44a)，适用于柱荷载不大，柱距较小且等柱距的情况。梁板式筏形基础是沿柱轴线纵横两方向设肋梁（图 8-44b、图 8-44c)，一般用于柱荷载很大且不均匀，柱距又较大的情况。

筏形基础的结构与钢筋混凝土肋梁楼盖类似，由柱子或墙传来的荷载，经主、次梁及板传给地基。若将地基反力视为作用于筏基底板上的荷载，则筏形基础的受力特点相当于一倒置的钢筋混凝土平面楼盖。筏板基础不仅能承受较大建筑物荷载，还具有减少地基土单位面积上的压力，显著提高地基承载力，增强基础的整体性和抗弯刚度，有效的调整地基不均匀沉降的能力。因而在多层和高层建筑中广泛采用。

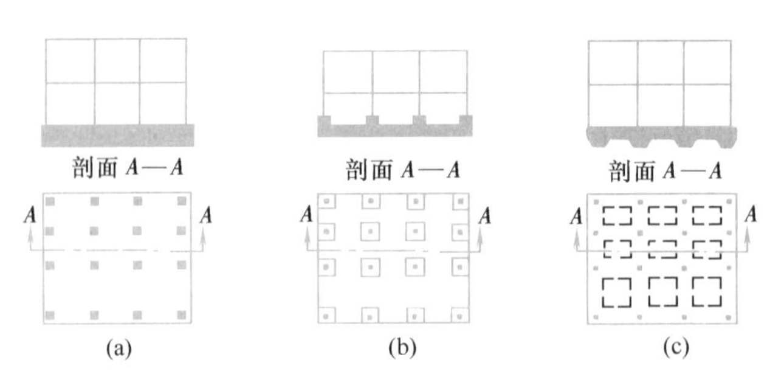

图 8-44 筏形基础的类型

2. 筏形基础的构造

（1）平板式筏形基础的底板厚度应满足受冲切承载力要求，且最小厚度不宜小于400mm。梁板式筏形基础的板厚不应小于300mm，且板厚与板格的最小跨度之比不宜小于1/20。有悬臂筏板时可做成坡度，但边端厚度不小于200mm，且悬臂长不宜大于1m。对12层以上建筑的梁板式筏基，其底板厚度与最大双向板格的短边净跨之比不应小于1/4，且板厚不应小于400mm。

梁板式筏形基础的底板除计算正截面受弯承载力外，其筏板厚度应满足受冲切承载力、受剪承载力的要求。

（2）筏形基础的混凝土强度等级不应低于C30。当有地下室时应采用防水混凝土，防水混凝土的抗渗等级应符合现行《地基基础设计规范》相关规定。对重要建筑宜采用自防水并设置架空排水层。

（3）筏板与地下室外墙的接缝、地下室外墙沿高度处的水平接缝应严格按施工缝要求施工，必要时可设通长止水带。

（4）地下室底层柱、剪力墙与梁板式筏形基础的基础梁连接的构造应符合下列要求：

1）柱、墙的边缘至基础梁边缘的距离不应小于50mm（图8-45）；

2）当交叉基础梁宽度小于柱截面边长时，交叉基础梁连接处应设置八字角，柱角与八字角之间的净距不宜小于50mm（图8-45a）；

3）单向基础梁与柱的连接，可按图8-45(b)、(c)、(d) 采用；

4）基础梁与剪力墙的连接，可按图8-45(e) 采用。

（5）筏形基础地下室施工完毕后，应及时进行基坑回填。回填基坑时，应先清除基坑中的杂物，并应在相对的两侧或四周同时回填并分层夯实。

（6）筏板配筋：筏板配筋由计算确定，按双向配筋。并考虑下列要求：

1）平板式筏形基础，柱下板带和跨中板带的配筋分别计算，以柱下板带的正弯矩计算底部钢筋，用跨中板带的负弯矩计算顶部钢筋，用柱下和跨中板带正弯矩的平均值计算跨中板带的底部钢筋。

平板式筏基柱下板带和跨中板带的底部钢筋应有1/2～1/3贯通全跨，且配筋率不应小于0.15%；顶部钢筋应按计算配筋全部贯通。

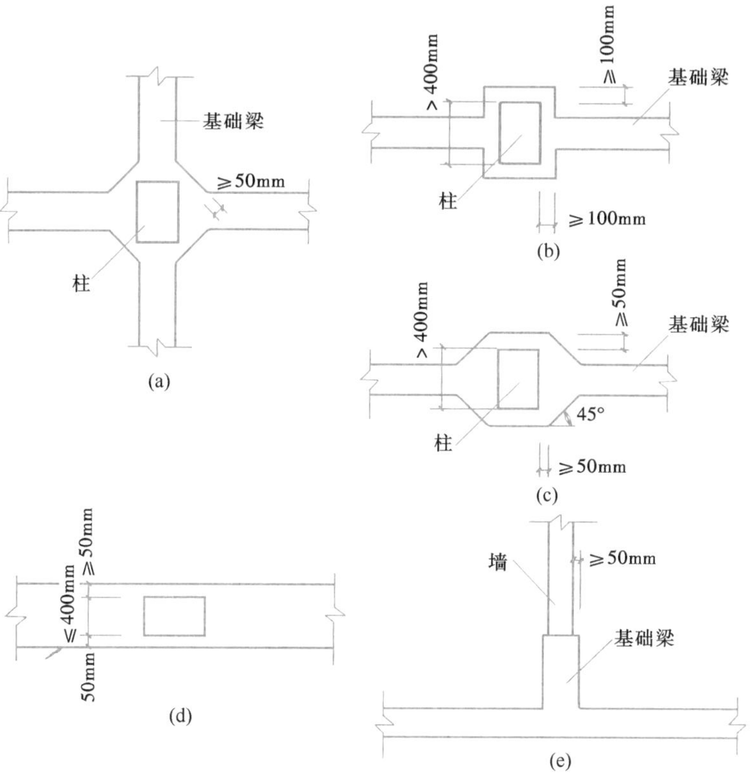

图 8-45　地下室底层柱或剪力墙与基础梁连接的构造

2）梁板式筏形基础，在用四边嵌固双向板计算跨中和支座弯矩时，应适当予以折减。对肋梁取柱下板带宽度等于柱距，按 T 形梁计算。肋板也应适当挑出1/6～1/3 柱距。

梁板式筏基的底板和基础梁的配筋除满足计算要求外，纵横方向的底部钢筋尚应有 1/2～1/3 贯通全跨，其配筋率不应小于 0.15%，顶部钢筋按计算配筋全部贯通。

筏板分布钢筋在板厚小于或等于 250mm 时，钢筋直径为 8mm，间距 250mm；板厚大于 250mm 时，钢筋直径为 10mm，间距 200mm。

对于双向悬臂挑出但基础梁不外伸的筏板，应在板底布置放射状附加钢筋，附加钢筋直径与边跨主筋相同，间距不大于 200mm，一般 5～7 根。

3）墙下筏形基础，一般为等厚度的钢筋混凝土平板，混凝土强度等级采用 C20。对地下水位以下的地下室筏形基础，必须考虑混凝土的抗渗等级，并进行抗裂验算。

筏板配筋除符合计算要求外，纵横两个方向支座筋尚应分别有 0.15%、0.10%配筋率连通，跨中钢筋按实际配筋率全部连通。底板受力钢筋最小直径不宜小于 8mm。筏形基础垫层厚度一般为 100mm，当有垫层时，钢筋保护层厚度不宜小于 40mm。

筏板厚度不得小于 200mm。筏板悬挑墙外的长度，横向不宜大于 1000mm，纵向不宜大于 600mm。

（7）有裙房的高层建筑筏形基础应符合下列要求：

1）当高层建筑与相连的裙房之间设置沉降缝时，高层建筑的基础埋深应大于裙房基础的埋深至少 2m。地面以下沉降缝的缝隙应用粗砂填实（图 8-46a）。

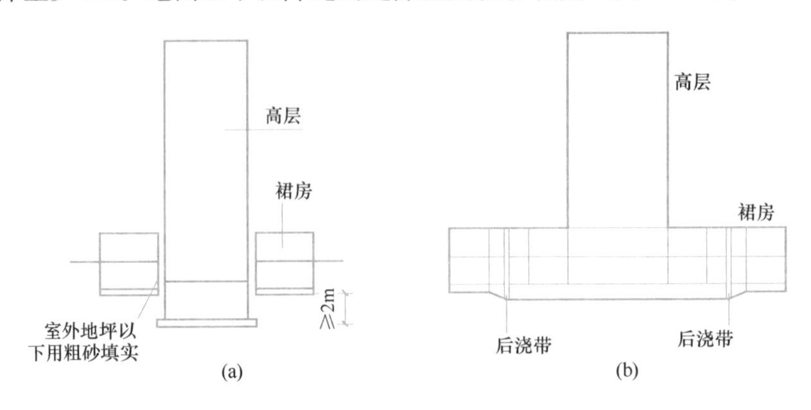

图 8-46 高层建筑与裙房间的沉降缝、后浇带处理示意

2）当高层建筑与相连的裙房之间不设置沉降缝时，宜在裙房一侧设置用于控制沉降差的后浇带。当高层建筑基础面积满足地基承载力和变形要求时，后浇带宜设在与高层建筑相邻裙房的第一跨内。当需要满足高层建筑地基承载力、降低高层建筑沉降量，减小高层建筑与裙房间的沉降差而增大高层建筑基础面积时，后浇带可设在距主楼边柱的第二跨内，此时应满足下列三个条件：

A. 地基土质较均匀；

B. 裙房结构刚度较好且基础以上的地下室和裙房结构层数不少于两层；

C. 后浇带一侧与主楼连接的裙房基础底板厚度与高层建筑的基础底板厚度相同（图 8-46b）。

根据沉降实测值和计算值确定的后期沉降差满足设计要求后，后浇带混凝土方可进行浇筑。

3）当高层建筑与相连的裙房之间不允许设置沉降缝和后浇带时，应进行地基变形计算，验算时需考虑地基与结构变形的相互影响并采取相应的有效措施。

3. 筏形基础的计算要点

（1）筏形基础的平面尺寸，应根据工程地质条件，上部结构的布置及荷载分布等因素确定。对单幢建筑物，地基土比较均匀的条件下，基底平面形心宜与结构竖向永久荷载重心重合。当不能重合时，在荷载效应准永久组合下，偏心距 e 宜符合下式要求：

$$e \leqslant 0.1W/A \tag{8-41}$$

式中 W——与偏心距方向一致的基础底面边缘抵抗矩；

A——基础底面积。

如果偏心较大，或者不满足地基承载力要求，为调整筏板底面的形心，减小偏心矩和扩大基底面积，可将筏板外伸悬挑一定的长度。对于肋梁不外伸的悬挑筏板，挑出长度不宜大于 2m，其边缘厚度不小于 200mm。

（2）当地基土比较均匀，上部结构刚度较好，梁板式筏基梁的高跨比或平板式筏基板的厚跨比不小于 1/6，且相邻柱荷载及柱间距的变化不超过 20%时，筏形基础可仅考虑局部弯曲作用，筏形基础的内力，可按基底反力直线分布进行计算。计算时基底反力可视为均布，其值应扣除底板自重及其上填土自重。

当框架柱网在纵横两个方向上尺寸的比值小于2且在柱网单元内不再布置小肋梁时，可将筏形基础近似地视为倒置的楼盖，以地基净反力作为荷载，肋间筏板视为单向或双向多跨连续板，纵横肋梁按多跨连续梁计算，即“倒楼盖法”。这些简化方法在工程中广泛采用。

当地基比较复杂，上部结构刚度较差，或柱荷载及柱间距变化较大时，筏基内力应按弹性地基梁板方法进行计算。

（3）按倒楼盖法计算的梁板式筏基，其基础梁的内力可按连续梁分析，边跨跨中弯矩以及第一内支座的弯矩值宜乘以的1.2的系数。考虑到整体弯曲的影响，梁板式筏基的底板和基础梁的配筋除满足计算要求外，纵横方向的支座钢筋尚应有1/2～1/3贯通全跨。且其配筋率不应小于0.15%；跨中钢筋应按实际配筋全部连通。

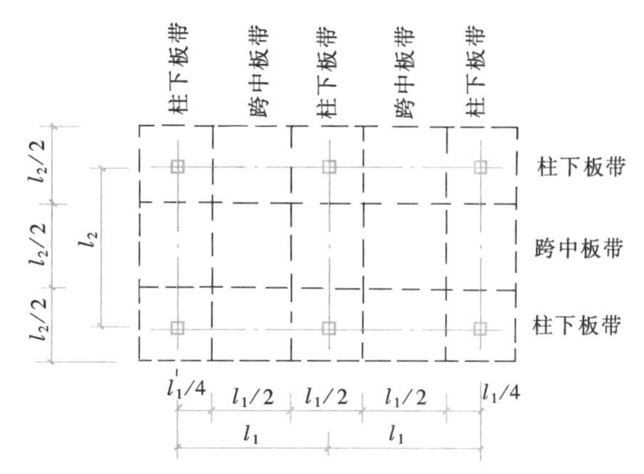

图8-47　平板（无梁）式筏形基础

（4）按倒楼盖法计算的平板式基础，可按柱下板带和跨中板带（图8-47）分别进行内力分析，柱下板带和跨中板带的承载力应符合计算要求。

柱下板带中，柱宽及其两侧各0.5倍板厚的有效宽度范围内的钢筋配置量，不应小于柱下板带钢筋数量的一半，且应能承受作用在冲切临界面重心上的部分不平衡弯矩M_p的作用，详见《建筑地基基础设计规范》。

考虑到整体弯曲的影响，柱下板带（图8-47）和跨中板带的底部钢筋应有1/2～1/3贯通全跨，且配筋率不应小于0.15%；顶部钢筋应按实际配筋全部连通。

对有抗震设防要求的平板式筏基，计算柱下板带受弯承载力时，柱内力应考虑地震作用不利组合。

（5）平板式筏板除满足受冲切承载力外，尚应验算柱边处筏板的受剪承载力。

（6）梁板式筏基的基础梁除满足正截面受弯及斜截面受剪承载力外，尚应验算底层柱下基础梁顶面的局部受压承载力。

有抗震设防要求时，对无地下室且抗震等级为一、二级的框架结构，基础梁除满足抗震构造要求外，计算时尚应将柱脚组合的弯矩设计值分别乘以1.5和1.25的增大系数。

8.8 基础施工图的表达与识读

在建筑工程开工之前，首先需要识图与审图，通过熟悉图纸充分理解设计意图，以便进行图纸会审工作。识图与审图的程序是：熟悉拟建建筑物的功能；熟悉、审查建筑物平面、立面和剖面尺寸；检查施工图中容易出错的部位有无差错；检查有无需要改进之处；并仔细阅读建筑说明，熟悉工程概况和工程装修情况。

基础施工图包括基础平面图和基础详图以及必要的设计说明。基础剖面详图是表示基础构造的；基础施工图是施工放线、开挖基槽（坑）、基础施工、计算基础工程量的依据。本节主要介绍基础施工图的表达与识读。

8.8.1 基础施工图的表达与识读

1. 基础施工图的表达

（1）基础平面图

基础平面图的剖视位置应在室内设计地面（±0.000）处，一般不许因对称而只画一半。被剖切的柱子或墙身用粗实线表示，基础底宽用细实线表示。基础平面图的主要内容如下：

1）图名、比例。

2）与建筑平面一致的纵横定位轴线及其编号。外部尺寸一般只标注定位轴线的间隔尺寸和总尺寸。

3）基础的平面布置和内部尺寸，即基础梁、基础墙厚、柱、基础底面的形状、尺寸及其与轴线的关系。

4）暖气、电缆等沟道的路线位置以虚线表示。穿墙管、洞应分别表明其尺寸、位置及洞底标高。

5）基础剖面图的剖切线及其编号，对基础梁、柱等注写基础代号，以便查找详图。

（2）基础详图

不同基础类型，其基础详图的表示方法有所不同。条形基础的详图一般只有垂直断面图，独立基础的详图一般包括平面图、剖面图。基础详图的主要内容如下：

1）图名、比例。

2）基础剖面图的中轴线及其编号，如果是通用剖面图，则轴线圆圈内不予编号。

3）基础剖面的形状和详细尺寸。

4）注明室内地面及基础底面的标高，外墙基础还需注明室外地坪之相对标高，如有沟槽尚应标明其构造关系。

5）钢筋混凝土基础应标注钢筋直径与间距。现浇基础尚应标注预留插筋、搭接长度与位置、箍筋加密等。

6）对桩基础应表示承台、配筋及桩尖埋深等。

7）基础防潮层的位置及做法、垫层材料等（或用文字说明）。

2. 基础施工图的识读

（1）识读图纸设计说明，了解工程概况和基础所用的材料、地基承载力以及施工要求。

（2）注意查看基础平面图与建筑平面图的定位轴线是否一致；基础平面图与基础剖面详图是否一致。

（3）识读基础平面图要注意基础平面布置与内部尺寸的关系，预留洞口的位置以及尺寸等。

（4）识读基础详图．要注意竖向尺寸的关系，基础的形状、构造做法与详图尺寸、钢筋直径、间距与位置，以及基础圈梁、防潮层的位置等。图 8-48 为某教学楼外纵墙基础底板配筋详图。

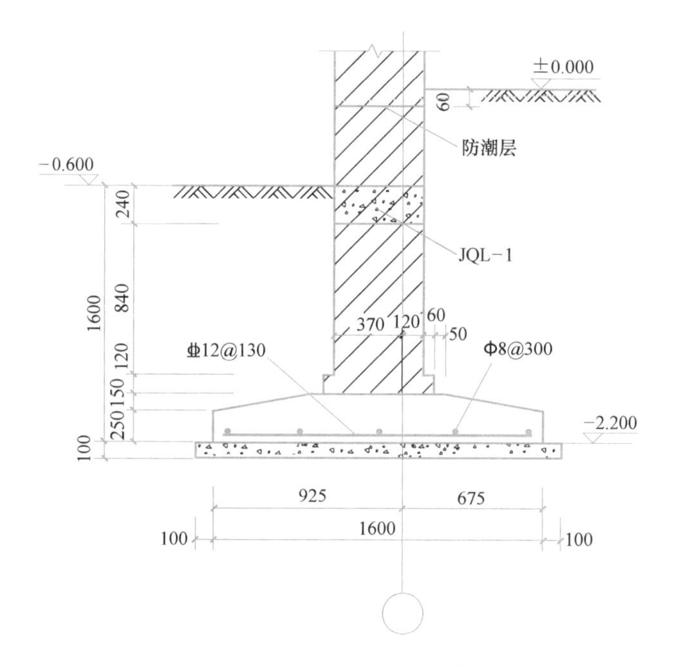

图 8-48　外纵墙基础底板配筋详图

8.8.2　条形基础平法施工图的表达与识读

1. 条形基础平法施工图的表达

（1）条形基础平法施工图表达方式有两种：平面注写和截面注写。可选择其一或者将两种方式结合进行条形基础施工图的设计与表达。

（2）条形基础平面图是与基础所支承的上部结构柱、墙一起绘制的，当基础中心与建筑定位轴线不重合时，应标注其偏心尺寸；对于相同编号的条形基础，仅选一个进行标注。

（3）对于梁板式条形基础，平法施工图将梁板式条形基础分解为基础梁和条形基础底板分别进行表达。而板式条形基础，平法施工图仅表达条形基础底板，当墙下设有基础圈梁时，加注基础圈梁的截面尺寸和配筋。

2. 条形基础编号

条形基础平法施工图中的基础梁、基础圈梁、条形基础底板编号，应符合表 8-14 规定。

条形基础梁、基础圈梁、基础底板编号　　表 8-14

类　型		代号	序号	跨数及有否外伸
基础梁		JL	××	（××）端部无外伸 （××A）一端有外伸 （××B）两端有外伸
基础圈梁		JQL	××	
基础底板	坡形截面	TJBp	××	
	阶形截面	TJB_J	××	

注：条形基础通常采用坡形截面或单阶形截面。

3. 条形基础底板的平面注写方式

条形基础底板 TJBp、TJB_J 的平面注写方式，分集中标注和原位标注两部分内容：

（1）集中标注：必注内容为条形基础底板编号、截面竖向尺寸、配筋三项。选注内容为条形基础底板相对标高高差、必要的文字注解两项。条形基础底板伸向两侧的截面形状通常有阶形和坡形两种，其平面注写的异同点如下：

1）必须注写条形基础底板编号（表 8-14）：阶形截面，编号加下标“J”，如 TJB_J××（××）；坡形截面，编号加下标“P”，如 TJBp××（××）。

2）必须注写条形基础底板截面竖向尺寸：当条形基础底板为坡形截面时，注写为 h_1/h_2 如图 8-49 所示；当底板为阶形截面 TJB_J××，如图 8-50 为单阶时，其截面竖向尺寸注写为 300 时，表示基础底板总厚度 $h_1=300$mm。当为多阶时各阶尺寸自下而上以“/”分隔顺写。

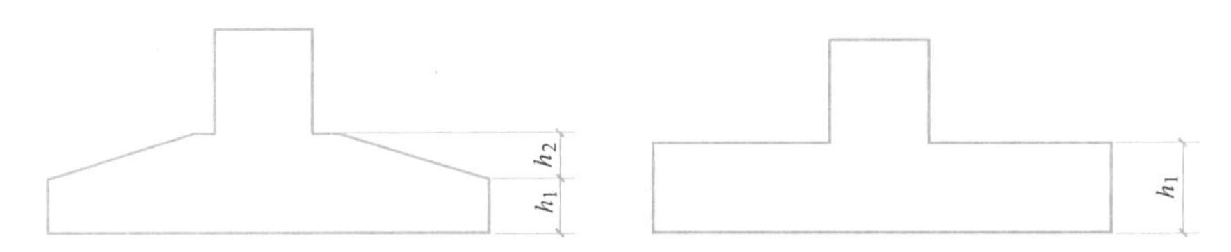

图 8-49　条形基础板坡截面竖向尺寸　　图 8-50　底板阶形截面竖向尺寸

例如，在教学楼基础底板平法施工图（图 8-51）中：TJBp01(7)，TJBp 表示条形基础底板坡形，其序号为 01，（7）表示 7 跨、端部无外伸；其截面竖向尺寸注写为 250/150 时，则表示 $h_1=250$、$h_2=150$，基础底板总厚度为 400mm。

3）必须注写条形基础底板底部及顶部配筋：以 B 打头，注写条形基础底板底部的横向受力钢筋；以 T 打头，注写条形基础底板顶部的横向受力钢筋；注写时，用“/”分隔条形基础底板的横向受力钢筋。

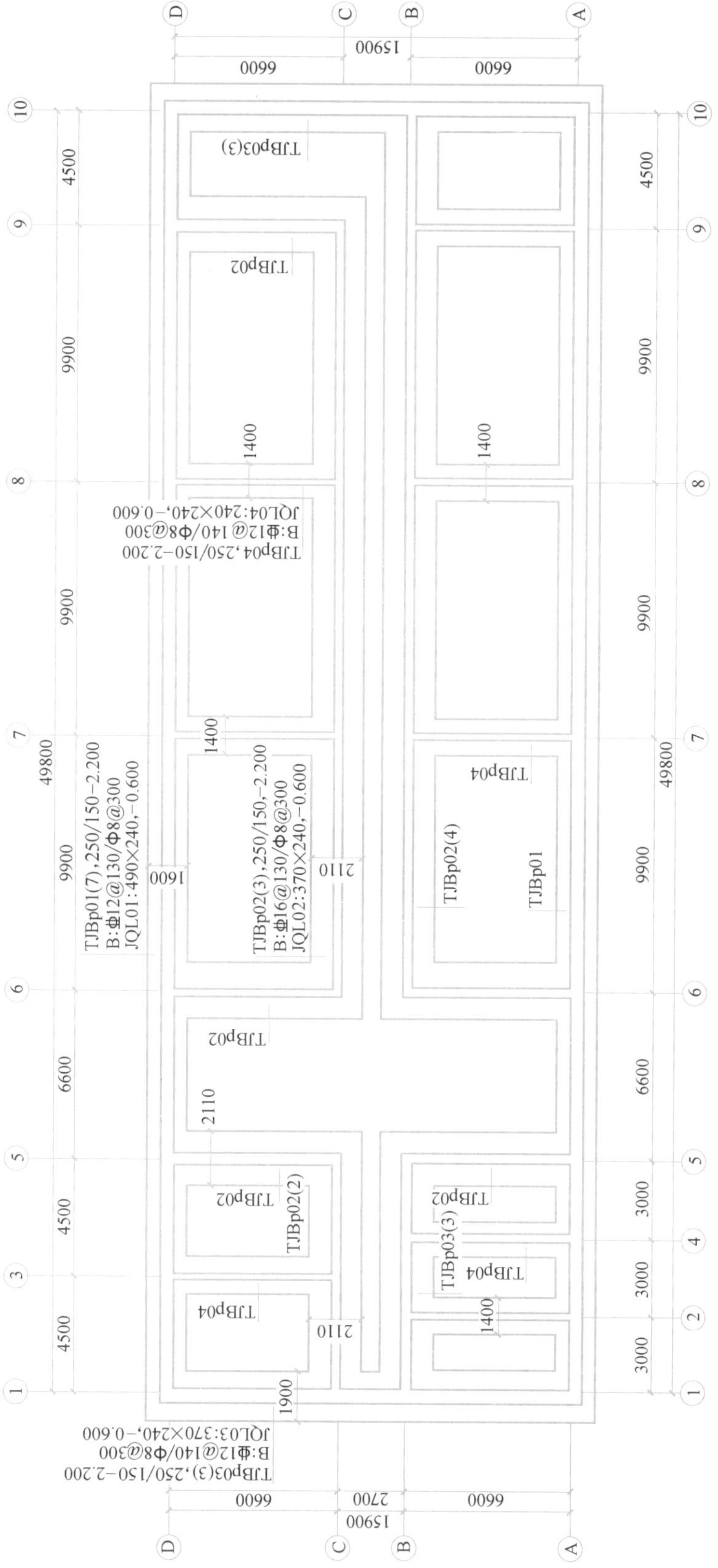

图 8-51 教学楼墙下条形基础平法施工图

例：在教学楼基础底板平法施工图（图 8-51）中标注 TJBp01 为 B：Φ 12@130/ϕ8@300；表示条形基础底板底部配置 HRB400 级横向受力钢筋，直径Φ 12，间距 130mm；配置 HPB300 级分布钢筋，直径为 ϕ8，间距 300mm。

例：当条形基础底板配筋标注为 B：Φ 14@150/ϕ8@250；表示条形基础底板底部配置 HRB400 级横向受力钢筋，直径Φ 14，间距 150mm；配置 HPB300 级分布钢筋，直径为 ϕ8，间距 250mm，如图 8-52 所示。

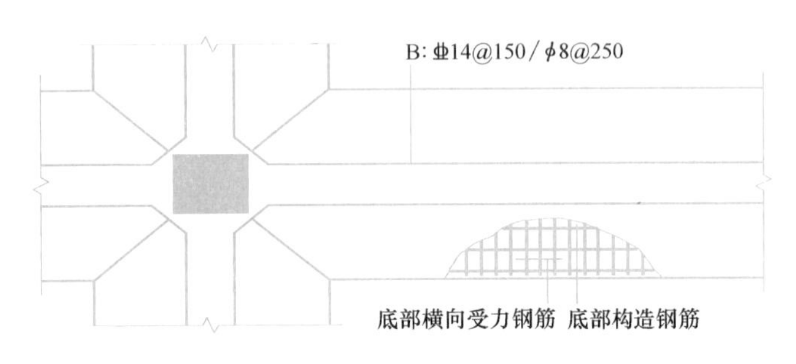

图 8-52　条形基础底板底部配筋

例：对于双梁（或双墙）条形基础底板，除在底板底部配置钢筋外，一般需在两根梁或两道墙之间的底板顶部配置钢筋，其中横向受力钢筋的锚固从梁的内边缘（或墙内边缘）起算，如图 8-53 所示。

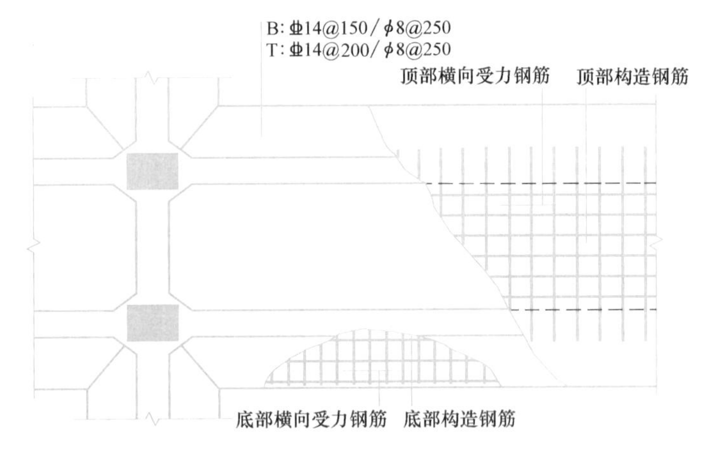

图 8-53　双梁条形基础底板顶部配筋

4）注写条形基础底板底面相对标高高差（选注内容）。

当条形基础底板的底面标高与条形基础底面基准标高不同时，应将条形基础底板底面相对标高高差注写在“（　）”内（如图 8-51）。

（2）条形基础底板的原位标注

原位注写条形基础底板的平面尺寸：原位标注 b、b_i，i=1，2，……，其中 b 为基础底板总宽度，b_i 为基础底板台阶的宽度。相同编号的条形基础底板，仅选择一个进行标注。

4. 基础梁、基础圈梁的平面注写方式

(1) 基础梁JL的平面注写方式，分集中标注和原位标注两部分内容，详见国家建筑标准设计图集16G101-3。

(2) 基础圈梁JQL仅需集中引注，必注内容为基础圈梁编号，截面尺寸，配筋三项。其基础圈梁底面相对标高高差、必要的文字注解两项为选注内容，标注方式与基础梁集中标注相同。

例：某教学楼墙下条形基础平法施工图（图8-51）所示：JQL01490×240，-600；表示条形基础圈梁序号为01，截面宽度与高度 $b\times h$ 为490mm×240mm，圈梁顶面标高相对于室内设计标高±0.000的高差为-0.6000m。

(3) 基础梁箍筋注写方法

1) 当具体设计仅采用一种箍筋间距时，注写钢筋级别、直径、间距与肢数（箍筋肢数写在括号内，下同）。

2) 当具体设计采用两种或多种箍筋间距时，用“/”分隔不同箍筋的间距及肢数，按照从基础梁两端向跨中的顺序注写。当设计为两种不同箍筋时，先注写第1段箍筋（在前面加注箍筋道数），在斜线后再注写第2段箍筋（不再加注箍筋道数）。

例：11Φ14@150/250（4），表示配置两种HRB335级箍筋，直径均为Φ14，从梁两端起向跨内按间距150mm设置11道，梁其余部位的间距为250mm，均为4肢箍。

例：9Φ16@100/9Φ16@150/Φ16@200（6），表示配置三种HRB335级箍筋，直径Φ16，从梁两端起向跨内按间距B 100mm设置9道，再按间距150mm设置9道，梁其余部位的间距为200mm，均为6肢箍。

(4) 必须注写基础梁底部、顶部及侧面纵向钢筋：

1) 以B打头，注写梁底部贯通纵筋（不应少于梁底部受力钢筋总截面面积的1/3)。当跨中所注根数少于箍筋肢数时，需要在跨中增设梁底部架立筋以固定箍筋，采用“十”将贯通纵筋与架立筋相连，架立筋注写在加号后面的括号内。

2) 以T打头，注写梁顶部贯通纵筋。

3) 当梁底部或顶部贯通纵筋多于一排时，用“/”将各排纵筋自上而下分开。

例：B：4Φ25；T：12Φ25 7/5，表示梁底部配置贯通纵筋为4Φ25；梁顶部配置贯通纵筋上一排为7Φ25，下一排为5Φ25，共12Φ25。

(5) 以大写字母G打头注写梁两侧面对称设置的纵向构造钢筋的总配筋值（当梁腹板净高 h_w≥450mm时，根据需要配置)。

例：G8Φ12，表示梁每个侧面配置纵向构造钢筋4Φ12，共配置8Φ12。

5. 基础梁JL的原位标注

(1) 原位标注基础梁端或梁在柱下区域的底部全部纵筋（底部非贯通纵筋和已集中注写的底部贯通纵筋）

1) 当梁端或梁在柱下区域的底部纵筋多于一排时，是用“/”将各排纵筋自上而下分开。

2）当同排纵筋有两种直径时，用“十”将两种直径的纵筋相连。

3）当梁中间支座或梁在柱下区域两边的底部纵筋配置不同时，须在支座两边分别标注；当梁中间支座两边的底部纵筋相同时，可仅在支座的一边标注。当梁端（柱下）区域的底部全部纵筋与集中注写过的底部贯通纵筋相同时，可不再重复做原位标注。

（2）原位注写基础梁的附加箍筋或（反扣）吊筋

当两向基础梁十字交叉，但交叉位置无柱时，应根据抗力需要设置附加箍筋或（反扣）吊筋。将附近箍筋或（反扣）吊筋直接画在平面图十字交叉梁中刚度较大的条形基础主梁上，原位直接引注总配筋值（附加箍筋的肢数注在括号内）。当多数附加箍筋或（反扣）吊筋相同时，可在条形基础平法施工图上统一注明。少数与统一注明值不同时，再原位直接引注。

（3）原位注写基础梁外伸部位的变截面高度尺寸

当基础梁外伸部位采取变截面高度时，在该部位原位注写 $b \times h$，h_1/h_2，h_1为根部截面高度，h_2为尽端截面高度。

6. 条形基础的截面注写方式

（1）条形基础的截面注写方式，可分为截面标注和列表注写（结合截面示意图）两种表达方式。采用截面注写方式，应在基础平面布置图上对所有条形基础进行编号，标注的内容和形式，与传统“单构件正投影表示方法”基本相同。

（2）对多个条形基础可采用列表注写（结合截面示意图）的方式进行集中表达。表中内容为条形基础截面的几何数据和配筋，截面示意图上应标注与表中栏目相对应的代号。具体表达内容详见照国家建筑标准设计图集 22G101-3。

8.8.3　柱下独立基础平法施工图的表达与识读

1. 独立基础平法施工图的表达

（1）独立基础平法施工图，有平面注写与截面注写两种表达方式，设计者可选择一种或两种方式结合进行独立基础施工图的设计。

（2）绘制基础平面布置图，应将独立基础平面与基础所支承的柱一起绘制。当设置基础连梁时可根据图面的疏密情况，将基础连梁与基础平面布置图一起绘制，或将基础连梁布置图单独绘制。

（3）在独立基础平面布置图上应标注基础定位尺寸；当独立基础的柱中心线或杯口中心线与建筑轴线不重合时，应标注其偏心尺寸。编号相同且定位尺寸相同的基础，可仅选择一个进行标注。

2. 独立基础的平面注写方式

独立基础的平面注写方式，分为集中标注和原位标注两部分内容。普通独立基础和杯口独立基础的集中编号，系在基础平面图上集中标注：基础编号，截面竖向尺寸、配筋三项必注内容，以及当基础底面标高与基础底面基准标高不同时的相对标高高差和必要的文字注解两项选注内容。

（1）独立基础集中标注

1）必须注写独立基础编号，其编号详见表 8-15。

独立基础编号　　表 8-15

类型	基础底板截面形状	代号	序号	说　明
普通独立基础	阶形	DJ_J	××	1. 单阶截面即为平板独立基础 2. 坡形截面基础底板可为四坡、三坡、双坡及单坡
	坡形	DJp	××	
杯口独立基础	阶形	BJ_J	××	
	坡形	BJp	××	

2）独立基础底板的截面形状通常有两种：阶形截面编号加下标“$_J$”，如 DJ_J××、BJ_J××；坡形截面编号加下标“P”，如 DJp××、BJp××。

3）必须注写独立基础截面竖向尺寸。下面按普通独立基础和杯口基础分别进行说明：

A. 普通独立基础：注写为 h_1/h_2……，具体标注：a. 当基础为阶形截面时，如图 8-54 所示；b. 当基础为坡形截面时，如图 8-55 所示。

图 8-54　阶形截面普通独立基础竖向尺寸　　图 8-55　坡形截面普通独立基础竖向尺寸

例：当坡形截面普通独立基础 DJy×× 的竖向尺寸注写为 350/300 时，表示 $h_1=350$、$h_2=300$，基础底板总厚度为 650。

例：当阶形截面普通独立基础 DJj×× 的竖向尺寸注写为 300/300/400 时，表示 $h_1=300$、$h_2=300$、$h_3=400$，基础底板总厚度为 1000。

B. 杯口独立基础：a. 当基础为阶形截面时，其竖向尺寸分两组，一组表达杯口内，另一组表达杯口外，两组尺寸以“,”号分隔，注写为：a_0/a_1，$h_1/h_2/$……，其含义如图 8-56 所示；其中杯口深度 a_0 为柱插入杯口的尺寸加 50mm。b. 当杯口独立基础为坡形截面时，注写为：a_0/a_1，$h_1/h_2/h_3$，其含义如图 8-57 所示。

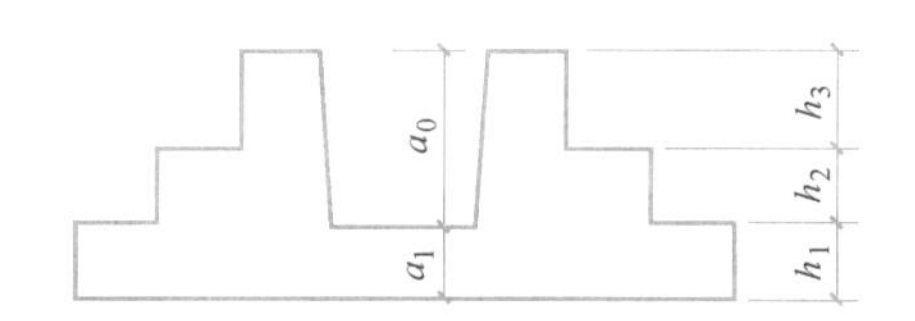

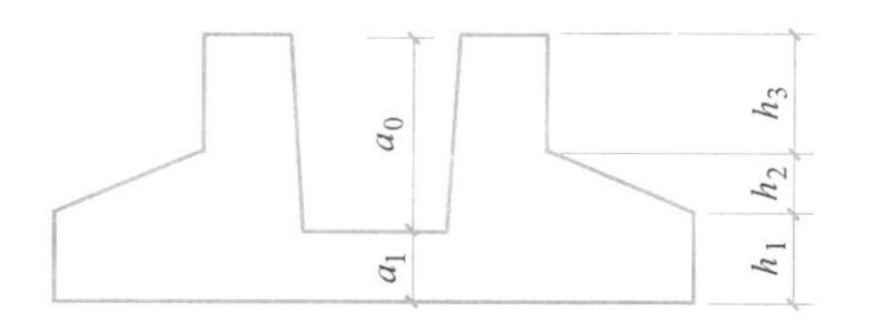

图 8-56　阶梯截面杯口独立基础竖向尺寸　　图 8-57　坡形截面杯口独立基础竖向尺寸

4）注写独立基础底板配筋为必注内容。

A. 注写独立基础底板配筋，普通独立基础和杯口独立基础底部双向配筋注写如下：

a. 以B代表各种独立基础底板的底部配筋。

b. X向配筋以X打头、Y向配筋以Y打头注写：当双向配筋相同时，则以X&Y打头注写。当圆形独立基础采用双向正交配筋，以X&Y打头注写。当采用放射状配筋时以Rs打头，先注写径向受力钢筋（间距以径向排列钢筋的最外端度量），并在“/”后注写环向配筋。

c. 当矩形独立基础底板底部的短向钢筋采用两种配筋值时，先注写较大配筋，在“/”后再注写较小配筋。

例：图8-65柱下独立基础平法施工图所示：DJp2　300/200；B：X⏀12@100，Y⏀12@100。表示独立基础坡形截面序号3，竖向尺寸h_1/h_2为$h_1=300$，$h_2=200$，基础底板总厚度为500。基础底板底部配置HRB400级钢筋，X向直径为⏀12，分布间距100mm：Y向直径为⏀12，分布间距100mm。

例：当（矩形）独立基础底板配筋标注为：B：X⏀16@150，Y⏀16@200；表示基础底板底部配置HRB400级钢筋，X向直径为⏀16，分布间距150mm：Y向直径为⏀16，分布间距200mm。如图8-58所示。

B. 注写杯口独立基础顶部焊接钢筋网。以Sn打头引注杯口顶部焊接钢筋网的各边钢筋。

例：当杯口独立基础顶部钢筋网标注为：Sn2⏀14，表示杯口顶部每边配置2根HRB400级直径为⏀14的焊接钢筋网。如图8-59所示。

5）注写基础底面相对标高高差（选注内容）。

当独立基础的底面标高与基础底面基准标高不同时，应将独立基础底面相对标高高差注写在“（　）”内。

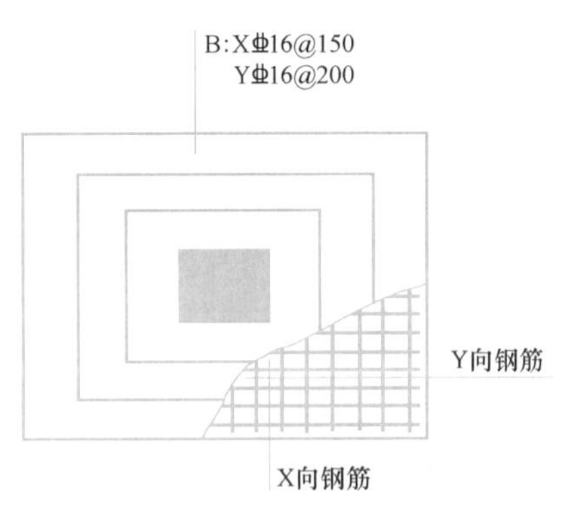

图8-58　独立基础底板底部双向配筋示意

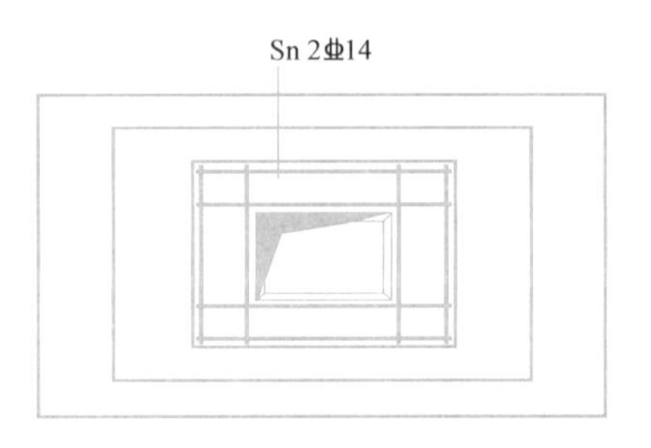

图8-59　单杯口独立基础顶部焊接钢筋网示意

（2）独立基础的原位标注

在基础平面布置图上标注独立基础的平面尺寸。对相同编号的基础，可选择一个进行原位标注；其他相同编号者仅注编号。独立基础原位标注的具体内容规定如下：

1）普通矩形独立基础原位标注：如图 8-60 为对称阶梯形截面普通独立基础的原位标注；图 8-61 为对称坡形截面普通独立基础的原位标注。图中 x、y 为普通独立基础两向边长，x_c、y_c为柱截面尺寸，x_i、y_i为阶宽或坡形平面尺寸。

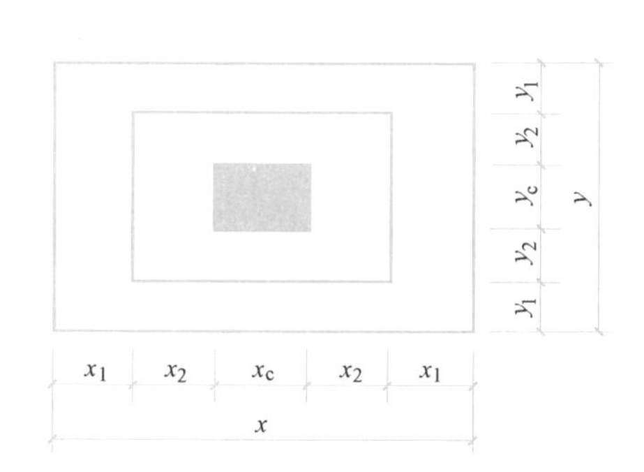

图 8-60　对称阶梯形截面普通独立基础原位标注

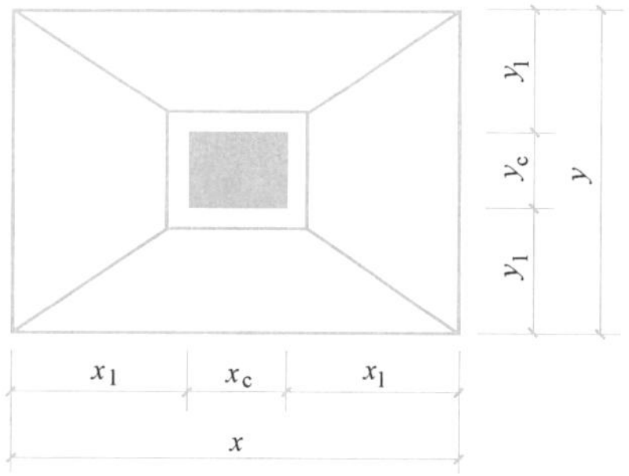

图 8-61　对称坡形截面普通独立基础原位标注

2）杯口独立基础原位标注，如图 8-62 和图 8-63 所示。图中 x、y 为杯口独立基础两向边长，x_u、y_u为杯口上口尺寸，t_i为杯壁厚度，x_i、y_i为阶宽或坡形截面尺寸。杯口上口尺寸 x_u、y_u，按柱截面边长两侧双向各加 75mm；杯口下口尺寸按标准构造详图（为插入杯口的相应柱截面边长尺寸，每边各加 50mm），设计不注。

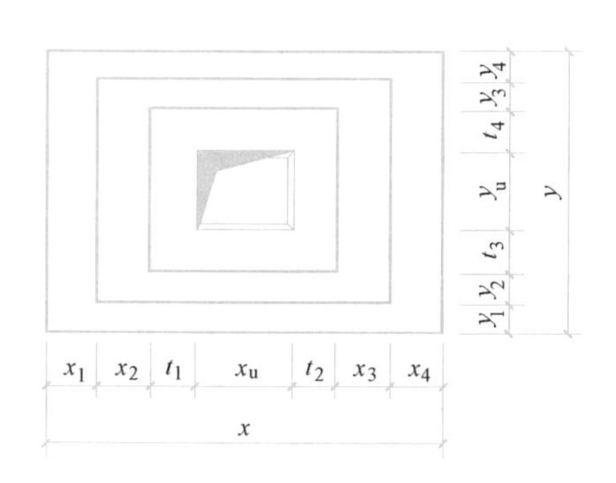

图 8-62　阶梯截面杯口独立基础原位标注

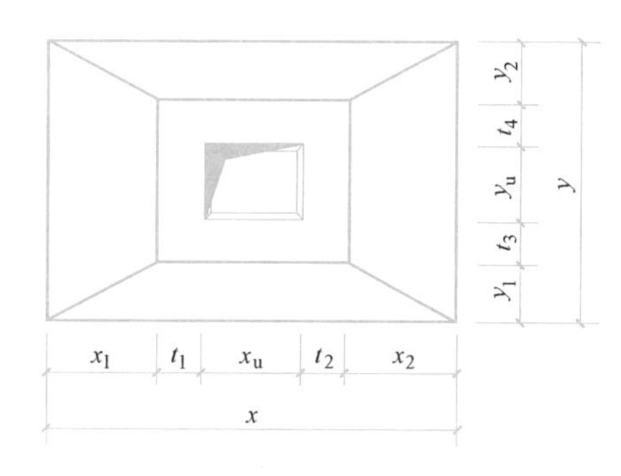

图 8-63　坡形截面杯口独立基础原位标注

（3）普通独立基础：采用平面注写方式的集中标注和原位标注综合设计表达示意，如图 8-64 所示。

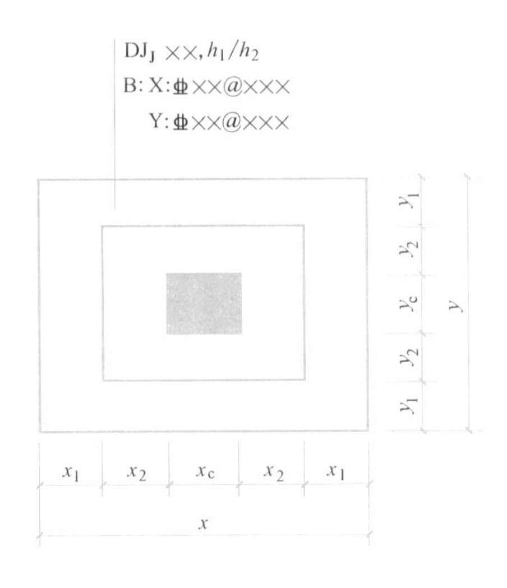

图 8-64　普通独立基础平面注写方式表达示意

（4）独立基础通常为单柱独立基础，也可为多柱独立基础（双柱或四柱等）。多柱独立基础的编号、几何尺寸和配筋的标注方法与单柱独立基础相同。

（5）采用平面注写方式表达的独立基础设计施工图示意，如图 8-65 所示。

3. 独立基础截面注写方式

（1）独立基础的截面注写方式，可分为截面标注和列表标注（结合截面示意图）两种表达方式。采用截面注写方式，应在基础平面布置图上对所有基础进行编号，见表 8-15。

（2）在基础平面布置图上，原位标注清楚的该基础平面几何尺寸，在截面图上可不再重复表达。

（3）对多个同类基础，可采用列表注写（结合截面示意图）的方式进行集中表达，列表格式和具体内容，见表 8-16。

普通独立基础几个尺寸和配筋表　　表 8-16

基础编号/截面号	截面几何尺寸				底部配筋(B)	
	x、y	x_c、y_c	x_i、y_i	$h_1/h_2/\cdots\cdots$	X向	Y向

注：表中可根据实际情况增加栏目。例如，当基础地面标高与基础底面基准标高不同时加注相对标高高差；再如，当为双柱独立基础时，加注基础顶部配筋或基础梁几何尺寸等。

有关独立基础的配筋构造，详见国家建筑标准设计图集 22G101-3。

例：柱下独立基础施工图，用列表注写方式集中表达，如图 8-66 所示。

基础平法施工图 1:100

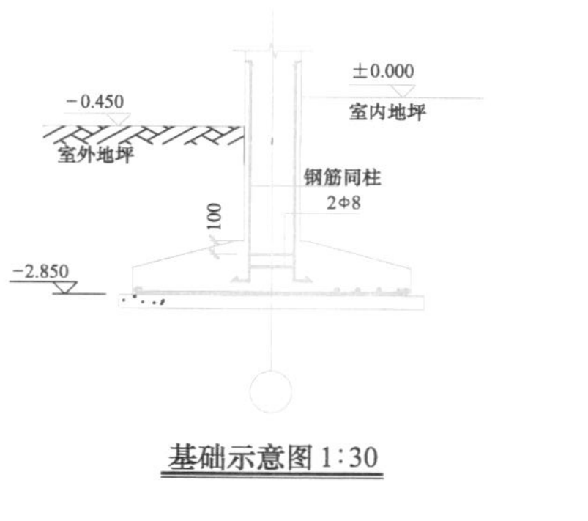

基础示意图 1:30

基础设计说明

1.本工程±0.000相对岩土勘察地勘标高106.05m。独立基础平法表示参考图集22G101−3。

2.本工程参照地勘报告相邻孔点70 ,71 ,74,75设计，施工时如与实际不符，应补勘从新设计。
地基承载力特征值为180kPa，基础持力层为第二层粉质粘土层，并保证进入该层大于200mm。
基础埋置深度为−2.850m。基槽开挖后应会同设计及勘察等有关人员验槽。本工程地下水位较浅，施工时应考虑降水措施。

3.本工程基础采用钢筋混凝土独立基础,基础采用C30混凝土。基础下均设垫层，厚度为100mm，采用C15素混凝土垫层。外墙基础两侧填300mm中粗砂防冻胀。基础钢筋保护层40mm。

4.±0.000以下砖砌体用Mu10烧结黏土砖,M10水泥砂浆砌筑。

5.基础施工前应查明场地内的地下管线情况,并采取有效维护措施.基槽开挖过程中如遇地下构筑物,管线,异常地质现象及异常地貌异常周边环境,请及时通知我院,以便及时协商处理有关问题。

6.基础施工完应及时回填之室外地坪标高，墙体两侧同时回填。不得滞后。

7.基础施工时,应对照电气专业图纸设置避雷引下线。

8.本工程未考虑冬期施工，如冬期施工或不采暖越冬应执行有关规定。

图 8-65　柱下独立基础平法施工图

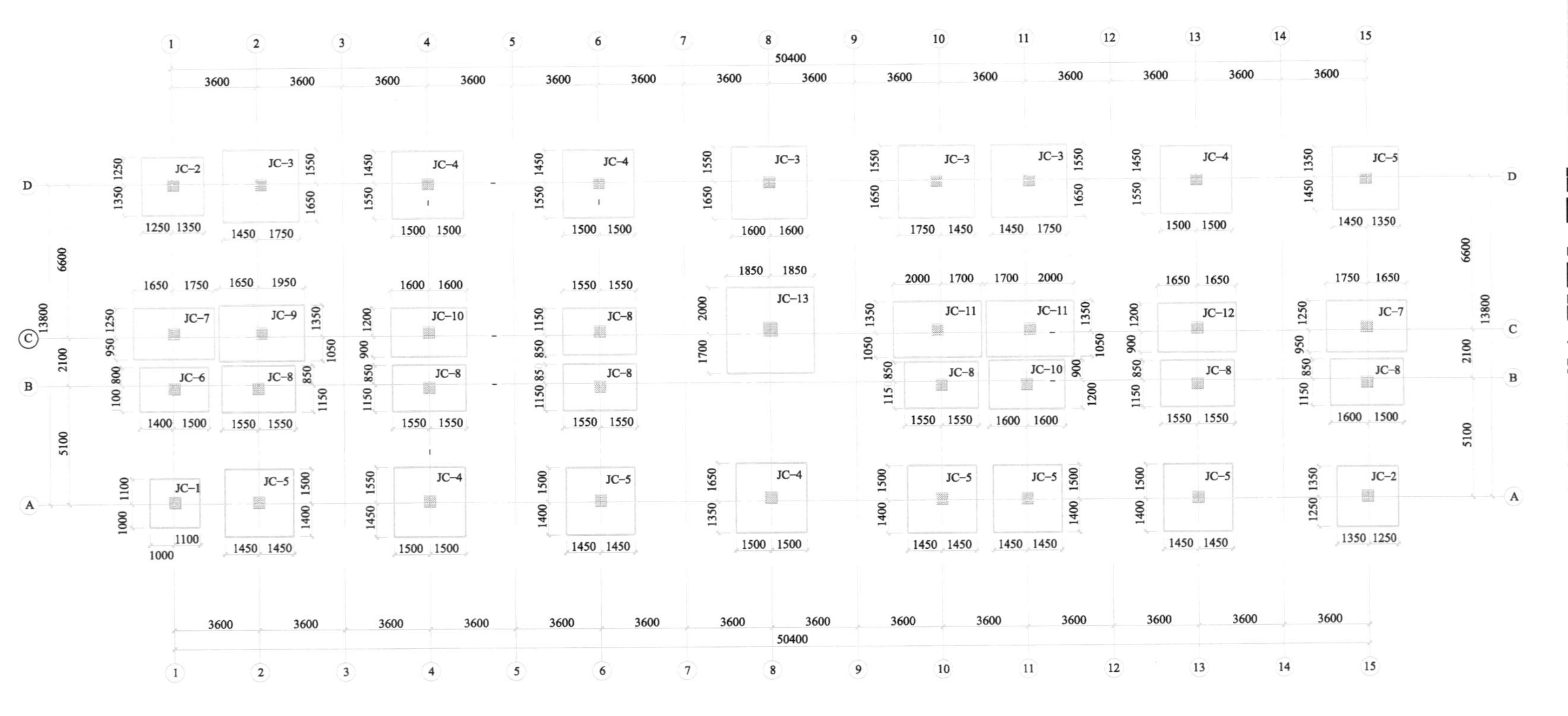

基础平面布置图1:100

图 8-66　柱下独立基础施工图（列表表达）（一）

Ⓐ型独立基础剖面一览表

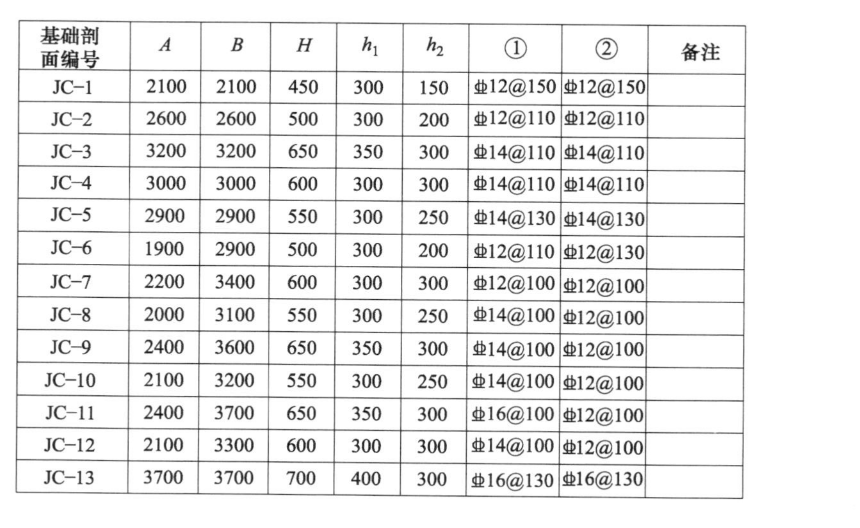

基础剖面编号	A	B	H	h_1	h_2	①	②	备注
JC-1	2100	2100	450	300	150	⌀12@150	⌀12@150	
JC-2	2600	2600	500	300	200	⌀12@110	⌀12@110	
JC-3	3200	3200	650	350	300	⌀14@110	⌀14@110	
JC-4	3000	3000	600	300	300	⌀14@110	⌀14@110	
JC-5	2900	2900	550	300	250	⌀14@130	⌀14@130	
JC-6	1900	2900	500	300	200	⌀12@110	⌀12@130	
JC-7	2200	3400	600	300	300	⌀12@100	⌀12@100	
JC-8	2000	3100	550	300	250	⌀14@100	⌀12@100	
JC-9	2400	3600	650	350	300	⌀14@100	⌀12@100	
JC-10	2100	3200	550	300	250	⌀14@100	⌀12@100	
JC-11	2400	3700	650	350	300	⌀16@100	⌀12@100	
JC-12	2100	3300	600	300	300	⌀14@100	⌀12@100	
JC-13	3700	3700	700	400	300	⌀16@130	⌀16@130	

柱宽 50 50 钢筋同柱 2Φ8 40d 100 −2.750 H h_1 h_2 100 基础长度B 100 100

A—A

基础宽度A A A 基础长度B

Ⓐ型

说明:

1.本工程基底座在第二层细砂层上，并保证基础伸入持力层不小于200mm，地基承载力特征值为 f_{ak}=200kPa。±0.000相对标高值为100.00m，基础埋深自室外设计地坪下2.0m。

2.基础采用C30混凝土,钢筋HPB300(⌀),HRB400(⌀),基础钢筋保护层厚40mm。基础垫层采用C15素混凝土100厚。

3.当独立基础及条基底板宽度大于或等于2.5m时，钢筋长度应采用0.9L，并交错排列。

4.±0.000以下柱箍筋全长加密。柱纵筋锚入基础35d，并做成直钩至基底钢筋网上，直钩长度≥10d。

5.基础外侧回填300厚1.5m深中粗砂防冻胀。

6.开挖基槽时，不应扰动土的原状结构，如经扰动，应挖出扰动部分，根据土的压缩性选用级配砂石（30%碎石，70%中粗砂)进行回填处理，压实系数不得小于0.97。

7.基础砌筑完毕后，应从两侧对称回填，回填土压实系数0.94。

8.本工程设计未考虑冬期施工及不保温越冬,基础避雷接地详见电气施工图。

9.未详事宜按有关施工及验收规范执行。

10.本图当报批手续不全或未经审查中心审查时，仅作施工准备用。

图 8-66　柱下独立基础施工图（列表表达）(二)

8.8.4 梁板式筏形基础施工图的表达与识读

1. 梁板式筏形基础平法施工图表达方式

梁板式筏形基础平法施工图表达方式，系在基础平面布置图上采用平面注写方式进行表达。当绘制基础平面布置图时，应将梁板式筏形基础与其所支承的墙、柱一起绘制。梁板式筏形基础以多数相同的基础平板的面标高作为基础底板基准标高。当基础底面标高不同时，需注明与基础底面基准标高不同之处的范围和标高。

梁板式筏形基础由基础主梁、基础次梁和基础底板等构成（图 8-67）。

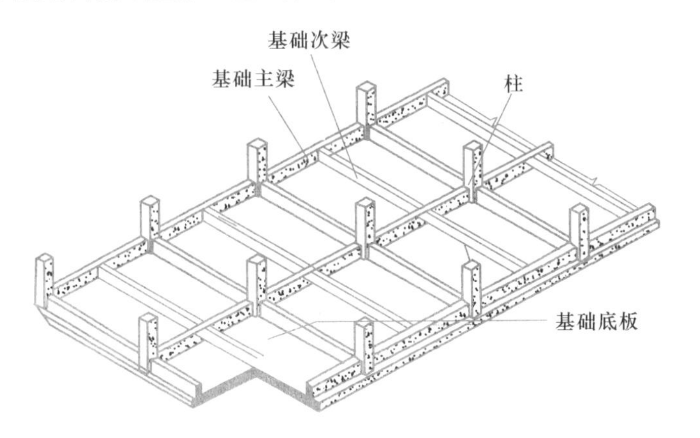

图 8-67　梁板式筏形基础示意

2. 梁板式筏形基础构件的类型与编号（表 8-17）

梁板式筏形基础构件编号　　表 8-17

构件类型	序号	代号	跨数及有无外伸
基础主梁（柱下）	JL	××	（××）或（××A）或（××B）
基础次梁	JCL	××	（××）或（××A）或（××B）
梁板式筏形基础平板	LPB	××	

注：1.（××A）为一端有外伸，（××B）为两端有外伸，外伸不计入跨数。

例：JL7（5B）表示第 7 号基础梁，5 跨，两端有外伸。

2. 梁板式筏形基础平板，其跨数及是否有外伸，分别在 X、Y 两向的贯通纵筋之后表达。图面从左至右为 X 方向，从下至上为 Y 方向。

3. 梁板式筏形基础主梁与条形基础梁编号与标准构造详图一致。

3. 基础主梁与基础次梁平面注写方式

（1）基础主梁 JL 与基础次梁 JCL 平面注写方式，分集中标注与原位标注两部分内容。当集中标注中的某项数值不适用于梁的某部位时，则将该项数值采用原位标注，施工中原位标注优先。

（2）基础主梁 JL 与基础次梁 JCL 集中标注的内容：基础梁编号、截面尺寸、配筋三项必注内容，以及基础梁底面标高高差（相对于筏形基础平板底面标高）一项选注内容。具体规定如下：

1）注写基础梁编号，见表 8-17。

2）注写基础梁截面尺寸。以 $b \times h$ 表示梁的截面宽度和高度。

3）注写基础梁的配筋。

① 注写基础梁箍筋：当采用一种箍筋间距时，注写钢筋级别、直径、间距与肢数（写在括号内）。当采用两种箍筋时，用斜线“/”分隔不同箍筋，按照从基础梁两端向跨中顺序注写。先注写第一段箍筋（在前面加注箍数），在斜线后注写第二段箍筋（不在加注箍数）。

例：9⏀12@100/⏀12@200（6），表示配置 HRB400、直径为 12mm 的箍筋，间距为两种从梁两端起向跨内按箍筋间距 100mm 每端设置 9 道，梁其余部位的箍筋间距为 200mm，均为 6 肢箍。

② 注写基础梁底部与顶部纵向钢筋：以 B 打头，先注写梁底部贯通纵筋（不应少于梁底部受力纵筋总截面面积的 1/3）。当跨中所注纵筋根数少于箍筋肢数时，需要在跨中加设架立筋以固定箍筋，注写时用加号“+”将贯通纵筋与架立筋相联，架立筋注写在加号后面的括号内。以 T 打头，注写两顶部的贯通纵筋。注写时用“;”将梁底部与顶部纵筋分隔开。如有个别跨与其不同，按本规则第 4.3.3 原位注写规定处理。

例：B4⏀32，T7⏀32，表示梁的底部配置 4 根 HRB400、直径 32mm 的贯通纵筋，梁的顶部配置 7 根 HRB400、直径 32mm 的贯通纵筋。

当梁顶部或底部纵筋多于一排时，用斜线“/”将各排纵筋自上而下分开。

例：梁底部贯通纵筋注写为 B8⏀28，3/5，表示上一排纵筋为 3 根直径 28mm，下一排纵筋为 5 根直径 28mm，上下贯通纵筋级别均为 HRB400。

③ 注写基础梁两侧面对称配置的纵向构造钢筋，以大写字母 G 打头。

例：G8⏀16，表示梁两侧面共配置为 8 根直径 16mm 的纵向构造钢筋，每测各配置 4⏀16。

④ 当需要配置纵向抗扭钢筋时，梁的两侧面配置的纵向抗扭钢筋，以大写字母 N 打头。

例：N8⏀16，表示梁两侧面共配置为 8 根直径 16mm 的纵向抗扭钢筋，沿梁截面周边均匀对称设置。

4）注写基础梁底面标高高差（系指相对于筏形基础平板底面标高的高差值），该项为选注值。有高差时需将高差值写在括号内，（如“高板位”与“中板位”基础梁的底面与基础平板底面标高的高差值），无高差时不注（如“低板位”的筏形基础的基础梁）。

（3）基础主梁 JL 与基础次梁 JCL 原位标注规定如下：

1）梁支座底部的纵筋，系指包含贯通纵筋和非贯通纵筋在内的所有纵向钢筋。当底部纵筋多余一排时，用斜线“/”将各排纵筋至上而下分开。

例：梁端（支座）区域底部纵筋注写为 10⏀25 4/6，则表示上一排纵筋为 4⏀25，下一排纵筋为 6⏀25。

2）当同一排纵筋有两种直径时，用加号“＋”将两种直径的纵筋相联。

例：梁端（支座）区域底部纵筋注写为4⌀28＋2⌀25，表示一排纵筋由两种不同直径钢筋组合。

3）当梁中间支座底部纵筋配置不同时，需在支座两边分别标注；当梁中间支座底部纵筋配置相同时，可仅在支座一边标注配筋值。

4）当两端（支座）区域的底部全部纵筋与集中注写过的贯通纵筋相同时，可不再重复做原位标注。

5）竖向加腋梁和加腋部位钢筋，需在设置加腋的支座处以Y打头注写在括号内。

例：竖向加腋梁端（支座）处注写为Y4⌀25，表示竖向加腋部位斜线钢筋为4⌀25。

4. 梁板式筏形基础平板的平面注写方式

梁板式筏形基础平板LPB的平面注写，分为集中标注与原位标注两部分内容（图8-68）。

梁板式筏形基础平板LPB贯通纵筋的集中标注，应在所表达的板区双向均为第一跨（X与Y双向首跨）的板上引出。

板区划分条件：板厚相同、基础平板底部与顶部贯通纵筋配置相同的区域为同一板区。

（1）梁板式筏形基础平板LPB集中标注规定：

1）注写基础平板编号，见表8-17。

2）注写基础平板截面尺寸，注写h=×××表示板厚。

3）注写基础平板的底部与顶部贯通配筋及其跨数和外伸情况。先注写X向底部（B打头）贯通纵筋与顶部（T打头）贯通纵筋及纵向长度范围；再注写Y向底部纵筋（B打头）贯通纵筋与顶部（T打头）贯通纵筋及其跨数与外伸情况（图面从左向右为X向，从下至上为Y向）。贯通纵筋的跨数及外伸情况注写在括号中，注写方式为跨数及有无外伸，其表达形式（××）为无外伸、（××A）一端有外伸或（××B）两端有外伸。

例：X：B⌀22@150；T⌀20@150（5B）

Y：B⌀20@200；T⌀18@200（7A）

表示基础平板X向底部配置⌀22间距150mm的贯通纵筋；顶部配置⌀20间距150mm的贯通纵筋，共5跨两端有外伸。Y向底部配置⌀20的贯通纵筋，间距200mm；顶部配置⌀18的贯通纵筋，间距200mm，7跨一端有外伸。

当贯通筋采用两种规格钢筋“隔一布一”方式时，表达为ϕ××/yy@×××，表示直径××的钢筋和直径yy的钢筋之间的间距为×××；直径××的钢筋、直径yy的钢筋的间距分别为×××的2倍。

例：⌀10/12@100，B@200，表示贯通钢筋为⌀10、⌀12“隔一布一”，⌀10与⌀12相邻之间的距离为100mm。

（2）梁板式筏形基础平板LPB原位标注，主要表达板底部附加非贯通纵筋。

1）原位注写位置及内容。板底部原位标注的附加非贯通纵筋，应在配置相同跨的第一跨表达（当在基础梁悬挑部位单独配置时则在原位表达）。

例：在基础平板第一跨原位注写底部附加非贯通纵筋⌀18@300（4A）表示在第一跨至第四跨板且包括基础梁外伸部位横向配置筋⌀18@300底部附加非贯通纵筋（伸出长度略）。

2）原位注写的底部附加非贯通纵筋与集中标注的底部贯通钢筋，宜采用“隔一布

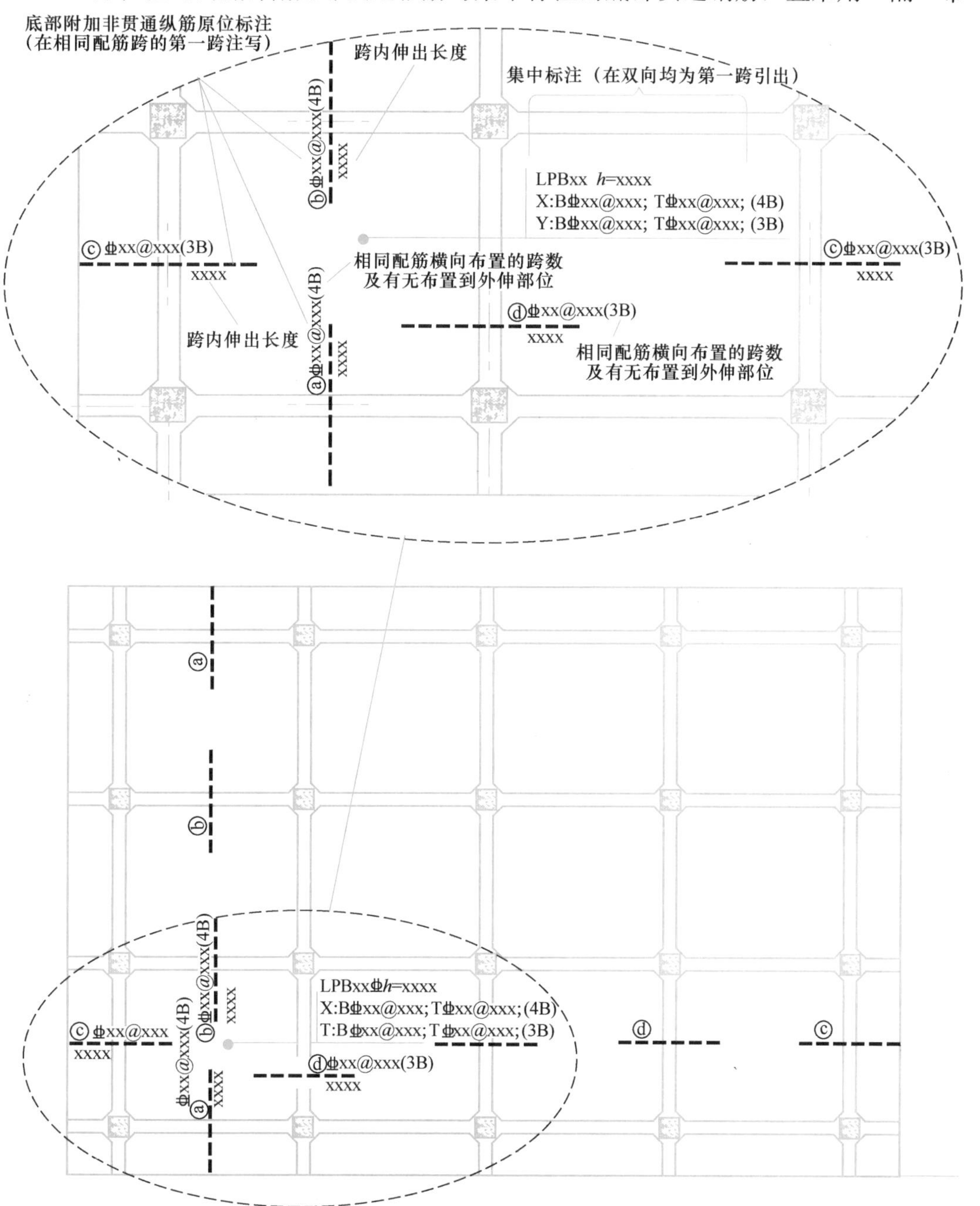

图8-68　梁板式筏形基础平板LPB标注示意

一”的方式布置，即基础平板（X 向或 Y 向）底部附加非贯通纵筋与贯通纵筋间隔布置，其标注间距与底部贯通纵筋相同（两者实际组合后的间距为各自标注间距的 1/2）。

例：原位注写的基础平板底部附加非贯通纵筋⑤ ⏀22@300（3），该 3 跨范围集中标注的底部贯通纵筋为 B ⏀22@300，在该 3 跨支座处实际横向设置的底部纵筋合计为 ⏀22@150。其他与⑤号筋相同的底部附加非贯通纵筋可仅注编号⑤。

例：原位注写的基础平板底部附加非贯通纵筋② ⏀25@300（4），该 4 跨范围集中标注的底部贯通纵筋为 B ⏀22@300，表示在该 4 跨支座处实际横向设置的底部纵筋为 ⏀22 和 ⏀25 间隔布置，相邻 ⏀25 和 ⏀22 之间距离为 150mm。

8.8.5 平板式筏形基础施工图的表达与识读

1. 平板式筏形基础平法施工图表达方式

平板式筏形基础施工图，系在基础平面布置图上采用平面注写方式表达。当绘制基础平面布置图时，应将平板式筏形基础与其所支承的墙、柱一起绘制。当基础底面标高不同时，需注明与基础底面基准标高不同之处的范围和标高。

平板式筏形基础的平面注写表达方式有两种：一是划分为柱下板带和跨中板带进行表达；二是按基础平板进行表达。

2. 平板式筏形基础的类型与编号（表 8-18）

平板式筏形基础构件编号　　表 8-18

构件类型	代号	序号	跨数及有无外伸
柱下板带	ZXB	××	
跨中板带	KZB	××	
平板式筏形基础平板	BPB	××	（××）或（××A）或（××B） （××）或（××A）或（××B）

注：1.（××A）为一端有外伸，（××B）为两端有外伸，外伸不计入跨数。

例：ZXB7（5B）表示第 7 号柱下板带，5 跨，两端有外伸。

2. 梁、平板式筏形基础平板，其跨数及是否有外伸，分别在 X、Y 两向的贯通筋之后表达。图面从左至右为 X 方向，从下至上为 Y 方向。

3. 平板式筏形基础柱下板带、跨中板带平面注写方式

筏形基础平板的柱下板带 ZXB（视其为无箍筋的宽扁梁）与跨中板带 KZB 的平面注写，分为集中标注和原位标注两部分内容。

（1）柱下板带与跨中板带的集中标注（X 向为左端跨，Y 向为下端跨）应在第一跨引出，具体规定如下：

1）注写构件编号，见表 8-18。

2）注写截面尺寸，注写 b=×××× 表示板带宽度（在图中注明基础平板厚度）。当柱下板带中心线偏离柱中心线时，应在平面图上标注其定位尺寸。

3）注写板底部与顶部贯通纵筋。注写板底部贯通纵筋（以 B 打头）与板顶部贯通纵筋（以 Y 打头）的规格与间距用“;”将其分隔开。柱下板带的柱下区域，通常在其

底部贯通纵筋的间隔内插空设有（原位注写的）底部附加非贯通纵筋。

例：B ⏀22@300；T ⏀25@150 表示板带底部配置⏀22 间距 300mm 的贯通纵筋；板带顶部配置⏀25 间距 150mm 的贯通纵筋。

（2）柱下板带与跨中板带的原位标注的内容，主要为板底部附加非贯通纵筋。具体规定如下：

1）注写内容：以一段与板带同向的中粗虚线代表附件非贯通纵筋；柱下板带：贯穿其柱下区域绘制；跨中板带：横贯柱中线绘制。在虚线上注写底部附加非贯通纵筋编号（如①、②等）、钢筋级别、直径、间距，以及自柱中线分别向两侧跨内的伸出长度值。当向两侧对称伸出时，长度值可仅在一侧标注，另一侧不注。外伸部位的伸出长度和方式，按标准构造，设计不注。对同一板带中底部附加非贯通纵筋相同者，可仅在一根钢筋上注写，其他可仅在中粗虚线上注写编号。

原位注写的底部附加非贯通纵筋与原位注写的底部贯通纵筋，宜采用“隔一布一”的方式布置，即柱下板带或跨中板带底部附加非贯通纵筋与底部贯通纵筋交错插空布置，其标注间距与底部贯通纵筋相同（两者实际组合后的间距为各自标准间距的 1/2）。

例：柱下区域注写的底部附加非贯通纵筋③⏀22@300，集中标注的底部贯通纵筋也为 B ⏀22@300，表示在柱下区域实际设置的底部纵筋为⏀22@150。其他部位与③筋相同的附加非贯通纵筋可仅注编号③。

例：柱下区域注写的底部附加非贯通纵筋②⏀25@300，集中标注的底部贯通纵筋为 B ⏀22@300，表示柱下区域实际设置的底部纵筋为⏀25 和⏀22 间隔布置，相邻纵筋⏀25 和⏀22 之间距离为 150mm。

2）注写修正内容：当在柱下板带与跨中板带上集中标注的某些内容（如截面尺寸、底部与顶部贯通纵筋等）不适用于某跨或某外伸部分时，则将修正的数值原位标注在该跨或该外伸部位，施工时原位标注取值优先。

3）柱下板带 ZXB、跨中板带 KZB 的注写规定，同样适用平板式筏形基础上局部有剪力墙的情况。

4. 平板式筏形基础平板 BPB 平面注写方式

平板式筏形基础平板 BPB 平面注写，分为集中标注与原位标注两部分内容（图 8-69）。基础平板 BPB 平面注写与柱下板带、跨中板带平面注写虽是不同的表达方式，但可以表达同样的内容。

（1）平板式筏形基础平板 BPB 集中标注，除按表 8-18 注写编号外，所有规定与梁板式筏形基础平板 LPB 贯通纵筋的集中标注相同。

当某向底部贯通纵筋或顶部贯通纵筋的配置，在跨内有两种不同间距时，先注写跨内两端的第一种间距，并在前面加注纵筋根数（以表示其分布的范围）；再注写跨中部的第二种间距（不需加注根数），两者用“；”分隔。

例：X：B 12 ⏀22@150/200；T 10 ⏀20@150/200。表示基础平板 X 向底部配置⏀22的贯通纵筋，跨两端间距为 150mm 各配 12 根，跨中间距为 200mm。X 向顶部配置⏀20 的贯通纵筋，跨两端间距为 150mm 各配置 10 根，跨中间距为 200mm（纵向长度略）。

（2）平板式筏形基础平板 BPB 原位标注，主要表达横跨柱中心线下的底部附加非贯通纵筋，注写规定如下：

1）原位注写位置及内容。在配置相同的若干跨的第一跨，垂直于柱中线绘制一段中粗虚线代表底部附加非贯通纵筋，在虚线上注写的位置及内容与梁板式筏形基础平板

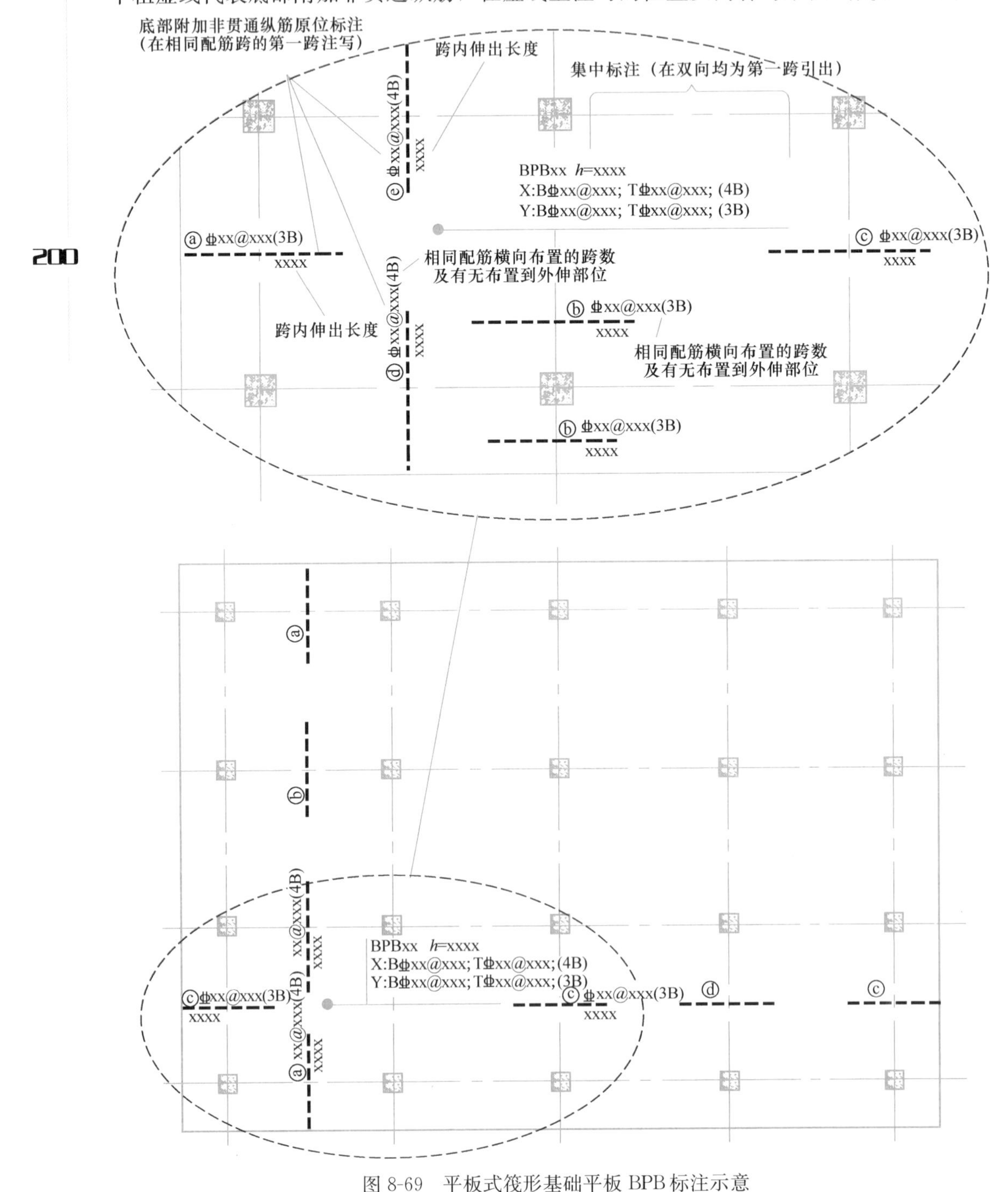

图 8-69 平板式筏形基础平板 BPB 标注示意

LPB原位标注相同。

当柱中心线下的底部附加非贯通纵筋（与柱中心线正交）沿柱中心线连续若干跨配置相同时，则在该连续跨的第一跨下原位注写，且将同规格配筋连续布置的跨数注写在括号内；当有些跨配置不同时，则应分别原位注写。外伸部位的底部附加非贯通纵筋应单独注写。

2）当某些柱中心线下的基础平板底部附加非贯通纵筋横向配置相同时（其底部、顶部的贯通纵筋可以不同），可仅在一条中心线下做原位注写；并在其他柱中心线下注明“该柱中心线下基础平板底部附加非贯通纵筋同××柱中心线”。

（3）平板式筏形基础平板BPB的平面注写规定，同样适用平板式筏形基础上局部有剪力墙的情况。

8.9 减少不均匀沉降的措施

由于建筑物荷载的作用，使地基土改变了原有的受力状态，从而产生了一定的压密变形，导致建筑物随之沉降。如果地基土比较软弱，会产生过大的沉降或不均匀沉降，引起上部结构开裂与破坏。因此，为保证建筑的安全和正常作用，应采取合理的建筑措施、结构措施及施工措施，减少基础的不均匀沉降。

8.9.1 建筑措施

1. 建筑体型力求简单

建筑平面应少转折。因平面形状复杂的建筑物，如L形、T形、工字形等，在其纵横单元相交处，基础密集，地基中应力集中，该处的沉降往往大于其他部位的沉降，使附近墙体出现裂缝。尤其在建筑平面的突出部位更易开裂（图8-70中的虚线表示最易开裂部位），因此建筑物平面以简单为宜。

若建筑立面有较大高差，由于荷载的差异大，将使建筑物高低相接处产生沉降差而导致轻低部分损坏，所以建筑立面高差不宜悬殊。

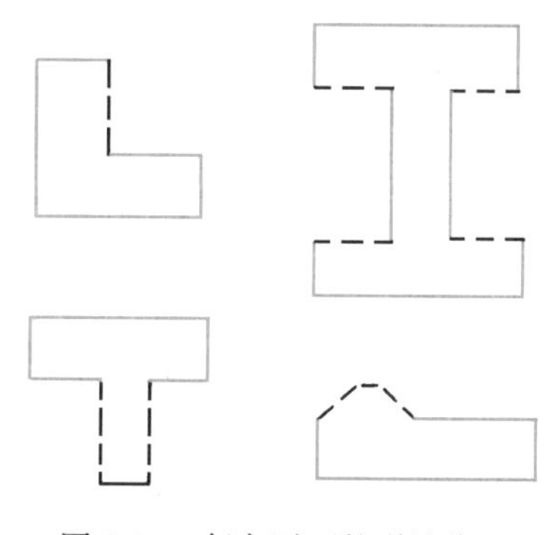
图8-70 复杂平面的裂缝位置

2. 设置沉降缝

建筑物的下列部位，宜设置沉降缝：

（1）建筑平面的转折部位；

（2）高度差异或荷载差异较大处；

（3）长高比过大的砌体承重结构或钢筋混凝土框架结构的适当部位；

（4）地基土的压缩性有显著差异处；

（5）建筑结构或基础类型不同处；

（6）分期建造房屋的交界处。

沉降缝应从屋面至基础底面将房屋垂直断开，分割成若干独立的刚度较好的单元，形成各自的沉降体系。沉降缝应有足够的宽度，以防止基础不均匀沉降引起房屋碰撞。其缝宽可按表 8-19 选用。

房屋沉降缝的宽度　　表 8-19

房屋层数	沉降缝宽度(mm)
二～三	50～80
四～五	80～120
五层以上	不小于 120

基础沉降缝做法根据房屋结构类型及基础类型的不同，一般采用悬挑式(图 8-71a、b)、跨越式（图 8-71c）、平行式（图 8-71d）等。对于刚度较大的筏形基础沉降缝做法如图 8-71(e)所示。

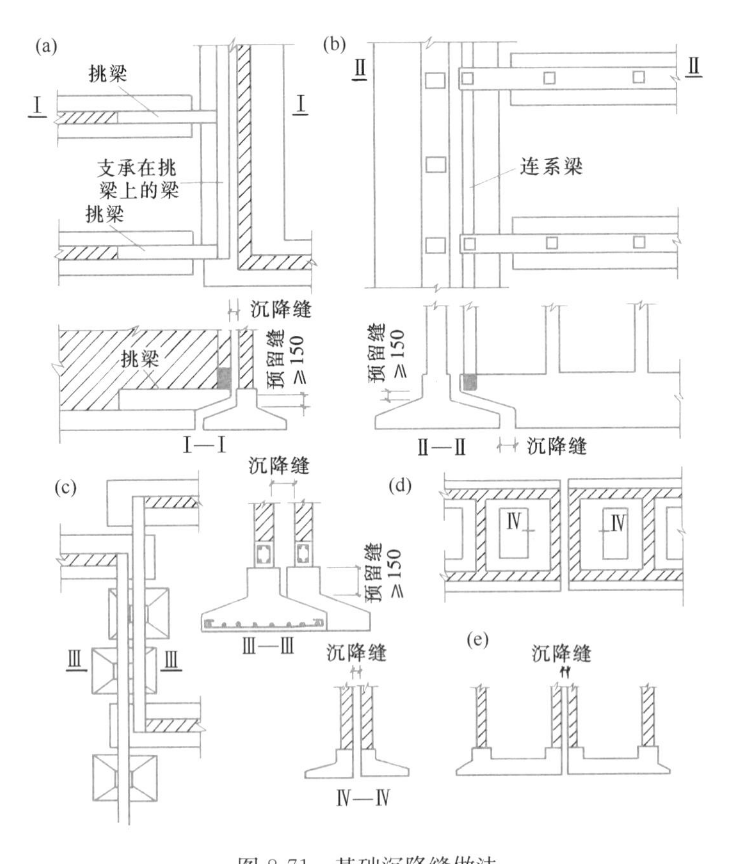

图 8-71　基础沉降缝做法

(a) 混合结构沉降缝；(b)柱下条形基础沉降缝；(c)跨越式沉降缝；(d)平行式沉降缝；(e)筏形基础沉降缝

3. 相邻建筑物基础间的净距

如果相邻建筑物距离太近，由于地基附加应力的扩散作用，会引起相邻建筑物产生附加沉降。在一般情况下，相邻建筑物基础的影响与被影响之间的关系为：重高建筑物基础影响轻低建筑物基础；新建筑物基础影响旧建筑物基础。所以，相邻建筑物基础之间（尤其是在软弱地基上）应保留一定的净距，可按表 8-20 选用。

相邻建筑物基础间的净距（m）　　表 8-20

影响建筑的预估平均沉降量 s(mm) ＼ 被影响建筑的长高比	$2.0 \leqslant \frac{L}{H_f} < 3.0$	$3.0 \leqslant \frac{L}{H_f} < 5.0$
70～150	2～3	3～6
160～250	3～6	6～9
260～400	6～9	9～12
＞400	9～12	≥12

注：1. 表中 L 为建筑物长度或沉降缝分隔的单元长度（m）；H_f 为自基础底面标高算起的建筑物高度（m）；
2. 当被影响建筑的长高比为 $1.5 < L/H_f < 2.0$ 时，其间净距可适当缩小。

相邻高耸结构对倾斜要求严格的构筑物的外墙间隔距离，应根据允许值确定。

4. 控制建筑物标高

建筑物各组成部分的标高，应根据可能产生的不均匀沉降，采取下列相应措施：

(1) 室内地坪和地下设施的标高，应根据预估沉降量予以提高。建筑物各部分（或设备）有联系时，可将沉降较大者标高提高；

(2) 建筑物与设备之间，应留有足够的净空。与建筑物有管道穿过时，应预留孔洞，或采用柔性的管道接头等。

8.9.2　结构措施

1. 减轻结构自重

建筑物的自重在基底压力中占有较重的比例，一般民用建筑中可高达 60%～70%，工业建筑中约占 50%。因此，减少基础不均匀沉降应首先考虑减轻结构的自重。

(1) 选用轻型结构，如轻钢结构，预应力混凝土结构以及各种轻型空间结构；

(2) 采用轻质材料，如空心砖、空心砌块或其他轻质墙等；

(3) 减轻基础及其回填土的重量，采用架空地板代替室内填土、设置半地下室或地下室等，尽量采用覆土少、自重轻的基础形式。从基底附加压力 $p_0 = p - \gamma d$ 公式可以看出，增加基础埋深 d，可以相应地减少基底附加压力 p_0，从而可以减小地基的变形，建筑物的不均匀沉降也随之减少。

2. 加强基础整体刚度

对于建筑物体型复杂，荷载差异较大的框架结构及地基比较软弱时，可采用桩基、筏基、箱基等。这些基础整体性好、刚度大，可以调整和减少基础的不均匀沉降。

3. 控制建筑物的长高比

建筑物的长高比是建筑物的长度 L 与建筑物总高度 H_f（从基础底面算起）之比。

它是决定砌体结构房屋空间刚度的主要因素。长高比 L/H_f 越大，建筑物整体刚度越差；反之长高比 L/H_f 越小，建筑物整体刚度越好，对地基的不均匀变形调整能力越强。因此，现行《建筑地基基础设计规范》规定：对于三层和三层以上的房屋，其长高比 L/H_f 宜小于或等于 2.5；当房屋的长高比为 $2.5<L/H_f\leqslant3.0$ 时，宜做到纵墙不转折或少转折，并应控制其内横墙间距或增强基础刚度和强度。当房屋的预估最大沉降量小于或等于 120mm 时，其长高比可不受限制。

4. 设置圈梁和钢筋混凝土构造柱

墙体内宜设置钢筋混凝土圈梁或钢筋砖圈梁，以增加房屋的整体性，提高砌体结构的抗弯能力，防止或延缓墙体出现裂缝及阻止裂缝开展。

如在墙体转角及适当部位，设置现浇钢筋混凝土构造柱，并用锚筋与墙体拉结，可更有效地提高房屋的整体刚度和抗震能力。

圈梁的设置及构造要求详见有关规定。

8.9.3 施工措施

在软弱地基上开挖基槽和砌筑基础时，如果建筑物各部分荷载差异较大，应合理地安排施工顺序。即先施工重高建筑物，后施工轻、低建筑物；或先施工主体部分，再施工附属部分，可调整一部分沉降差。

淤泥及淤泥质土，其强度低渗透性差，压缩性高。因而施工时应注意不要扰动其原状土。在开挖基槽时，可以暂不挖至基底标高，通常在基底保留 200mm 厚的土层，待基础施工时再挖除。如发现槽底土已被扰动，应将扰动的土挖掉，并用砂、石回填分层夯实至要求的标高。一般先铺一层中粗砂，然后用碎砖、碎石等进行处理。

此外，应尽量避免在新建基础及新建筑物侧边堆放大量土方、建筑材料等地面堆载，应根据使用要求、堆载特点、结构类型、地质条件确定允许堆载量和范围，堆载量不应超过地基承载力特征值。如有大面积填土，宜在基础施工前 3 个月完成，以减少地基的不均匀变形。

复习思考题

1. 影响基础埋深的主要因素有哪些？为什么基底下可以保留一定厚度的冻土层？

2. 在中心荷载及偏心荷载作用下，基础底面积如何确定？当基底面积很大时，宜采用哪一种基础？

3. 无筋扩展基础有哪些类型？主要应满足哪些构造要求？

4. 何谓扩展基础？它们的基础高度如何确定？

5. 扩展基础平法施工图的识读要点？

6. 梁板式筏形基础平板原位标注底部附加非贯通纵筋与原位注写的底部贯通纵筋宜如何布置？

7. 减少基础不均匀沉降应采取哪些有效措施？

习　　题

8-1 某承重墙厚度为370mm，承受上部结构传来轴向力 F_K＝350kN/m，基础埋深 d＝1.0m，采用混凝土强度等级C25、HPB300钢筋，（1）试验算基础底板高度，（2）计算底板钢筋面积（图8-72）。

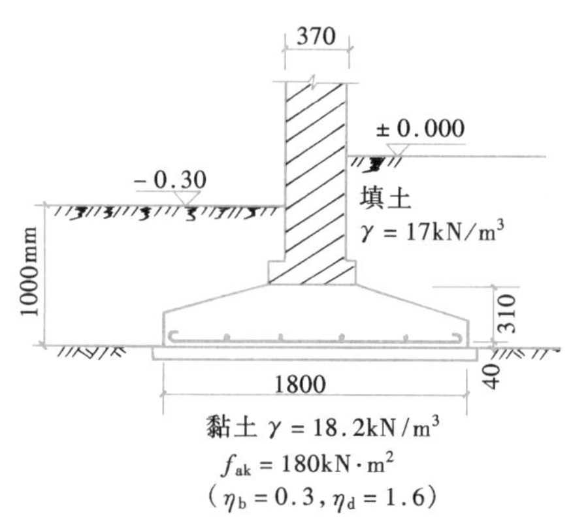

图8-72　习题8-1附图

8-2 某柱下单独基础底面积尺寸 $l\times b$＝4m×2m，上部结构传来的轴向力 F_k＝1100kN，基础埋深 d＝1.5m，地基土为黏土（e、I_L 均小于0.85），重度 γ＝18kN/m³，地基承载力特征值 f_{ak}＝170kPa，试求（1）修正后的地基承载力特征值 f_a，（2）验算地基承载力是否满足？

8-3 解读JL01平法施工图（图8-73）的集中标注和原位标注。

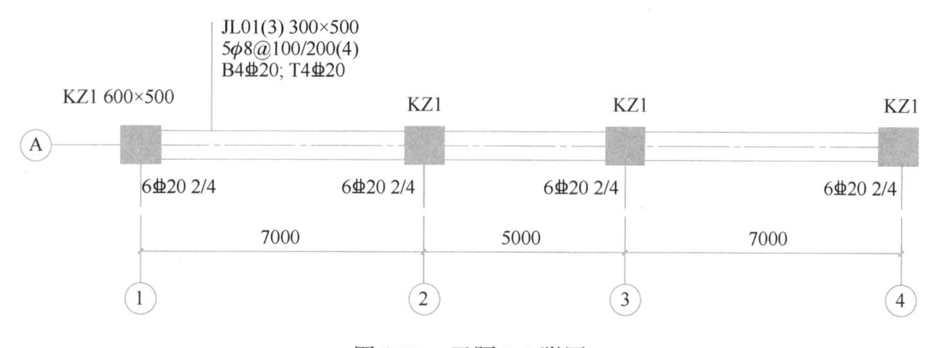

图8-73　习题8-3附图

8-4 某梁板式筏形基础如图8-74所示，解读其基础平板LPB1注写方式及其配筋。

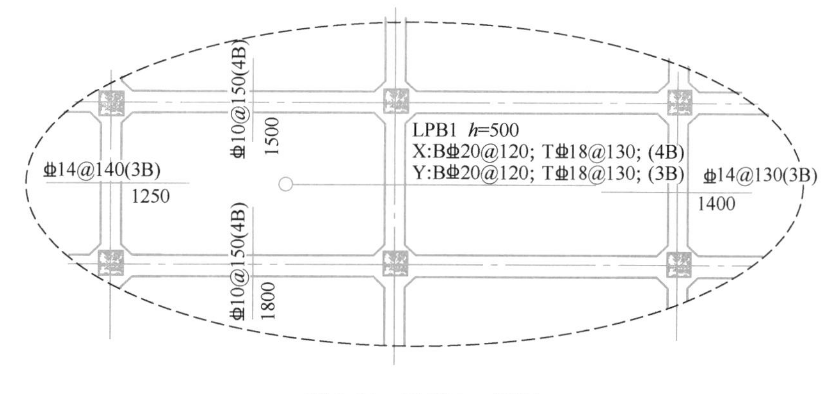

图8-74　习题8-4附图

8-5　某平板式筏形基础底板 BPB1 集中标注，筏板厚度 h=500mm，其中在 X 方向跨内配有两种不同间距的贯通纵筋：X 方向 B12 ⏀ 25@150/200；T 10 ⏀ 22@1500/200；Y 方向筏板底部与顶部均配置⏀ 20 间距 150mm 的贯通纵筋，要求解读筏板 X 方向底部与顶部配筋。

教学单元 9

桩基础

教学单元9　导学视频

9.1 概　　述

桩基础，简称桩基，通常由桩体与连接桩顶的承台组成，见图 9-1。当承台底面低于地面时，承台称为低桩承台，相应的桩基础称为低承台桩基础，如图 9-1（a）。当承台底面高于地面时，承台称为高桩承台，相应的桩基础称为高承台桩基础，如图 9-1（b）。工业与民用建筑多用低承台桩基础。

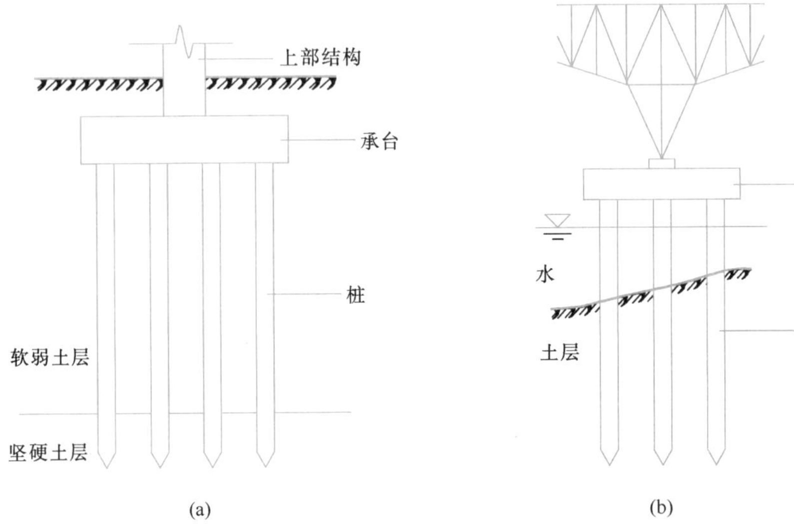

图 9-1　桩基础

（a）低承台桩基础；（b）高承台桩基础

9.1.1　桩基础的适用范围

桩基础是建筑物常用的基础形式之一，当建筑场地浅层地基土比较软弱，不能满足建筑物对地基承载力和变形的要求，又不适宜采取地基处理措施时，可考虑选择桩基础，以下部坚实土层或岩层作为持力层。作为基础结构的桩，是将承台荷载（竖向的和水平的）全部或部分传递给地基土（或岩层）的具有一定刚度和抗弯能力的杆件。

桩基础通过承台把若干根桩的顶部联结成整体，共同承受荷载，其结构形式根据上部结构的特点和地质条件选用：在框架结构的承重柱下，或桥梁墩台下，通常借助承台设置若干根桩，构成独立的桩基础；若上部为剪力墙结构，可在墙下设置排桩，因为桩径一般大于剪力墙厚度，故需设置构造性的过渡梁；若承台采用筏板，则在筏板下满堂布桩，或按柱网轴线布桩，使板不承受桩的冲剪，只承受水浮力和有限的土反力；当地下室由具有底板、顶板、外墙和若干纵横内隔墙构成箱形结构时，亦可满堂布桩，或按桩网轴线布桩，由于箱体结构的刚度很大，能有效地调整不均匀沉降，因此这种桩基础适用于任何软弱、复杂的地质条件下的任何结构形式的建筑物。

桩基的主要功能就是将上部结构的荷载传至地下一定深度处密实岩土层，以满足承载力、稳定性和变形的要求。由于桩基础能够承受比较大而且复杂的荷载形式，适宜各种地质条件，因而在对基础沉降有严格要求的高层建筑、重型工业厂房、高耸的构筑物等情况下成为比较理想的基础选型。

桩基础具有较高的承载能力与稳定性，是减少建筑物沉降与不均匀沉降的良好措施，具有良好的抗震性能，且布置灵活，对结构体系、范围及荷载变化等有较强的适应能力。但造价高，施工复杂，打入桩存在振动及噪声等环境问题，灌注桩给场地环境卫生带来影响。

9.1.2　桩基础的类型

1. 按承载性状分类

桩在竖向荷载作用下，桩顶部的荷载由桩与桩侧岩土层间的侧阻力和桩端的端阻力共同承担。由于桩侧、桩端岩土的物理力学性质以及桩的尺寸和施工工艺不同，桩侧和桩端阻力的大小以及它们分担荷载的比例有很大差异，据此将桩分为摩擦型桩和端承型桩，如图9-2所示。

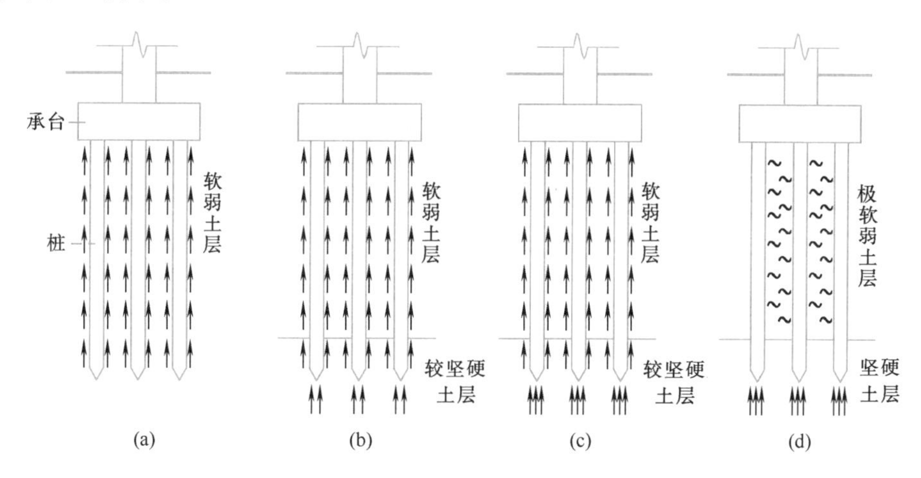

图9-2　摩擦型桩和端承型桩

(a) 摩擦桩；(b)端承摩擦桩；(c)摩擦端承桩；(d)端承桩

（1）摩擦型桩：是指在竖向极限荷载的作用下，桩顶荷载全部或主要由桩侧阻力承受。根据桩侧阻力分担荷载的大小，摩擦型桩可以分为摩擦桩和端承摩擦桩两类。摩擦桩是指桩顶荷载的绝大部分由桩侧阻力承受，桩端阻力小到可以忽略不计的桩。端承摩擦桩是指桩顶荷载由桩侧阻力和桩端阻力共同承担，但大部分由桩侧阻力承受的桩。

（2）端承型桩：是指在竖向极限荷载的作用下，桩顶荷载全部或主要由桩端阻力承受。根据桩端阻力发挥的程度和分担荷载的比例，端承型桩又可分为摩擦端承桩和端承桩两类。桩顶荷载由桩侧阻力和桩端阻力共同承担，但主要由桩端阻力承受的，称其为摩擦端承桩。桩顶荷载绝大部分由桩端阻力承受，桩侧阻力可以小到忽略不计的，称为端承桩。

2. 按使用功能分类

当上部结构完工后，承台下部的桩不但要承受上部结构传递下来的竖向荷载，还担负着由于风和振动作用引起的水平力和力矩，保证建筑物的安全稳定。根据桩在使用状态下的抗力性能和工作机理，把桩分为四类：

（1）竖向抗压桩：主要承受竖向荷载的桩；

（2）竖向抗拔桩：主要承受向上拔荷载的桩；

（3）水平受荷桩：主要承受水平方向上荷载的桩；

（4）复合受荷桩：承受竖向、水平向荷载均较大的桩。

3. 按桩身材料分类

桩根据其构成材料的不同分为三类：

（1）混凝土桩：按制作方法不同又可分为灌注桩和预制桩。在现场采用机械或人工挖掘成孔，就地浇灌混凝土成桩，称为灌注桩。这种桩可在桩内设置钢筋笼以增强桩的强度，也可不配筋。预制桩是在工厂或现场预制成型的混凝土桩，有实心（或空心）方桩、管桩之分。为提高预制桩的抗裂性能和节约钢材可做成预应力桩，为减小沉桩挤土效应可做成敞口式预应力管桩。

（2）钢桩：主要有钢管桩和H形钢桩等。钢桩的抗弯抗压强度均较高，施工方便，但造价高，易腐蚀。

（3）组合材料桩：是指用两种材料组合而成的桩，如钢管内填充混凝土，或上部为钢管桩而下部为混凝土等形式的桩。

4. 按成桩方法分类

成桩过程对建筑场地内的土层结构有扰动，并产生挤土效应，引发施工环境问题。根据成桩方法和挤土效应将桩划分为非挤土桩、部分挤土桩和挤土桩三类。

（1）非挤土桩：采用干作业法，泥浆护壁法或套管护壁法施工而成的桩。由于在成孔过程中已将孔中的土体清除掉，故没有产生成桩时的挤土作用；

（2）部分挤土桩：采用预钻孔打入式预制桩、打入式敞口桩或部分挤土灌注桩。上述成桩过程对桩周土的强度及变形性质会产生一定的影响；

（3）挤土桩：挤土灌注桩（如沉管灌注桩），实心的预制桩在锤击、振入或压入过程中都需将桩位处的土完全排挤开才能成桩，因而使土的结构遭受严重破坏。这种成桩方式还会对场地周围环境造成较大影响，因而事先必须对成桩所引起的挤土效应进行评价，并采取相应的防护措施。

5. 按桩径大小分类

（1）小直径桩：$d \leqslant 250$mm；

（2）中等直径桩：250mm$<d<$800mm；

（3）大直径桩：$d \geqslant 800$mm。

d——桩身设计直径。

9.1.3　基桩的布置

桩基础中的单桩称为基桩，基桩的布置宜符合下列条件：

（1）基桩的最小中心距应符合表9-1的规定；当施工中采取减小挤土效应的可靠措施时，可根据当地经验适当减小。

桩的最小中心距　　表9-1

土类与成桩工艺		排数不少于3排且桩数不少于9根的摩擦型桩桩基	其他情况
非挤土灌注桩		$3.0d$	$3.0d$
部分挤土桩		$3.5d$	$3.0d$
挤土桩	非饱和土	$4.0d$	$3.5d$
	饱和黏性土	$4.5d$	$4.0d$
钻、挖孔扩底桩		$2D$或$D+2.0$m（当$D>2$m）	$1.5D$或$D+1.5$m（当$D>2$m）
沉管夯扩、钻孔挤扩桩	非饱和土	$2.2D$且$4.0d$	$2.0D$且$3.5d$
	饱和黏性土	$2.5D$且$4.5d$	$2.2D$且$4.0d$

注：1. d—圆桩直径或方桩边长，D—扩大端设计直径。
2. 当纵横向桩距不相等时，其最小中心距应满足“其他情况”一栏的规定。
3. 当为端承型桩时，非挤土灌注桩的“其他情况”一栏可减小至$2.5d$。

（2）排列基桩时，宜使桩群承载力合力点与竖向永久荷载合力作用点重合，并使基桩受水平力和力矩较大方向有较大抗弯截面模量。

（3）对于桩箱基础、剪力墙结构桩筏（含平板和梁板式承台）基础，宜将桩布置于墙下。

（4）对于框架-核心筒结构桩筏基础应按荷载分布考虑相互影响，将桩相对集中布置于核心筒和柱下，外围框架柱宜采用复合桩基，桩长宜小于核心筒下基桩（有合适桩端持力层时）。

（5）应选择较硬土层作为桩端持力层。桩端全断面进入持力层的深度，对于黏性土、粉土不宜小于$2d$，砂土不宜小于$1.5d$，碎石类土，不宜小于$1d$。当存在软弱下卧层时，桩端以下硬持力层厚度不宜小于$3d$。

（6）对于嵌岩桩，嵌岩深度应综合荷载、上覆土层、基岩、桩径、桩长诸因素确定；对于嵌入倾斜的完整和较完整岩的全断面深度不宜小于$0.4d$且不小于0.5m，倾斜度大于30%的中风化岩，宜根据倾斜度及岩石完整性适当加大嵌岩深度；对于嵌入平整、完整的坚硬岩和较硬岩的深度不宜小于$0.2d$，且不应小于0.2m。

9.1.4　桩基构造

1. 灌注桩

灌注桩是一种就位成孔，灌注混凝土或钢筋混凝土而制成的桩。常用钻孔灌注桩、挖孔灌注桩和沉管灌注桩。

（1）灌注桩的配筋

当桩身直径为300～2000mm时，正截面配筋率可取0.65%～0.2%（小直径桩取高值）；对受荷载特别大的桩、抗拔桩和嵌岩端承桩应根据计算确定配筋率，并不应小于上述规定值。

如图9-3所示，端承型桩和位于坡地岸边的基桩应沿桩身等截面或变截面通长配筋；

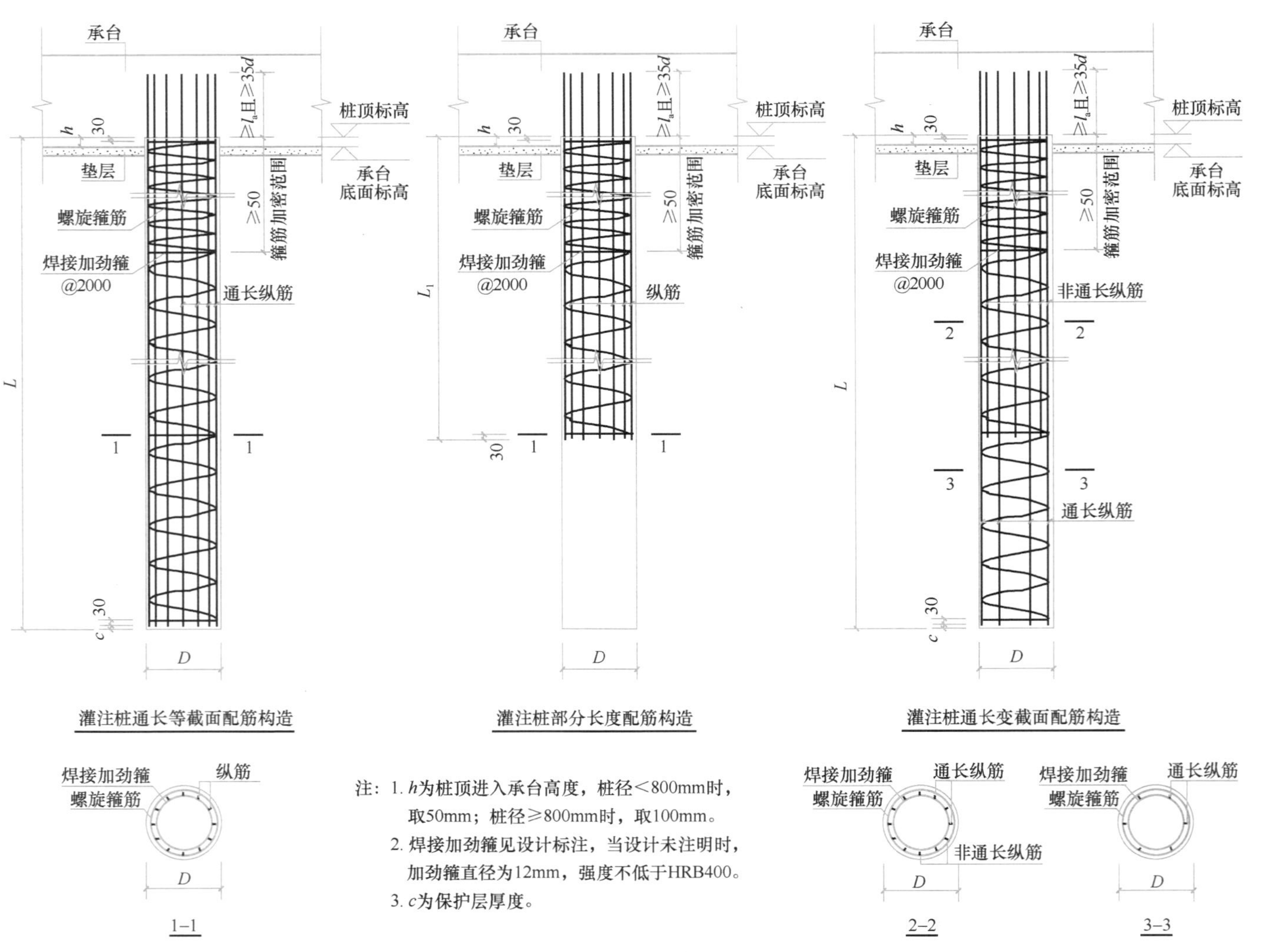

注：1. h为桩顶进入承台高度，桩径<800mm时，取50mm；桩径≥800mm时，取100mm。

2. 焊接加劲箍见设计标注，当设计未注明时，加劲箍直径为12mm，强度不低于HRB400。

3. c为保护层厚度。

图 9-3　灌注桩配筋构造

桩径大于600mm的摩擦型桩配筋长度不应小于2/3桩长；专用抗拔桩及因地震作用、冻胀或膨胀力作用而受拔力的桩，应等截面或变截面通长配筋。桩顶纵向钢筋应锚入承台，如图9-4所示，纵筋可直锚、弯锚或斜锚入承台。

箍筋应采用螺旋式，直径不应小于6mm，间距宜为200～300mm；受水平荷载较大桩基、承受水平地震作用的桩基以及考虑主筋作用计算桩身受压承载力时，桩顶以下$5d$范围内的箍筋应加密，间距不应大于100mm；螺旋箍筋开始与结束位置应有水平段，长度不小于一圈半；当桩身位于液化土层范围内时箍筋应加密；当钢筋笼长度超过4m时，应每隔2m设一道直径不小于12mm的焊接加劲箍筋。

（2）桩身混凝土及混凝土保护层厚度要求

桩身混凝土强度等级不得小于C25，混凝土预制桩尖强度等级不得小于C30。灌注桩主筋的混凝土保护层厚度不应小于35mm，水下灌注桩的主筋混凝土保护层厚度不得小于50mm。

（3）扩底灌注桩扩底端尺寸要求

对于持力层承载力较高、上覆土层较差的抗压桩和桩端以上有一定厚度较好土层的抗拔桩，可采用扩底，如图9-5所示。扩底端直径与桩身直径之比D/d，应根据承载力要求及扩底端侧面和桩端持力层土性特征以及扩底施工方法确定，挖孔桩的D/d不应大于3，钻孔桩的D/d不应大于2.5。扩底端侧面的斜率应根据实际成孔及土体自立条件确定，a/h_c可取1/4～1/2，砂土可取1/4，粉土、黏性土可取1/3～1/2。抗压桩扩底端底面宜呈锅底形，矢高h_b可取（0.15～0.20）D。

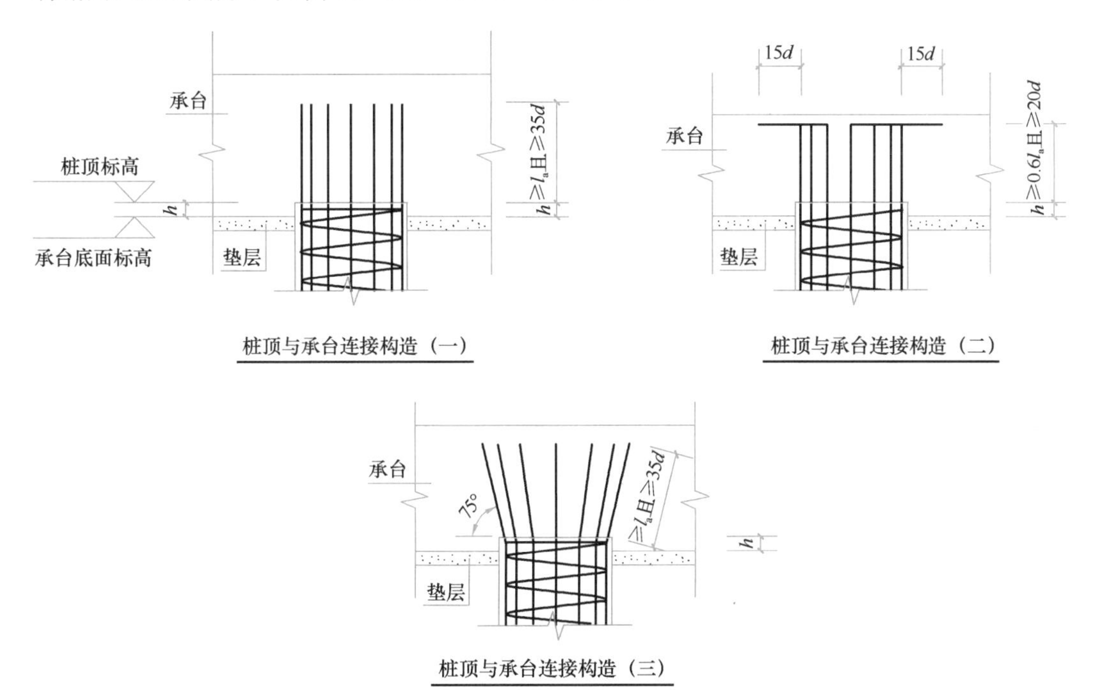

图9-4　灌注桩桩顶与承台连接构造

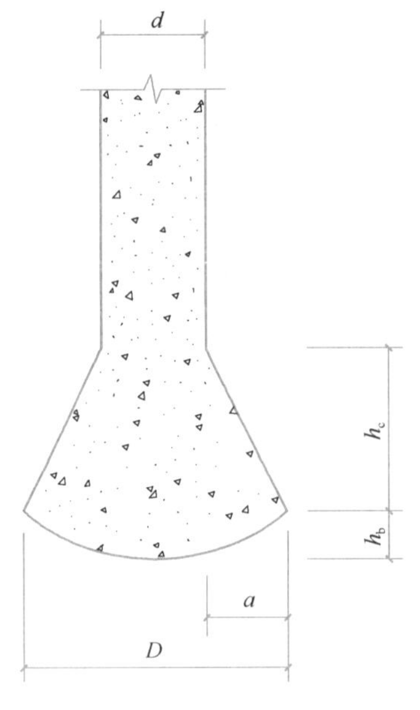

图 9-5　扩底桩构造

图 9-6　混凝土预制桩

钻孔灌注桩施工工艺

2. 混凝土预制桩

混凝土预制桩如图 9-6 所示，包括钢筋混凝土方桩和预应力混凝土方桩两种。钢筋混凝土方桩的截面边长不应小于 200mm；预应力混凝土方桩的截面边长不宜小于 350mm。钢筋混凝土方桩的混凝土强度等级不宜低于 C30；预应力混凝土方桩的混凝土强度等级不应低于 C40；预制桩纵向钢筋的混凝土保护层厚度不宜小于 30mm。

钢筋混凝土方桩按沉桩方式分为锤击桩和静压桩两种；当桩身需要接桩时，钢筋混凝土方桩按接桩方法分为焊接桩和销接桩两种。预制桩的桩身配筋应按吊运、打桩及桩在使用中的受力等条件计算确定。采用锤击法沉桩时，预制桩的最小配筋率不宜小于 0.8%。静压法沉桩时，最小配筋率不宜小于 0.6%，主筋直径不宜小于 ϕ14，打入桩桩顶以下 4～5 倍桩身直径长度范围内箍筋应加密，并设置钢筋网片。预制桩的分节长度应根据施工条件及运输条件确定；每根桩的接头数量不宜超过 3 个。

预制桩的桩尖可将主筋合拢焊在桩尖辅助钢筋上，对于持力层为密实砂和碎石类土时，宜在桩尖处包以钢钣桩靴，加强桩尖。

图 9-7　预应力混凝土管桩

3. 预应力混凝土管桩

采用离心和预应力工艺成型的圆环形截面的预应力混凝土桩，简称管桩，如图 9-7 所示。桩身混凝土强度等级为 C80 及以上的管桩为高强混凝土管桩（简称 PHC 管桩），桩身混凝土强度等级为 C60 的管桩为混凝土管桩（简称 PC 管桩），主筋配筋形式为预应力钢棒和普通钢筋组合布置的高强混凝土管桩为混合配筋管桩（简称 PRC 管桩）。

预应力混凝土管桩主要适用于承压桩，当用于承受水平荷载或用作抗拔桩时，应根据工程实际情况适当加强桩与桩、桩与承台的连接构造。

（1）桩身构造

管桩按外径可分为 300mm、350mm、400mm、450mm、500mm、550mm、600mm、700mm、800mm、1000mm、1200mm、1400mm 等；壁厚一般为 90～150mm；单节桩长一般大于 7m。

桩基工程用管桩的钢筋混凝土保护层厚度不得小于 35mm，地基处理和临时性设施基础用管桩的钢筋混凝土保护层厚度不应小于 25mm。

预应力钢棒应沿其分布圆周均匀配置，用于桩基上程的管桩最小配筋率不应小于 0.5%，并不得少于 6 根，间距允许偏差应为±5mm。混合配筋管桩的非预应力钢筋与预应力钢棒数量宜按 1：1 间隔对称布置且非预应力钢筋屈服强度标准值不宜低于 400MPa。当混合配筋管桩的非预应力钢筋与预应力钢棒数量小于 1：1 时，非预应力钢筋应符合下列规定：①总筋数不应少于预应力钢棒总筋数的 50%；②直径不应小于 10mm 且不应小于预应力钢棒的直径；③屈服强度标准值不宜低于 400MPa。

管桩两端螺旋筋加密区长度不得小于 2000mm，加密区螺旋筋的螺距为 45mm，其余部分螺旋筋的螺距为 80mm，螺距允许偏差为±5mm；螺旋筋的直径一般为 6～8mm。承受较大水平荷载、抗震设防区位于液化土层范围（含软硬土交界处一定范围内）以及具体工程设计中认为有必要增加箍筋加密区长度的管桩，应根据具体工程设计的要求确定箍筋的螺距和加密范围。

管桩用作承压桩时，一般可不设桩端锚固筋，当用作抗拔桩时，应根据具体要求设置桩端锚固筋，并加强端板连接。

预应力钢棒放张时，管桩用混凝土立方体抗压强度标准值不得低于 45MPa。管桩出厂时的桩身混凝土抗压强度不得低于设计的混凝土强度等级值。

（2）桩尖

图 9-8 为常用桩尖，分别为平底十字形桩尖，开口型桩尖和锥形钢桩尖。

(a)

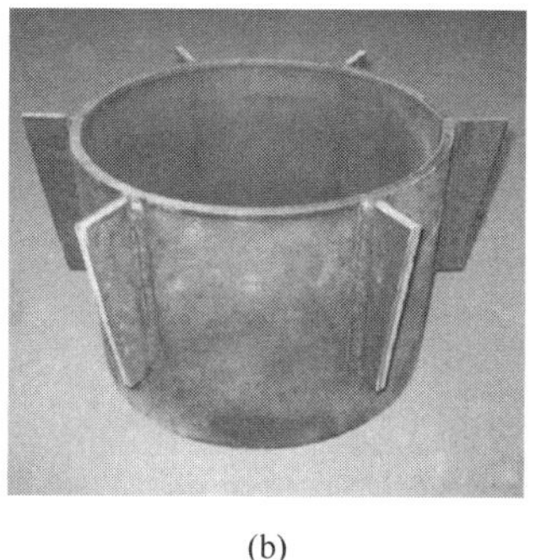
(b)

(c)

图 9-8 桩尖

（a）平底十字形桩尖；（b）开口型桩尖；（c）锥形钢桩尖

（3）接桩

管桩上下节拼接可采用端板焊接连接或机械接头连接，接头应保证管桩内纵向钢筋与端板等效传力，接头连接强度不应小于管桩桩身强度。任一基桩的接头数量不宜超过3个。

用作抗拔的管桩宜采用专门的机械连接接头或经专项设计的焊接接头。当在强腐蚀环境采用机械接头时，宜同时采用焊接连接。

（4）管桩顶部与承台连接处的混凝土填芯

对于承压桩，填芯混凝土深度不应小于3倍桩径且不应小于1.5m；对于抗拔桩，填芯混凝土深度计算确定，且不得小于3m；对于桩顶承担较大水平力的桩，填芯混凝土深度应按计算确定，且不得小于6倍桩径并不得小于3m。

填芯混凝土强度等级应比承台和承台梁提高一个等级，且不应低于C30。应采用无收缩混凝土或微膨胀混凝土。

管腔内壁浮浆应清除干净，并刷纯水泥浆。填芯混凝土应灌注饱满，振捣密实，下封层不得漏浆。

9.1.5 承台构造

桩基承台常设计成单阶形，桩基承台的构造，应满足抗冲切、抗剪切、抗弯承载力和上部结构要求，尚应符合下列要求：独立柱下桩基承台的最小宽度不应小于500mm，边桩中心至承台边缘的距离不应小于桩的直径或边长，且桩的外边缘至承台边缘的距离不应小于150mm。对于墙下条形承台梁，桩的外边缘至承台梁边缘的距离不应小于75mm。承台的最小厚度不应小于300mm。高层建筑平板式和梁板式筏形承台的最小厚度不应小于400mm，墙下布桩的剪力墙结构筏形承台的最小厚度不应小于200mm。此外，承台混凝土材料及其强度等级应符合结构混凝土耐久性的要求和抗渗要求。

承台的钢筋配置应符合下列规定：

（1）如图9-9所示，柱下独立桩基承台纵向受力钢筋应通长配置，对四桩以上（含四桩）承台宜按双向均匀布置，对三桩的三角形承台应按三向板带均匀布置，且最里面的三根钢筋围成的三角形应在柱截面范围内。纵向钢筋锚固长度自边桩内侧（当为圆桩时，应将其直径乘以0.8等效为方桩）算起，不应小于35d（d为钢筋直径）；当不满足时应将纵向钢筋向上弯折，此时水平段的长度不应小于25d，弯折段长度不应小于10d。承台纵向受力钢筋的直径不应小于12mm，间距不应大于200mm。柱下独立桩基承台的最小配筋率不应小于0.15%。

（2）如图9-10所示，条形承台梁的纵主筋直径不应小于12mm，架立筋直径不应小于10mm，箍筋直径不应小于6mm。承台梁端部纵向受力钢筋的锚固长度及构造应与柱下多桩承台的规定相同。

（3）筏形承台板或箱形承台板在纵横两个方向的下层钢筋配筋率不宜小于0.15%；上层钢筋应按计算配筋率全部连通。当筏板的厚度大于2000mm时，宜在板厚中间部位设置直径不小于12mm、间距不大于300mm的双向钢筋网。

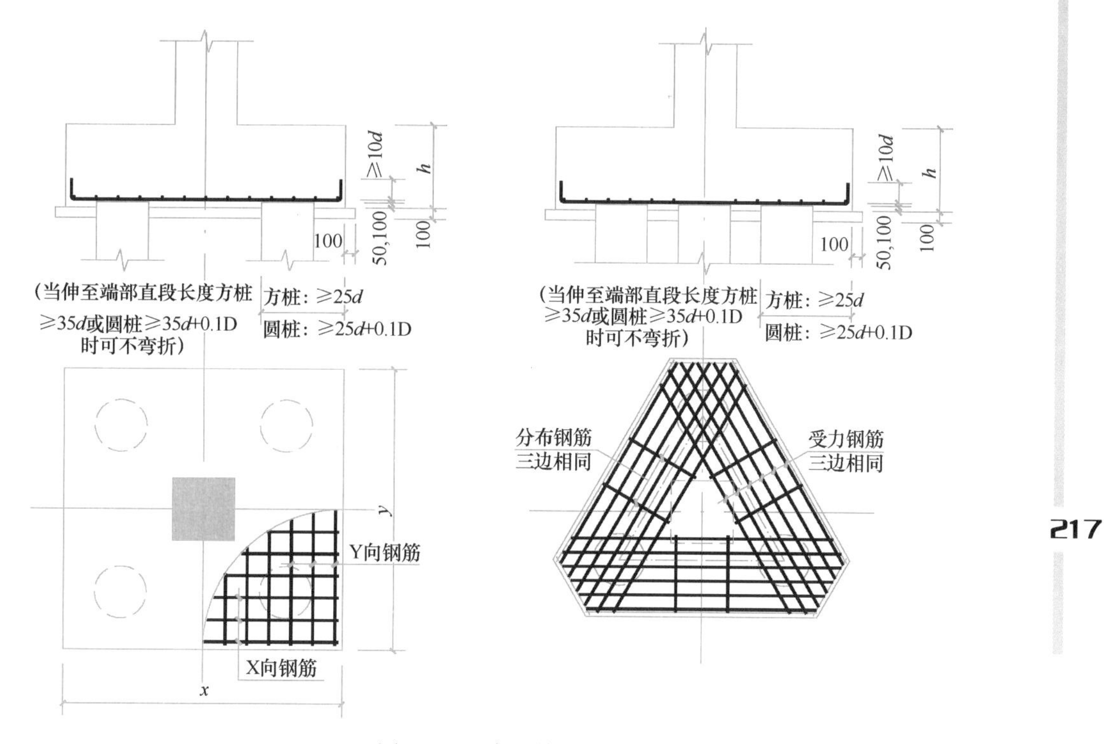

图 9-9　承台配筋示意

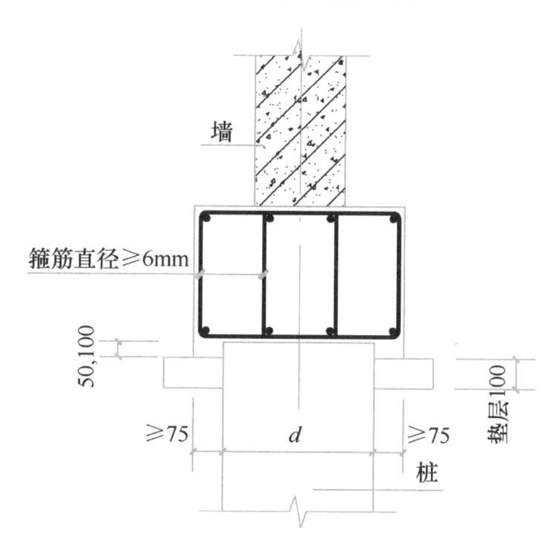

图 9-10　墙下承台梁配筋构造

(4) 承台底面钢筋的混凝土保护层厚度，当有混凝土垫层时，不应小于 50mm，无垫层时不应小于 70mm；此外尚不应小于桩头嵌入承台内的长度。

9.1.6　承台与承台之间的连接构造

承台与承台之间的连接构造如图 9-11 所示。一柱一桩时，应在桩顶两个主轴方向上设置连系梁，当桩与柱的截面直径之比大于 2 时，可不设连系梁。两桩桩基的承台，应在其短向设置连系梁。有抗震设防要求的柱下桩基承台，宜沿两个主轴方向设置连系梁。连系梁顶面宜与承台顶面位于同一标高。连系梁宽度不宜小于 250mm，其高度可取承台中心距的 1/15～1/10，且不宜小于 400mm。连系梁配筋应按计算确定，梁上下部配筋不宜小于 2 根直径 12mm 钢筋；位于同一轴线上的连系梁纵筋宜通长配置。

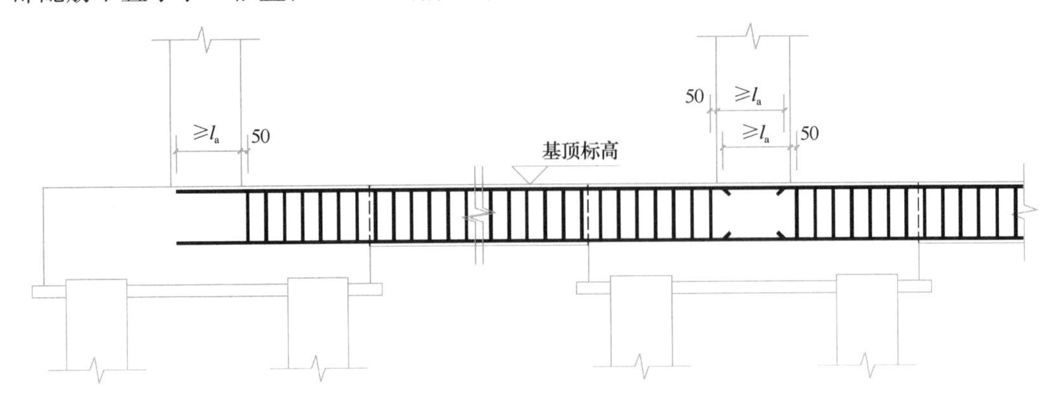

图 9-11　基础梁连系梁配筋构造

9.1.7　桩基承台平法施工图制图规则

桩基承台平法施工图，有平面注写与截面注写两种表达方式。施工图常采用平面注写方式，本项目仅介绍该方式。

1. 独立承台

图 9-12 为独立承台平面注写方式平法标注，标注分为集中标注和原位标注两部分内容。集中标注包括独立承台编号、截面竖向尺寸和配筋三项必注内容，以及承台板底面标高（与承台底面基准标高不同时）和必要的文字注解两项选注内容，注写规定见表 9-2。原位标注系在基础平面布置图上标注独立基础的平面尺寸，包括宽度尺寸及与定位轴线的关系，可参照图 9-12。

独立承台的平面注写方式集中标注规定　　表 9-2

标注内容	注写规定
独立承台编号	代号＋序号 代号：阶形独立承台—CT_J；坡形独立承台—CT_P
截面竖向尺寸	h_1/h_2…… 当为阶形截面时：h_1/h_2；当为单阶截面时：h_1；当为坡形截面时：h_1/h_2 (a) 阶形截面独立承台竖向尺寸　(b) 单阶截面独立承台竖向尺寸　(c) 坡形截面独立承台竖向尺寸
配筋	(1) 双向配筋时，注写方式同独立基础底板配筋； (2) 当为等边三桩承台时，以“△”打头，注写三角布置的各边受力钢筋（注明根数并在配筋值后注写“×3”，在“/”后注写分布钢筋)。 (3) 当为等腰三桩承台时，以“△”打头，注写等腰三角形底边的受力钢筋＋两对称斜边的受力钢筋（注明根数并在配筋值后注写“×2”，在“/”后注写分布钢筋)。 (4) 两桩承台可按承台梁进行标注

续表

标注内容	注写规定
基础底面标高	当独立承台的底面标高与桩基承台底面基准标高不同时，应将独立承台底面标高直接注写在“（ ）”内
必要的文字注解	当独立承台的设计有特殊要求时，宜增加必要的文字注解。例如，当独立承台底部和顶部均配置钢筋时，注明承台板侧面是否采用钢筋封边以及采用何种形式的封边构造等

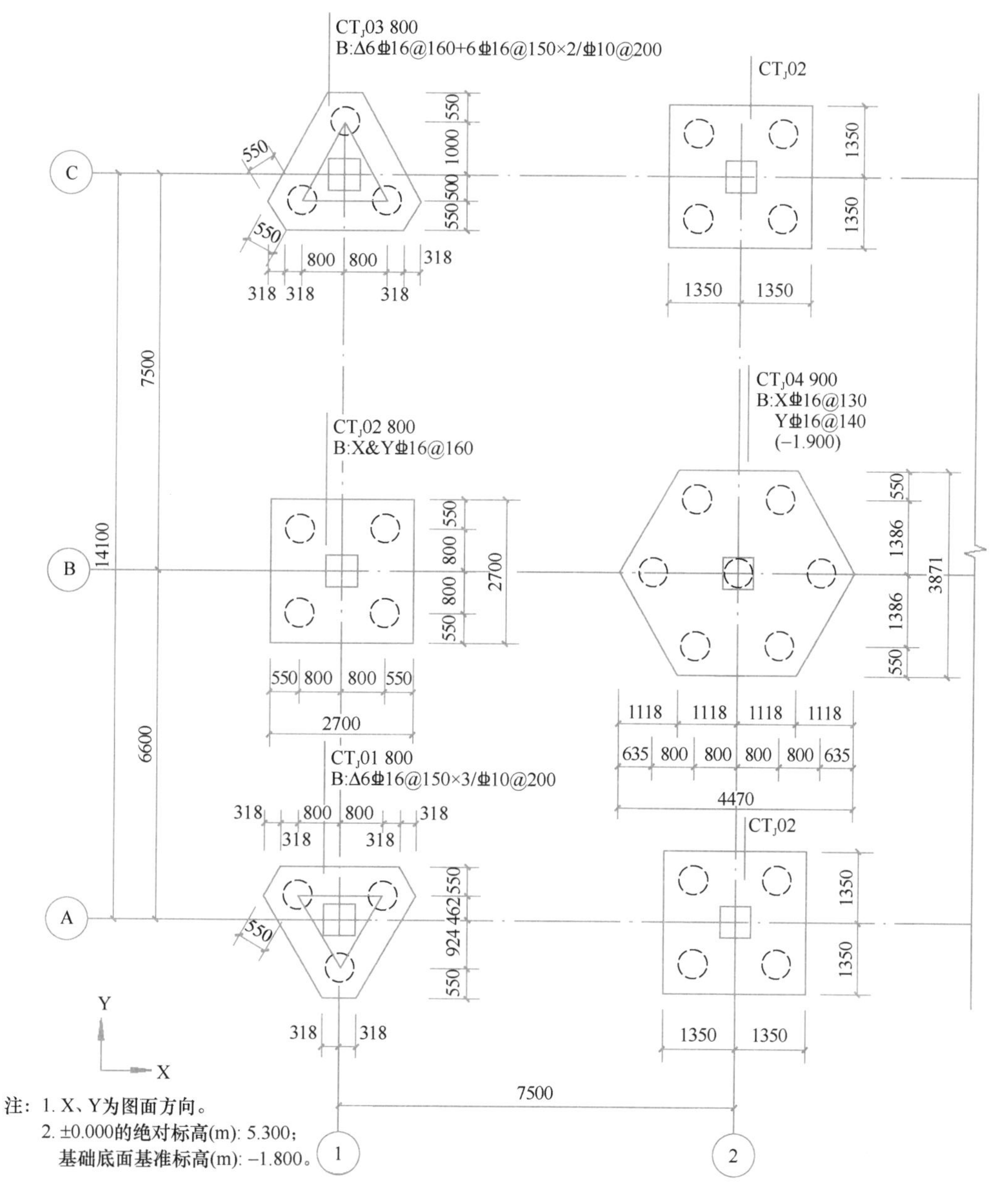

图 9-12　桩基承台平法施工图示例

2. 承台梁

墙下单排桩或双排桩基础需设置承台梁。承台梁 CTL 的平面注写方式，分集中标注和原位标注两部分内容。承台梁的集中标注内容为：承台梁编号、截面尺寸、配筋三项必注内容，以及承台梁底面标高（与承台底面基准标高不同时）、必要的文字注解两项选注内容。承台梁的原位标注包括：原位标注承台梁的附加箍筋或（反扣）吊筋；原位注写承台梁外伸部位的变截面高度尺；原位注写修正内容。具体规定详见图集。

3. 基础连系梁

桩基础常在承台顶面或－0.060 位置处设置基础连系梁，当设置基础连系梁时，可根据图面的疏密情况，将基础连系梁，与基础平面布置图一起绘制，或将基础连系梁布置图单独绘制。基础连系梁的平法表达方法与梁平法施工图一致。

9.2 桩的承载力

9.2.1 单桩竖向承载力

外荷载作用下，桩基础破坏大致可分为两类：①桩的自身材料强度不足，发生桩身被压碎而丧失承载力的破坏；②地基土对桩支承能力不足而引起的破坏。通常桩的承载力由地基土对桩的支承能力控制，桩身材料的强度得不到充分发挥，但对于端承桩、超长桩或桩身有缺陷的桩，桩身材料的强度就起着控制作用。另外，对沉降有特殊要求的结构，桩的承载力受沉降量的控制。

单桩竖向承载力特征值的确定应符合下列规定：

（1）单桩竖向承载力特征值应通过单桩竖向静载荷试验确定。在同一条件下的试桩数量，不宜少于总桩数的 1%，且不应少于 3 根。

当桩端持力层为密实砂卵石或其他承载力类似的土层时，对单桩承载力很高的大直径端承型桩，可采用深层平板载荷试验确定桩端土的承载力特征值。

（2）地基基础设计等级为丙级的建筑物，可采用静力触探及标贯试验参数确定承载力特征值。

（3）初步设计时，单桩竖向承载力特征值可按公式估算。

1. 静载试验法

（1）试验目的

在建筑工程现场实际工程地质条件下用与设计采用的工程桩规格尺寸完全相同的试桩，进行静载荷试验，直至加载破坏，确定单桩竖向极限承载力，并进一步计算出单桩竖向承载力特征值。

（2）试验准备

1）在工地选择有代表性的桩位，将与设计工程桩完全相同截面与长度的试桩，沉至设计标高。

2）根据工程的规模、试桩的尺寸、地质情况、设计采用的单桩竖向承载力及经费情况确定加载装置。

3）筹备荷载与沉降的量测仪表。

4）从成桩到试桩需间歇的时间。在桩身强度达到设计要求的前提下，对于砂类土不应少于 10d；对于粉土和一般性黏土不应少于 15d；对于淤泥或淤泥质土中的桩，不应少于 25d，用以消散沉桩时产生的孔隙水压力和触变等影响，反映真实的桩的端承力与桩侧摩擦力的大小。

（3）试验加载装置

一般采用油压千斤顶加载，千斤顶反力装置常用下列形式：

1）锚桩横梁反力装置，见图 9-13（a）。试桩与两端锚桩的中心距不小于 4 倍桩径，且不小于 2.0m，如果采用工程桩作为锚桩时，锚桩数量不得少于 4 根，并应检测试验过程中锚桩的上拔量。

2）压重平台反力装置，见图 9-13(b)。压重平台支墩边到试桩的净距不应小于 4 倍桩径，并大于 2.0m。压重量不得少于预计试桩荷载的 1.2 倍。

3）锚桩压重联合反力装置。当试桩最大加载量超过锚桩的抗拔能力时，可在横梁上放置一定重物，由锚桩和重物共同承担反力。

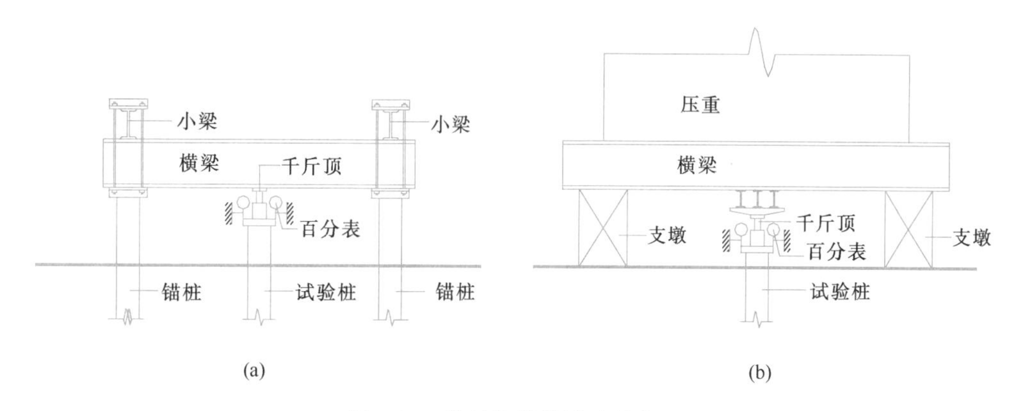

图 9-13　单桩静载荷试验的装置

（a）锚桩横梁反力式；（b）压重平台反力式

（4）荷载与沉降的量测

桩顶荷载量测有两种方法：

1）在千斤顶上安置应力环和应变式压力传感器直接测定，或采用连于千斤顶上的压力表测定油压，根据千斤顶率定曲线换算荷载。

2）试桩沉降量测一般采用百分表或电子位移计。对于大直径桩应在其 2 个正交直径方向对称安装 4 个百分表；中小直径桩径可安装 2～3 个百分表。

（5）静载荷试验要点

1）加载采用慢速维持荷载法，即逐级加载。加荷分级不应小于 8 级，每级加载量为预估极限荷载的 1/8～1/10。

2）测读桩沉降量的间隔时间：每级加载后，第 5min、10min、15min 时各测读一次，以后每隔 15min 读一次，累计 1h 后每隔 30min 读一次。

3）沉降相对稳定标准：在每级荷载下，桩的沉降量连续 2 次在每小时内小于 0.1mm 时可视为稳定。

4）终止加载条件。符合下列条件之一时可终止加载

A. 当荷载-沉降（Q-s）曲线上有可判定极限承载力的陡降段，且桩顶总沉降量超过 40mm，如图 9-14(a) 所示；

B. $\frac{\Delta s_{n+1}}{\Delta s_n} \geqslant 2$，且经 24h 尚未达到稳定，如图 9-14(b) 所示；

式中　Δs_n——第 n 级荷载的沉降增量；

Δs_{n+1}——第 $n+1$ 级荷载的沉降增量。

C. 25m 以上的嵌岩桩，曲线呈缓变形时，桩顶总沉降量大于 60～80mm，如图 9-14（c)所示；

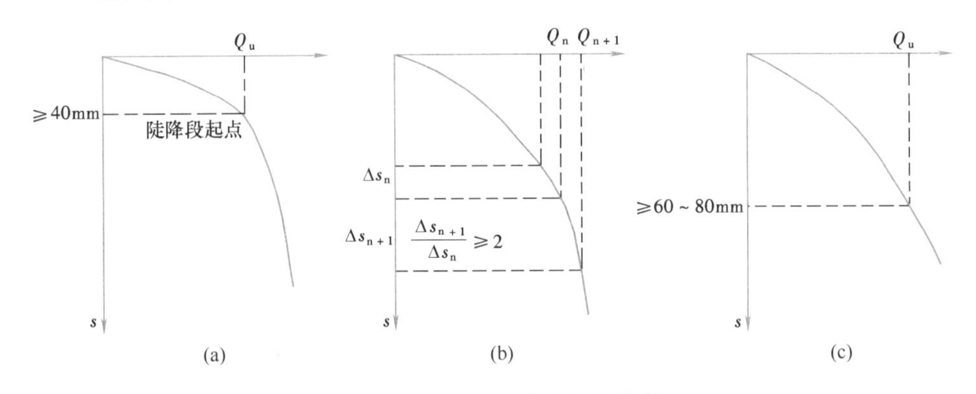

图 9-14　由 Q-s 曲线确定极限荷载 Q

（a）明显转折点法；（b）沉降荷载增量比法；（c）按沉降量取值法

D. 在特殊条件下，可根据具体要求加载至桩顶总沉降量大于 100mm；

E. 桩底支承在坚硬岩（土）层上，桩的沉降量很小时，最大加载量不应小于设计荷载的 2 倍。

5）卸载观测的规定：每级卸载值为加载值的 2 倍。卸载后隔 15min 测读一次，读 2 次后，隔 30min 再读一次，即可卸下一级荷载。全部卸载后，隔 3h 再测读一次。

（6）单桩竖向极限承载力的确定

单桩竖向极限承载力按下列方法确定：

1）作荷载-沉降（Q-s）曲线和其他辅助分析所需的曲线；

2）当陡降段明显时，取相应于陡降段起点的荷载值；

3）当$\frac{\Delta s_{n+1}}{\Delta s_n} \geqslant 2$，且经 24h 尚未达到稳定时，取前一级荷载值；

4）（Q-s）曲线呈缓变形时，取桩顶总沉降量 $s=40$mm 所对应的荷载值，当桩长大于 40m 时，宜考虑桩身的弹性压缩；

5）当按上述方法判断有困难时，可结合其他辅助分析方法综合判定，对桩基沉降有特殊要求者，应根据具体情况选取。

（7）单桩竖向承载力特征值的确定

参加统计的试桩，当满足其极差不超过平均值的30%时，可取其平均值为单桩竖向极限承载力。极差超过平均值的30%时，宜增加试桩数量并分析极差过大的原因，结合工程具体情况确定极限承载力。

对桩数为3根及3根以下的柱下桩台，取最小值作为单桩竖向承载力极限值。

将单桩竖向极限承载力除以安全系数2，为单桩竖向承载力特征值 R_a。

2. 静力触探法

静力触探法依单桥探头和双桥探头而分为两种。本书仅以后者为例进行简要说明。

根据双桥探头静力触探资料确定混凝土预制桩单桩竖向极限承载力标准值时，对于黏性土、粉土和砂土，如无当地经验时可按下式计算：

$$Q_{uk}=u\sum L_i\beta_i f_{si}+\alpha q_c A_p \tag{9-1}$$

式中 f_{si}——桩侧第 i 层土的探头摩阻力平均值，当其值小于5kPa时，可取为5kPa；

q_c——桩端平面上、下的探头阻力平均值，取桩端平面以上 $4d$（d 为桩的直径或边长）范围内按土层厚度加权的探头阻力平均值，然后再与桩端平面以下 $1d$ 范围内的探头阻力进行平均；

α——桩端阻力修正系数，对黏性土、粉土取0.67，饱和砂土取0.5；

β_i——第 i 层土桩侧摩阻力综合修正系数，按下式计算：

黏性土、粉土 $\beta_i=10.04(f_{si})^{-0.55}$

砂土 $\beta_i=5.05(f_{si})^{-0.45}$

双桥探头的圆锥底面积为 $15cm^2$，锥角60°，摩擦套筒高21.85cm，侧面积 $300cm^2$。

3. 按公式估算

静力学公式是根据桩侧摩阻力、桩端阻力与土层的物理力学状态指标的经验关系来确定单桩竖向承载力。这种方法可用于初估单桩承载力特征值及桩数，在各地区各部门均有大量应用。

（1）按单桩极限承载力确定单桩承载力特征值

先建立土层的物理力学状态指标与桩极限侧摩阻力、极限桩端阻力的经验关系为

$$Q_{uk}=Q_{sk}+Q_{pk}=u_p\sum q_{sik}l_i+q_{pk}A_p \tag{9-2}$$

式中 Q_{uk}——单桩竖向极限承载力标准值；

q_{sik}——桩侧第 i 层土的极限侧阻力标准值，如无当地经验值时，可按表9-3取值；

q_{pk}——极限端阻力标准值，如无当地经验值时，可按表9-5取值；

A_p——桩底端横截面面积；

u_p——桩身周边长度；

l_i——第 i 层岩土的厚度。

单桩承载力特征值 R_a 可按下式求得

$$R_a = Q_{uk}/k \tag{9-3}$$

式中　k 值一般可取 2.0。

桩的极限侧阻力标准值 q_{sik}（kPa）　　表 9-3

土的名称	土的状态	混凝土预制桩	水下钻(冲)孔桩	沉管灌注桩	干作业钻孔桩
填　土		20～28	18～26	15～22	18～26
淤　泥		11～17	10～16	9～13	10～16
淤泥质土		20～28	18～26	15～22	18～26
黏性土	$I_L>1$	21～36	20～34	16～28	20～34
	$0.75<I_L\leqslant1$	36～50	34～48	28～40	34～48
	$0.50<I_L\leqslant0.75$	50～66	48～64	40～52	48～62
	$0.25<I_L\leqslant0.5$	66～82	64～78	52～63	62～76
	$0<I_L\leqslant0.25$	82～91	78～88	63～72	76～86
	$I_L\leqslant0$	91～101	88～98	72～80	86～96
红黏土	$0.7<\alpha_w\leqslant1$	13～32	12～30	10～25	12～30
	$0.5<\alpha_w\leqslant0.7$	32～74	30～70	25～68	30～70
粉　土	$e>0.9$	22～44	22～40	16～32	20～40
	$0.75\leqslant e\leqslant0.9$	42～64	40～60	32～50	40～60
	$e<0.75$	64～85	60～80	50～67	60～80
粉细砂	稍密	22～42	22～40	16～32	20～40
	中密	42～63	40～60	32～50	40～60
	密实	63～85	60～80	50～67	60～80
中　砂	中密	54～74	50～72	42～58	50～70
	密实	74～95	72～90	58～75	70～90
粗　砂	中密	74～95	74～95	58～75	70～90
	密实	95～116	95～116	75～92	90～110
砾　砂	中密、密实	116～138	116～135	92～110	110～130

注：1. 对于尚未完成自重固结的填土和以生活垃圾为主的杂填土，不计算其侧阻力；
2. α_w 为含水比，$\alpha_w=w/w_L$；
3. 对于预制桩，根据土层埋深 h，将 q_{sk} 乘以表 9-4 修正系数。

修正系数　　表 9-4

土层埋深 h(m)	≤5	10	20	≥30
修正系数	0.8	1.0	1.1	1.2

桩的极限端阻力标准值 q_{pk}（kPa）　　表 9-5

土名称	桩型 / 土的状态	预制桩入土深度（m）				水下钻（冲）孔桩入土深度（m）				沉管灌注桩入土深度（m）				干作业钻孔桩入土深度（m）		
		$h\leqslant 9$	$9<h\leqslant 16$	$16<h\leqslant 30$	$h>30$	5	10	15	$h>30$	5	10	15	>15	5	10	15
黏性土	$0.75<I_L\leqslant 1$	210~840	630~1300	1100~1700	1300~1900	100~150	150~250	250~300	300~450	400~600	600~750	750~1000	1000~1400	200~400	400~700	700~950
	$0.50<I_L\leqslant 0.75$	840~1700	1500~2100	1890~2500	2300~3200	200~300	350~450	450~550	550~750	670~1100	1200~1500	1500~1800	1800~2000	420~630	740~950	950~1200
	$0.25<I_L\leqslant 0.50$	1500~2300	2300~3000	2700~3600	3600~4400	400~500	700~800	800~900	900~1000	1300~2200	2300~2700	2700~3000	3000~3500	850~1100	1500~1700	1700~1900
	$0<I_L\leqslant 0.25$	2500~3800	3800~5100	5100~5900	5900~6800	750~850	1000~1200	1200~1400	1400~1600	2500~2900	3500~3900	4000~4500	4200~5000	1600~1800	2200~2400	2600~2800
粉土	$0.75<e\leqslant 0.90$	840~1700	1300~2100	1900~2700	2500~3400	250~350	300~500	450~650	650~850	1200~1600	1600~1800	1800~2100	2100~2600	600~1000	1000~1400	1400~1600
	$e\leqslant 0.75$	1500~2300	2100~3000	2700~3600	3600~4400	550~800	650~900	750~1000	850~1000	1800~2200	2200~2500	2500~3000	3000~3500	1200~1700	1400~1900	1600~2100
粉砂	稍　密	800~1600	1500~2100	1900~2500	2100~3000	200~400	350~500	450~600	600~700	800~1300	1300~1800	1800~2000	2000~2400	500~900	1000~1400	1500~1700
	中密、密实	1400~2200	2100~3000	3000~3800	3800~4600	400~500	700~800	800~900	900~1100	1300~1700	1800~2400	2400~2800	2800~3600	850~1000	1500~1700	1700~1900
细砂	中密、密实	2500~3800	3600~4800	4400~5700	5300~6500	550~650	900~1000	1000~1200	1200~1500	1800~2200	3000~3400	3500~3900	4000~4900	1200~1400	1900~2100	2200~2400
中砂		3600~5100	5100~6300	6300~7200	7000~8000	850~950	1300~1400	1600~1700	1700~1900	2800~3200	4400~5000	5200~5500	5500~7000	1800~2000	2800~3000	3300~3500
粗砂		5700~7400	7400~8400	8400~9500	9500~10300	1400~1500	2000~2200	2300~2400	2300~2500	4500~5000	6700~7200	7700~8200	8400~9000	2900~3200	4200~4600	4900~5200
砾砂	中密、密实	6300~10500				1500~2500				5000~8400				3200~5300		
角砾		7400~11600				1800~2800				5900~9200						
圆砾碎石		8400~12700				2000~3000				6700~10000						

注：1. 砂土和碎石类土中桩的极限端阻力取值，要综合考虑土的密实度，桩端进入持力层的深度比 h_b/d，土愈密实，h_b/d 愈大，取值愈高。

2. 表中沉管灌注桩系指带预制桩尖沉管灌注桩。

（2）直接建立土层的物理力学状态指标与单桩承载力特征值的关系

初步设计时单桩竖向承载力特征值可按下式估算

$$R_a = q_{pa}A_p + u_p\sum q_{sia}l_i \tag{9-4}$$

式中　R_a——单桩竖向承载力特征值；

q_{pa}，q_{sia}——桩端阻力、桩侧阻力特征值，由当地静载荷试验结果统计分析算得；

A_p——桩底端横截面面积；

u_p——桩身周边长度；

l_i——第 i 层岩土的厚度。

当桩端嵌入完整及较完整的硬质岩中时，可按下式估算单桩竖向承载力特征值：

$$R_a = q_{pa}A_p \tag{9-5}$$

式中 q_{pa}——桩端岩石承载力特征值。

4. 桩身材料验算

根据桩身结构强度确定单桩竖向承载力，将桩视为一轴向受压构件，按《混凝土结构设计规范》GB 50010—2010 或《钢结构设计标准》GB 50017—2017 进行计算。如钢筋混凝土桩的竖向抗压承载力设计值可按下式计算：

$$Q = \varphi(f_cA + f_yA_s) \tag{9-6}$$

式中 Q——相应于荷载效应基本组合时的单桩竖向承载力设计值；

f_c——桩身混凝土轴心抗压设计强度；考虑预制桩运输及沉桩施工的影响，灌筑桩成孔及水下浇筑混凝土质量情况，设计应按规范规定的强度值做适当折减；

f_y——钢筋抗压强度设计值；

A——桩身断面积；

A_s——桩身纵筋断面积。

φ 为桩纵向弯曲系数，对于低承台桩除极软土层中桩长与桩径之比很大或深厚可液化土层内的桩以外，一般取 φ=1.0；对于高承台桩，一般可取 φ=0.25～1.0。

混凝土桩的承载力尚应满足桩身混凝土强度的要求。计算中应按桩的类型和成桩工艺的不同将混凝土的轴心抗压强度设计值乘以工作条件系数 ψ_c，桩身强度应符合下式要求：

桩轴心受压时，

$$Q \leqslant A_pf_c\psi_c \tag{9-7}$$

式中 f_c——混凝土轴心抗压强度设计值，按现行《混凝土结构设计规范》GB 50010—2010 取值；

Q——相应于荷载效应基本组合时的单桩竖向承载力设计值；

A_p——桩身横截面积；

ψ_c——工作条件系数，预制桩取 0.75，灌注桩取 0.6～0.7（水下灌注桩或长桩时用低值）。

【例 9-1】 根据静载荷试验结果确定单桩的竖向承载力。

条件：某工程为混凝土灌注桩。

在建筑场地现场已进行的 3 根桩的静载荷试验（ϕ377 的振动沉管灌注桩），其报告提供根据有关曲线确定桩的极限承载力标准值分别为 590kN、605kN、620kN。

要求：确定单桩竖向极限承载力特征值 R_a。

【解】 由静载荷试验得出单桩的竖向极限承载力，三次试验的平均值为

$Q_{um}=[(590+605+620)/3]=605kN$

极差$=620-590=30kN<605\times30\%=181.5kN$

$$故取\ Q_{uk}=Q_{um}=605kN$$

$$R_a=Q_{uk}/2=605/2=302.5kN$$

【例 9-2】 单根灌注桩的竖向承载力计算。

条件：如图 9-15 所示，某建筑场地，根据工程地质勘察，有关土的物理力学性质指标见表 9-6 所示，拟建建筑物为 8 层住宅楼，确定基础形式为混凝土灌注桩，桩管采用 $\phi377$。选择黏土层作为持力层，桩尖进入持力层深度不小于 1m，桩顶的承台厚度 1.0m，承台顶面距地表 1.0m，桩长 11m，桩的入土深度 13m。土的有关物理力学性质指标见表 9-6。

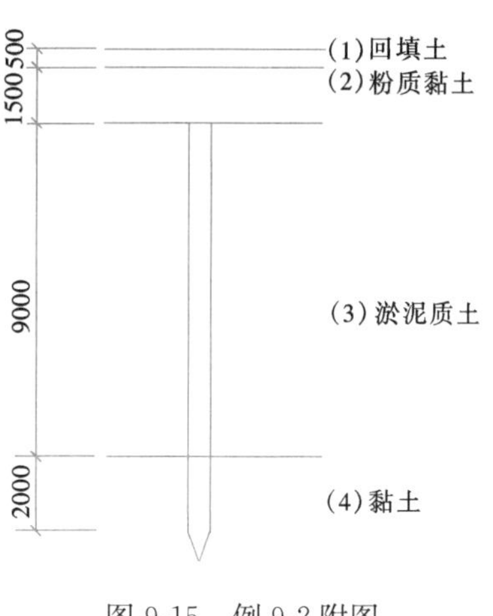

图 9-15　例 9-2 附图

土的物理力学性质指标　　表 9-6

土层名称	厚度(m)	γ(kN/m³)	W(%)	e	I_p	I_l	E_s(MPa)
回 填 土	0.5	18					
粉质黏土	1.5	19	26.2	0.8	12	0.6	8.5
淤泥质土	9.0	16.4	74	2.09	21.3	2.55	2.18
黏　　土	>7.0	20.8	17.5	0.50	20	0.26	13

要求：确定基桩的竖向承载力。

【解】 $Q_{uk}=Q_{sk}+Q_{pk}=u\sum q_{sik}l_i+q_{pk}A_p$

其中
$$u=3.14\times0.377=1.18m$$
$$A_p=3.14\times0.377^2/4=0.111m^2$$

由于淤泥质土 $e=2.09$，取 $q_{sik}=15kPa$

黏土 $I_L=0.26$，可塑，取 $q_{sik}=60kPa$，$q_{pk}=2700kPa$

则
$$\begin{aligned}Q_{uk}&=1.18\times(9\times15+2\times60)+0.111\times2700\\&=300.9+299.7\\&=600.6kN\end{aligned}$$

基桩的竖向承载力特征值

$$R_a=Q_{uk}/k=600.6/2=300.3kN$$

9.2.2　单桩水平承载力

根据桩的入土深度、桩土相对软硬程度以及桩受力分析方法，桩可分为长桩、中长桩与短桩三种类型，其中短桩为刚性桩，而长桩及中长桩属于弹性桩。

作用于桩基上的水平荷载主要有挡土结构物上的土压力、水压力、拱结构拱脚水平

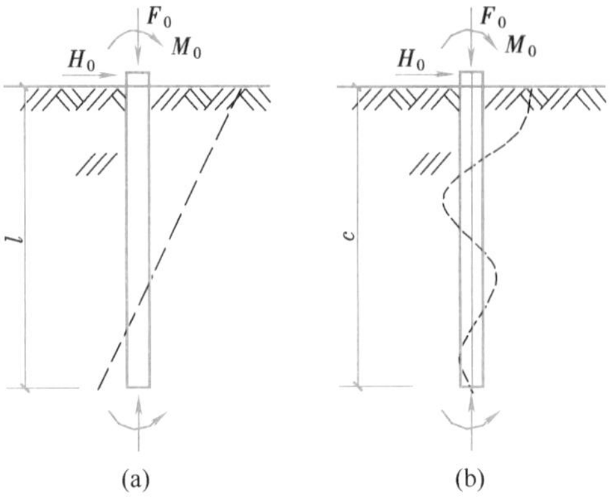

图 9-16　单桩水平受力与变形情况
（a）刚性桩；（b）弹性桩

推力、厂房吊车制动力、风力及水平地震惯性力等。水平荷载作用下桩身的水平位移按刚性桩与弹性桩考虑有较大差别，当地基土比较松软而桩长较小时，桩的相对抗弯刚度大，故桩体如刚性体一样绕桩体或土体某一点转动，如图 9-16(a) 所示。当桩前方土体受到桩侧水平挤压应力作用而达到屈服破坏时，桩体的侧向变形迅速增大甚至倾覆，失去承载作用。图 9-16(b) 所示为弹性桩的受力变形情况。这种情况下，桩的入土深度较大而桩周土比较硬，桩身产生弹性挠曲变形。随着水平荷载的增加，桩侧土的屈服由上向下发展，但不会出现全范围内的屈服。当水平位移过大时，可因桩体开裂而造成破坏。

单桩水平承载力取决于桩的材料与断面尺寸、入土深度、土质条件及桩顶约束条件等因素。单桩极限水平承载力特征值应满足两方面条件，即①桩侧土不因为水平位移过大而造成塑性挤出，丧失对桩的水平约束作用，故桩的水平位移应较小，使桩长范围内大部分桩侧土处于弹性变形阶段；②对于桩身而言，或不允许开裂，或限制开裂宽度并在卸载后裂缝闭合，使桩身处于弹性工作状态。

桩的水平承载力一般通过现场载荷试验确定，亦可用理论方法估算。

9.2.3　单桩抗拔承载力

桩基础承载受上拔力的结构类型较多，主要有高压输电线路铁塔、高耸建筑物（如电视塔等）、受地下水浮力的地下结构物（如地下室、水池、深井泵房、车库等）、水平荷载作用下出现上拔力的结构物以及膨胀土地基上建筑物等。

一般来讲，桩在承受上拔荷载后，其抗力可来自三个方面，桩侧摩阻力、桩重以及有扩大端头桩的桩端阻力。其中对直桩来讲，桩侧摩阻力是最主要的。抗拔桩一般以抗拔静载试验确定单桩抗拔承载力，重要工程均应进行现场抗拔试验。对次要工程或无条件进行抗拔试验时，实用上可按经验公式估算单桩抗拔承载力。

9.2.4　群桩竖向承载力

1. 群桩的特点

当建筑物上部荷载远大于单桩承载力时，通常由多根桩组成群桩共同承受上部荷载，群桩的受力情况与承载力计算是否与单桩完全相同，由图 9-17 加以说明。

图 9-17 (a)为单桩受力情况，桩顶轴向荷载 N 由桩端阻力与桩周摩擦力共同承受。图 9-17 (b)为群桩受力情况，同样每根桩的桩顶轴向荷载由桩端阻力和桩周摩擦力共同承受，但因桩距小，桩间摩擦力不能充分发挥作用，同时在桩端产生应力叠加，因此群

桩的承载力小于单桩承载力与桩数的乘积。

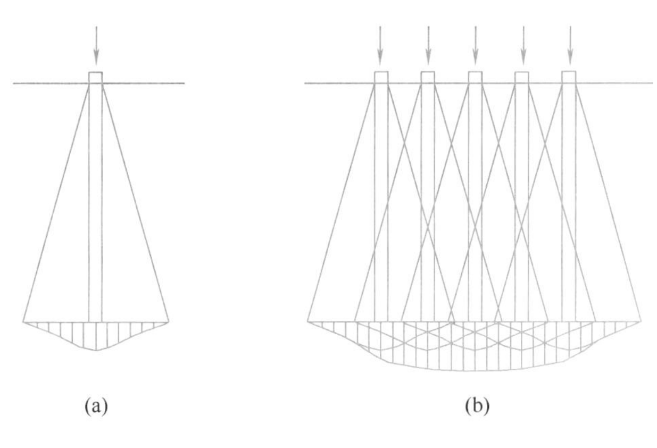

图9-17　摩擦桩应力传递

群桩承载力验算应按荷载效应标准组合取值与承载力特征值进行比较。

除了端承桩基之外，对于群桩效应较强的桩基，应验算群桩的地基承载力和软弱下卧层的地基承载力，可把桩群连同所围土体作为一个实体深基础来分析。其计算图式如图9-18所示。假定群桩基础的极限承载力等于沿桩群外侧倾角扩散至桩端平面所围成面积内地基土极限承载力的总和。

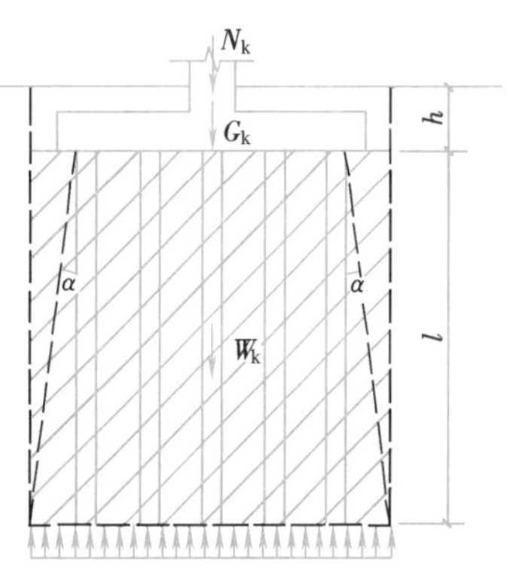

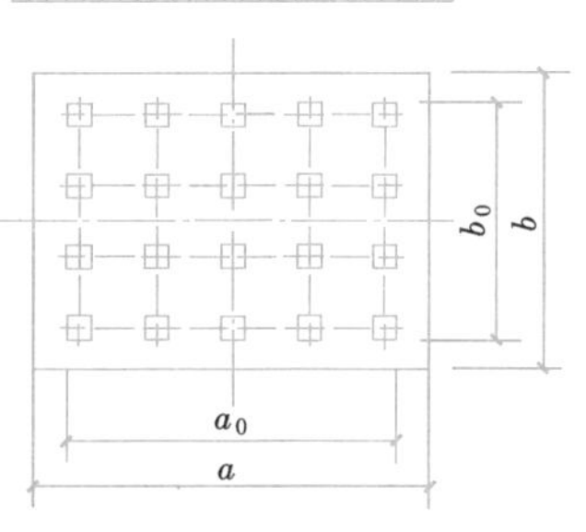

图9-18　群桩基础地基强度验算

在中心竖直荷载作用时，按下式计算桩底土的地基强度：

$$p_{l+h}=\gamma(l+h)+\frac{N_k+G_k+W_k}{ab}\leqslant f_{az} \tag{9-8}$$

式中　p_{l+h}——桩端平面处地基土的总压力值；

l、h——桩长和承台的埋置深度；

N_k——相应于荷载效应标准组合时，作用于桩基承台的竖向总荷载；

G_k——桩承台的超重（指超过同体积土重部分）；

W_k——桩体的超重（指超过被其取代的土重部分）；

f_{az}——桩端持力层顶面处经深度修正后的地基承载力特征值；

a、b——桩端平面计算受力面积的边长；

$$a=a_0+2l\tan\frac{\varphi}{4}\qquad b=b_0+2l\tan\frac{\varphi}{4}$$

φ——桩端平面以上各土层内摩擦角的平均值。

在计算时，地下水位以下应扣除浮力，若桩端持力层为不透水层，则不应扣除浮力。

2. 桩基软弱下卧层验算

当桩端持力层下存在软弱下卧层时，必须验算其强度是否满足。此时桩基作为实体深基础，假设作用于桩基的竖向荷载全部传到持力层顶面并作用于桩群外包线所围的面积上，该荷载以 α 角扩散到软弱下卧层顶面，对软弱下卧层顶面处的承载能力进行验算。

3. 群桩沉降的计算及变形验算

现有群桩沉降计算方法主要有以下两类：①实体深基础法；②明德林——盖得斯法。详见有关资料。

桩基变形验算，应采用荷载效应准永久组合，不计入风荷载与地震作用。

对于各种桩基础，其变形主要有四种类型，即沉降量、沉降差、倾斜及水平侧移。这些变形特征均应满足结构物正常使用所确定的限量值要求，即

$$\Delta \leqslant [\Delta] \tag{9-9}$$

式中　Δ——桩基变形特征计算值；

$[\Delta]$——桩基变形特征允许值。

桩基变形特征允许值对不同的结构物类型以及不同地区可有差异，应按地区或行业经验确定。

9.3　桩基础设计要点

桩基的设计应满足两方面的要求：①在外荷载的作用下，桩与地基之间的相互作用能保证有足够的竖向（抗拔或抗压）或水平承载力；②桩基的沉降（或沉降差）、水平位移及桩身挠曲在容许范围内。同时，还应考虑技术和经济上的合理性与可能性。一般桩基设计按下列步骤进行：调查研究、收集相关的设计资料；根据工程地质勘探资料、荷载、上部结构的条件要求等确定桩基持力层；选定桩材、桩型、尺寸、确定基本构造；计算并确定单桩承载力；根据上部结构及荷载情况，初拟桩的平面布置和数量；根据桩的平面布置拟定承台尺寸和底面高程；桩基础验算；桩身、承台结构设计；绘制桩基（桩和承台）的结构施工图。

9.3.1　设计资料的收集

在进行桩基设计之前，应进行深入的调查研究，充分掌握相关的原始资料，包括：①建筑物上部结构的类型、尺寸、构造和使用要求，以及上部结构的荷载；②符合国家现行规范规定的工程地质勘探报告和现场勘察资料；③当地建筑材料的供应及施工条件（包括沉桩机具、施工方法、施工经验等）；④施工场地及周围环境（包括交通、进出场条件、有无对振动敏感的建筑物、有无噪声限制等）。

9.3.2 桩型、桩断面尺寸及桩长的选择

1. 桩型的选择

桩型的选择应综合考虑上部结构荷载的大小及性质、工程地质条件、施工条件等多方面因素，选择经济合理、安全适用的桩型和成桩工艺，充分利用各桩型的特点来适应建筑物的安全、经济及工期等方面的要求。

2. 断面尺寸的选择

如采用混凝土灌注桩，断面尺寸均为圆形，其直径一般随成桩工艺有较大变化。对于沉管灌注桩，直径一般为300～500mm；对钻孔灌注桩，直径多为500～1200mm；对扩底钻孔灌注桩，扩底直径一般为桩身直径的1.5～2倍。混凝土预制桩断面常用方形，边长一般不超过550mm。

3. 桩长的选择

桩长的选择与桩的材料，施工工艺等因素有关，但关键在于选择桩端持力层。一般应选择较硬土层作为桩端持力层。桩端全截面进入持力层的深度，对于黏性土、粉土，不宜小于$2d$；对于砂土，不宜小于$1.5d$；对于碎石类土，不宜小于$1d$。当存在软弱下卧层时，桩基以下硬持力层厚度不宜小于$4d$。嵌岩桩周边嵌入微风化或中等风化岩体的最小深度为0.5m，桩底以下3倍桩径范围内应无软弱夹层、断裂带、洞穴或空隙，在桩端应力扩散的范围内无岩体临空现象。摩擦桩桩长的确定与桩基的承载力和沉降量有关，因此，在确定桩长时，应综合考虑桩基的承载力和沉降量。桩的实际长度应包括桩尖及嵌入承台的长度。桩端下土层的厚度对保证桩端提供可行的承载力有重要意义。桩端下坚硬土层的厚度一般不宜小于5倍桩径。

在选择桩长时还应该注意对同一建筑物尽量采用同一类型的桩，尤其不应同时使用端承桩和摩擦桩。除落于斜岩面上的端承桩外，桩端标高之差不宜超过相邻桩的中心距；对于摩擦型桩，在相同土层中不宜超过桩长的1/10。

对于楼层高、荷载大的建筑物，宜采用大直径桩，尤其是大直径人工挖孔桩较为经济实用。

如已选择的桩长不能满足承载力或变形等方面的要求，可考虑适当调整桩的长度，必要时需调整桩型、断面尺寸及成桩工艺等。

9.3.3 确定单桩承载力

根据结构物对桩功能要求及荷载特性，需明确单桩承载力的类型，如抗压、抗拔及水平受荷等，并根据确定承载力的具体方法及有关规范要求给出单桩承载力特征值。按照上部结构和使用功能的要求可以确定承台底面的埋深，而桩的持力层和入土深度已经选定，于是桩的有效长度便确定了。根据桩周与桩底土层情况，即可利用规范经验方法或静力触探资料初步估算单桩承载力。对于重要的或用桩量很大的工程，应按规范规定通过一定数量的静载试验确定单桩承载力，作为设计的依据。

9.3.4 桩的数量计算及平面布置

1. 桩的数量计算

对于承受竖向中心荷载的桩基，可按下式计算桩数 n：

$$n \geqslant \frac{F_k + G_k}{R_a} \tag{9-10}$$

式中 F_k——相应于荷载效应标准组合时，作用于桩基承台顶面的竖向力；

G_k——桩基承台自重及承台上土自重标准值；

R_a——单桩竖向承载力特征值；

n——桩基中的桩数。

对于承受竖向偏心荷载的桩基，各桩受力不均匀，先按下式估算桩数，待桩布置完以后，再根据实际荷载（复合荷载）确定受力最大的桩并验算其竖向承载力，最后确定桩数。

$$n \geqslant \mu \frac{F_k + G_k}{R_a} \tag{9-11}$$

式中 μ——桩基偏心增大系数，通常取 1.1～1.2。

2. 桩的平面布置

(1) 桩的中心距

通常桩的中心距宜取(3～4)d（桩径），且不小于表 9-1 有关要求。中心距过小，桩施工时互相影响大；中心距过大，桩承台尺寸太大，不经济。

(2) 桩的平面布置

根据桩基的受力情况，桩可采用多种形式的平面布置。如等间距布置、不等间距布置，以及正方形、矩形网格，三角形、梅花形等布置形式。布置时，应尽量使上部荷载的中心与桩群的中心重合或接近，以使桩基中各桩受力比较均匀。对于柱基，通常布置梅花形或行列式；对于条形基础，通常布置成一字形，小型工程一排桩，大中型工程两排桩；对于烟囱、水塔基础，通常布置成圆环形。桩离桩承台边缘的净距应不小于 $d/2$。

9.3.5 桩基础验算

1. 单桩受力验算

(1) 轴心竖向力作用下

$$Q_k = \frac{F_k + G_k}{n} \leqslant R_a \tag{9-12}$$

式中 F_k——相应于荷载效应标准组合时，作用于桩基承台顶面的竖向力；

G_k——桩基承台自重及承台上土自重标准值；

n——桩基中的桩数；

Q_k——相应于荷载效应标准组合轴心竖向力作用下任一单桩的竖向力；

R_a——单桩竖向承载力特征值。

（2）偏心竖向力作用下

桩基偏心受压时，各桩桩顶轴压力为

$$Q_{ik}=\frac{F_k+G_k}{n}\pm\frac{M_{xk}y_i}{\sum y_i^2}\pm\frac{M_{yk}x_i}{\sum x_i^2} \tag{9-13}$$

式中 Q_{ik}——相应于荷载效应标准组合偏心竖向力作用下第 i 根桩的竖向力；

M_{xk}、M_{yk}——相应于荷载效应标准组合时作用于承台底面通过桩群形心的 x、y 轴的力矩；

x_i、y_i——桩 i 至桩群形心的 y、x 轴线的距离。

在 Q_{ik} 中的最大值 Q_{ikmax}，应满足下式

$$Q_{ikmax}\leqslant 1.2R_a \tag{9-14}$$

若不能满足上式要求，则需重新确定桩的数量 n，并进行验算，直至满足要求为止。

一般情况下，Q_{ik} 中的最小值 Q_{ikmin} 若为拉力，则有

$$Q_{ikmin}\leqslant T_a \tag{9-15}$$

式中 T_a——单桩抗拔承载力特征值。

（3）桩基承受水平荷载时，桩基中各桩桩顶水平位移相等，故各桩桩顶所受水平荷载可按各桩弯曲刚度进行分配。当桩材料与断面面积相同时，应满足下式要求

$$H_{ik}=\frac{H_k}{n}\leqslant R_{ha} \tag{9-16}$$

式中 H_k——相应于荷载效应标准组合时，作用于承台底面的水平力；

H_{ik}——相应于荷载效应标准组合时，作用于任一单桩的水平力；

R_{ha}——单桩水平承载力特征值。

2. 群桩承载力与变形验算（略）。

9.3.6 桩身结构设计

1. 钢筋混凝土预制桩

设计时应分析桩在吊运、沉桩和承载各阶段的受力状况并验算桩身内力，按偏心受压柱或按受弯构件进行配筋。一般设 4 根（截面边长 $a<300$mm）或 8 根（$a=350\sim550$mm）主筋，主筋直径 12～25mm。配筋率一般为 1%左右，最小不得低于 0.8%。箍筋直径 6～8mm，间距不大于 200mm。桩身混凝土的强度等级一般不低于 C30。

桩在吊运过程中的受力状态与梁相同。一般按两支点（桩长 $L<18$m 时）或三支点（桩长 $L>18$m 时）起吊和运输。在打桩架下竖起时，按一点吊立，吊点的位置应使桩身在自重下产生正负弯矩相等。按受弯构件计算，考虑到在吊运过程中可能受到的冲撞

和振动影响，应采取动力系数，一般取 $K=1.5$。按吊运过程中引起的内力对上述配筋进行验算。通常情况下它对桩的配筋起决定作用。

打入桩在沉桩过程中产生的锤击应力（压、拉）和冲击疲劳容易使桩顶附近产生裂损，故应加强构造配筋，在桩顶 2500～3000mm 范围内将箍筋加密（间距 50～100mm），并且在桩顶放置三层钢筋网片。在桩尖附近应加密箍筋，并将主筋集中焊在一根粗的圆钢上形成坚固的尖端以利破土下沉。

2. 灌注桩

灌注桩的结构设计主要考虑承载力条件。灌注桩的混凝土强度等级一般不得低于 C15（水下灌注桩不低于 C20）。

灌注桩按偏心受压柱或受弯构件计算，若经计算表明桩身混凝土强度满足要求时，桩身可不配受压钢筋，只需在桩顶设置插入承台的构造钢筋。轴心受压桩主筋的最小配筋率不宜小于 0.2%，受弯时不宜小于 0.4%。当桩周上部土层软弱或为可液化土层时，主筋长度应超过该土层底面。抗拔桩应全长配筋。

灌注桩的混凝土保护层厚度不宜小于 40mm，水下浇筑时不得小于 50mm。箍筋宜采用焊接环式或螺旋箍筋，直径不小于 6mm，间距为 200～300mm，每隔 2m 设一道加劲箍筋。钢管内放置钢筋笼者，箍筋宜设在主筋内侧，其外径至少应比钢管内径小 50mm；采用导管浇灌水下混凝土时，箍筋应放在钢筋笼外，钢筋笼内径应比混凝土导管接头的外径大 100mm 以上，其外径应比钻孔直径小 100mm 以上。

9.3.7 承台设计

承台设计应包括确定承台的形状、尺寸、高度及配筋等，必须进行局部受压、受剪和受弯承载力的验算，并应符合构造要求。

1. 承台板正截面受弯承载力验算

一般柱下单独桩基承台板作为受弯构件，在桩的反力作用下，其正截面受弯承载力和钢筋配置可按《混凝土结构设计规范》的有关规定计算。

多桩（例如 6 根以上）矩形承台的弯矩计算截面取在柱边和承台厚度突变处（杯口外侧或台阶边缘），如图 9-19 所示，两个方向的正截面弯矩表达式分别为：

$$M_{\mathrm{x}}=\sum N_i y_i \tag{9-17}$$

$$M_{\mathrm{y}}=\sum N_i x_i \tag{9-18}$$

式中 M_{x}、M_{y}——分别为垂直 y 轴和 x 轴方向计算截面处的弯矩设计值；

x_i、y_i——垂直 y 轴和 x 轴方向自桩轴线相应计算截面的距离；

N_i——扣除承台和其上填土自重后相应于荷载效应基本组合时的第 i 桩竖向力设计值。

2. 承台板的冲切验算

承台板的冲切有两种情况，分别为：①柱对承台的冲切，见图 9-20，虚线为冲切锥体；②角桩对承台的冲切，见图 9-21。

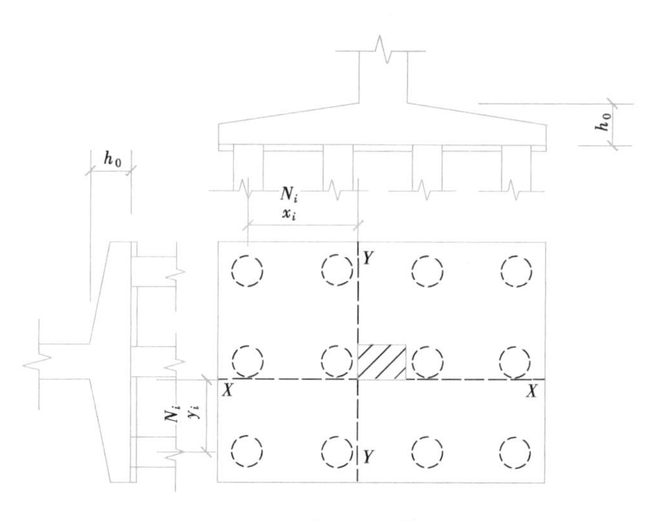

图 9-19　承台弯矩计算示意

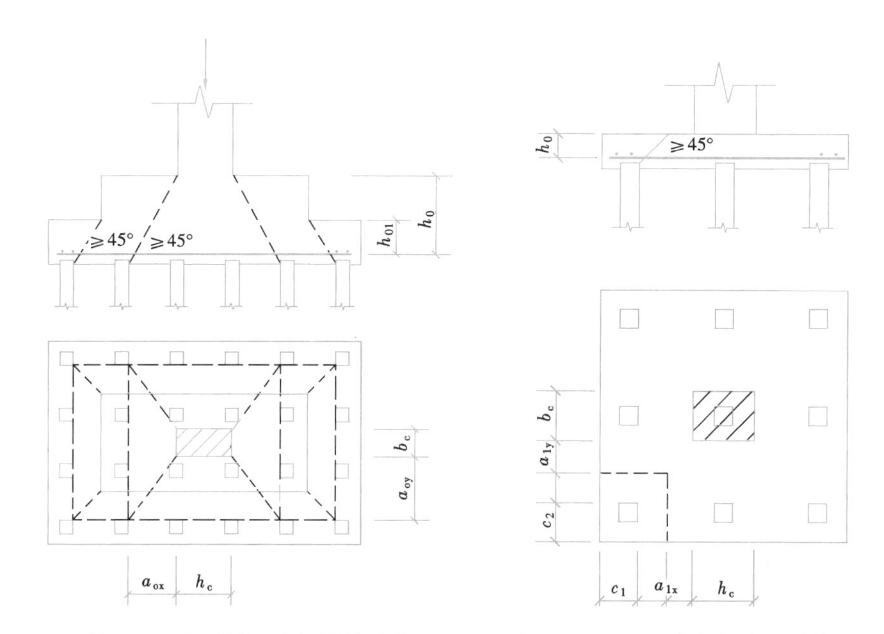

图 9-20　柱对承台冲切计算示意　　图 9-21　矩形承台角桩冲切计算示意

3. 承台板的斜截面受剪承载力验算

一般情况下，独立桩基承台板作为受弯构件，验算斜截面受剪承载力必须考虑互相正交的两个截面；当桩基同时承受弯矩时，则应取与弯矩作用面相交的斜截面作为验算面，通常以过柱（墙）边和桩边的斜截面作为剪切破坏面，如图 9-22 所示。

4. 局部承压验算

当承台的混凝土强度等级低于柱或桩的混凝土强度等级时，尚应验算柱下或桩上承台的局部受压承载力。

5. 承台之间的连接

(1) 单桩承台，宜在两个互相垂直的方向上设置连系梁；

图 9-22　承台斜截面受剪计算示意

（2）两桩承台，宜在其短方向设置连系梁；

（3）有抗震要求的柱下独立承台，宜在两个主轴方向设置连系梁；

（4）连系梁顶面宜与承台位于同一标高。连系梁的宽度不应小于 250mm，梁的高度可取承台中心距的 1/10～1/15，且不小于 400mm；

（5）连系梁的主筋应按计算要求确定。连系梁内上下纵向钢筋直径不应小于 12mm 且不应少于 2 根，并应按受拉要求锚入承台。

复习思考题

1. 桩可分为哪几种类型？端承桩与摩擦桩的受力情况有什么不同？本地区的桩通常属于哪几类？

2. 何为单桩竖向承载力？确定单桩竖向承载力的方法有哪几种？

3. 已知桩的静载试验成果 p-s 曲线，如何确定单桩竖向承载力特征值？

4. 桩基础设计包括哪些内容？偏心受压情况下，桩的数量如何确定？桩基础初步设计后还要进行哪些验算？如果验算不满足要求应如何解决？

习　　题

某工程为混凝土灌注桩。在建筑场地现场已进行的 3 根桩的静载荷试验（ϕ377 的振动沉管灌注桩），其报告提供的桩的极限承载力标准值分别为：380kN，375kN、395kN。要求确定单桩竖向承载力特征值 R_a。

教学单元10

地基处理

教学单元10　导学视频

10.1 概　　述

当天然地基不能满足工程要求时，需采取一定的措施对地基进行处理，以满足建（构）筑物对地基的要求。这种采取人工处理地基的方法就称为地基处理，也可称之为地基加固，这种经过处理的地基就属于人工地基。

10.1.1 地基处理的目的

地基处理需要解决的问题，可概况为如下几个方面：

（1）地基的强度和稳定性问题。是指在承受建（构）筑物传来上部荷载时，若地基的抗剪强度不足以支承，地基就会产生局部剪切或整体滑动破坏，影响建（构）筑物的安全与正常使用。

（2）地基的变形问题。是指地基沉降、不均匀沉降等变形超出了允许规定，影响建（构）筑物的安全与正常使用。

（3）地基的渗透问题。是指边坡、基坑、堤坝等工程因渗透破坏引起的失稳，或水库工程渗漏严重造成储水量损失，或渗透力过大引起流沙、管涌的现象。

（4）地基的液化问题。是指在强烈地震等动荷载作用下，地下水位以下的饱和砂土或粉土地基，可能会产生液化现象，使地基部分或全部丧失承载力。

（5）特殊土地基问题。是指消除特殊土的不良特性，如：湿陷性黄土的遇水湿陷、膨胀土的遇水膨胀和失水收缩等。

当建（构）筑物的天然地基存在上述问题之一时，就必须进行地基处理。地基处理的目的就是针对上述问题，采取相应措施，改善地基条件，确保工程安全与正常使用。

地基虽不是建（构）筑物本身的一部分，但它在工程中占有十分重要的地位。地基处理的优劣，直接影响整个工程的质量、造价、工期，其重要性已被越来越多的人所认识。在进行地基处理时，一定要善于不同方案的技术经济比较，选取最恰当的方法，力求做到安全适用、经济合理、技术先进、保护环境。

10.1.2 地基处理的对象

地基处理的对象包括软弱土地基和特殊土地基。

软弱土地基是指主要由淤泥、淤泥质土、冲填土、杂填土或其他高压缩性土层构成的地基。这类土的工程特性是强度低、压缩性高，其天然地基的承载力往往不能满足工程要求。特殊土地基是指湿陷性黄土、膨胀土、红黏土、盐渍土、冻土等具有不良特性的地基土。

淤泥或淤泥质土是在第四纪后期，在静水或流速缓慢的环境中沉积，并经生物化学作用形成的。它们的天然含水量大于液限，天然孔隙比 $e \geqslant 1.0$，含有机质。其中天然孔隙比 $e \geqslant 1.5$ 时称为淤泥，$1.0 \leqslant e < 1.5$ 时称为淤泥质土。

冲填土是疏通江河、治理河道时，用挖泥船或泥浆泵将底部的泥砂用水力冲填至岸上低洼处形成的沉积土。其成分复杂，多属于黏性土、粉土或粉细砂。

杂填土是由于人类活动而形成的废弃堆积物，如建筑垃圾、生活垃圾、工业废料等。其成分复杂，结构松散，分布无规律。

湿陷性黄土由于特殊的环境与成因，土中含有大孔隙和易溶盐类，遇水会使它的结构破坏，强度下降，导致建筑物不均匀下沉，引起开裂或破坏。

膨胀土中黏粒主要由蒙脱石等亲水性矿物组成，具有吸水膨胀和失水收缩特性，作为地基会导致建筑物不均匀变形，引起开裂或破坏。

红黏土是石灰岩、白云岩等碳酸盐类岩石在亚热带高温潮湿气候条件下，经红土化作用形成的高塑性红色黏土，具有失水收缩的特性。

盐渍土是指土中易溶盐含量大于等于0.3%且小于20%，并具有溶陷、盐胀和腐蚀性等特性的土。

冻土是指高寒地区含有冰的土，分为季节性冻土和多年冻土。当温度条件改变时，其物理力学性质随之改变，产生冻胀、融陷等现象。

10.1.3 地基处理的方法与选用

由于新技术、新工艺、新设备、新材料的不断涌现，地基处理的方法也随之不断发展。方法很多，分类也多种多样，如：按时间可分为临时性处理和永久性处理；按深度可分为浅层处理和深层处理；按原理可分为置换法、深层加密法、预压加密法、化学加固法、加筋法等。每一类又包括许多具体方法，各有其适用条件，见表10-1。

地基处理方法与适用范围　　表10-1

分类	处理方法	工艺与原理	适用范围
置换法	换填垫层法	将原软弱地基土挖除，回填强度和变形性能好的土，或在挖除土中掺入胶结材料、土工合成材料等，分层压实	各种软弱土地基、湿陷性黄土，但处理深度有限
	振冲置换法	利用振冲器在高饱和度黏土、粉土地基中成孔，填入碎石、卵石，将它们振密形成桩式复合地基	高饱和度黏土、粉土，饱和黄土、人工填土等
	置换砂石桩	在软黏土地基中沉管，设置砂石桩，形成复合地基，同时也加速排水固结	软黏土地基
	其他非挤土置换桩	用人工或机械成孔，将成桩材料灌入孔中夯实	地下水位以上粉土、素填土、杂填土、黏性土等
深层加密法	强夯法	将夯锤从高处反复自由落下，冲击机械能、冲击波使地基土密实，同时在土中产生超静孔压，消散固结使土层密实	较松的碎石土、砂土，低饱和度的粉土、黏土，湿陷性黄土，素填土，杂填土等

续表

分类	处理方法	工艺与原理	适用范围
深层加密法	挤密桩法（土桩灰土桩）	利用横向挤压成孔设备成孔，使桩间土得以挤密，用土或灰土填入孔中分层夯实形成复合地基	地下水位以上的湿陷性黄土、素填土、杂填土。含水量大于20%，饱和度大于65%的地基土不适用
	柱锤冲扩桩法	反复将柱状重锤提升自由落下，冲击成孔，分层填料夯实，形成扩大桩体和复合地基	杂填土、粉土、黏性土、素填土、黄土，地下水位以下的饱和松土层应试验确定其适用性
	石灰桩法	由生石灰及其他掺和料均匀拌合在已成孔内分层夯实，石灰在水化过程中吸水硬化并膨胀挤密桩间土，形成复合地基	饱和黏性土、淤泥、淤泥质土、素填土、杂填土等
预压加密法	堆载预压加密法	利用堆载使地基土排水固结加密，为加速固结常采用砂井、塑料排水带、袋装砂井的竖向排水措施	黏性土、粉土、杂填土、冲填土、泥炭土等
	真空预压法	在排水竖井上部地基表面上覆盖不透气薄膜，在膜内抽气达真空，使地基在大气压力下预压固结	一般适用于淤泥、淤泥质土、冲填土
	降低地下水预压	通过大面积降低地下水，使地基土中有效应力增加，使地基预压固结	适用于砂性、透水性较好的软黏土
化学加固法	水泥土搅拌法	用水泥浆或水泥（石灰）粉为固化剂，与地基土搅拌形成水泥土桩，与桩间土一起形成复合地基	淤泥、淤泥质土、黏性土、饱和黄土、素填土等
	高压喷射注浆法	将高压水泥浆通过钻杆在水平方向由喷嘴喷出，形成喷射流，切割土体并与土体拌合形成水泥土加固体，与桩间土一起形成复合地基	淤泥、淤泥质土、黏性土、粉土、砂土、碎石土等
	水泥粉煤灰碎石桩法（CFG桩）	成孔可用长螺旋钻孔（地下水位以上），从螺旋钻杆管内泵压混合料灌注成桩，振动沉桩，与桩间土一起形成刚性桩复合地基	黏性土、粉土、砂土和已在自重下固结的素填土等
	夯实水法泥土桩	人工成孔或机械成孔，将过筛的土与水泥按一定比例均匀混合在最优含水量附近夯实到孔内成桩	地下水位以上的粉土、素填土、杂填土、黏性土
加筋法	土工合成材料加筋	在土体中设置土工合成材料增加对土的约束和扩散土中应力	软土地基上的堤坝和陡坡
	土钉与锚杆	将锚杆一端插入地基岩土中锚固，另一端与建筑物或构造物结合，承担水平拉力。土钉不加预应力，锚杆施加预应力	可加固土层，基坑支挡结构、边坡、地下结构等

应当指出，以上的分类方法并不是非常严格，有时一种方法可介于两类之间，或兼有两类的原理。

在进行地基基础设计时，首先要根据上部建筑物的性质和要求，结合岩土工程勘察资料描述的地基条件判断是否需要进行地基处理。需要处理时，首先要注意收集详细的资料，包括岩土工程勘察资料、上部结构及基础设计资料；结合工程情况了解当地地基处理的经验、施工条件、材料来源和场地周边环境等因素；确定地基处理的目的和处理后要求达到的各项技术经济指标；初步选出几种可供考虑的方案，并进行技术和经济性分析对比，以选择最佳的地基处理方法。

总之，地基处理方法的选择多种多样，但各种方法又有其适用条件、优缺点、局限性和经济性，必须综合考虑。既要对实际的地质条件、工程特点具有针对性，同时地基处理的时效性（有些处理方法需经过一段时间才能达到预期效果）也必须给予重视。如选择不当，不仅达不到预期效果，反而会适得其反。

10.2　换填垫层法

当持力层不能满足上部结构对地基的要求时，可将基础下部一定范围内的软弱土挖除，然后回填强度较高，压缩性小的砂、碎石、灰土和素土等土料，或将挖除土改善回填，并经分层夯、压、振实处理，形成新的地基持力层，这种处理方法就称为换填垫层法。

10.2.1　设计要点

换填垫层法设计的主要内容是合理确定垫层厚度和宽度。如图 10-1 所示，垫层厚度 z 根据需置换软弱土的深度或下卧土层的承载力确定，应符合下式要求：

$$p_z + p_{cz} \leqslant f_{az} \qquad (10\text{-}1)$$

式中　p_z——相应于荷载效应标准组合时，垫层底面处的附加压力值（kPa）；

p_{cz}——垫层底面处土的自重压力值（kPa）；

f_{az}——垫层底面处经深度修正后的地基承载力特征值（kPa）。

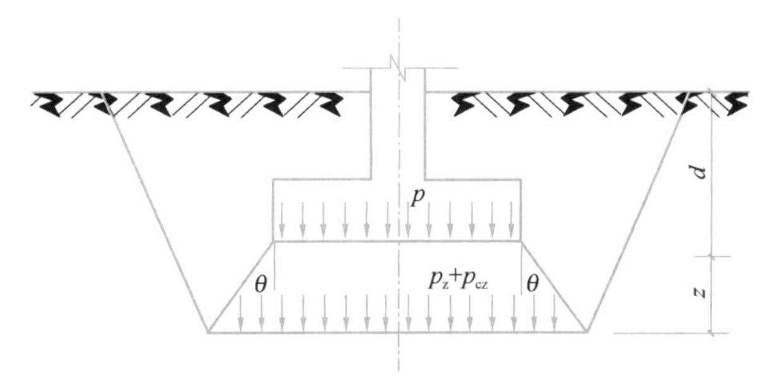

图 10-1　换填垫层示意

上式表面，软弱下卧层处的总应力不应超过地基承载力特征值。其中 p_z 可分别按下式计算：

条形基础
$$p_z = \frac{b(p_k - p_c)}{b + 2z\tan\theta} \tag{10-2}$$

矩形基础
$$p_z = \frac{b(p_k - p_c)}{(b + 2z\tan\theta)(l + 2z\tan\theta)} \tag{10-3}$$

式中 b——矩形基础或条形基础底面宽度（m）；

l——矩形基础底面长度（m）；

p_k——相应于荷载效应标准组合时，基础底面处的平均压力值（kPa）；

p_c——基础底面处土的自重压力值（kPa）；

z——基础底面下垫层的厚度（m）；

θ——垫层的压力扩散角（°）；可按表 10-2 采用。

压力扩散角　　表 10-2

z/b	换填材料		
	中砂、粗砂、砾砂、圆砾、角砾、石屑、卵石、碎石、矿渣	粉质黏土、粉煤灰	灰土
0.25	20	6	28
≥0.50	30	23	

注：1. 当 $z/b \leqslant 0.25$ 时，除灰土取 $\theta=28°$外，其余材料均取 $\theta=0°$，必要时宜由试验确定。

2. $0.25 < z/b < 0.50$ 时，θ 值可内插求得。

垫层底面的宽度应满足基础底面应力扩散的要求，可按下式确定：

$$b' \geqslant b + 2z\tan\theta \tag{10-4}$$

式中 b'——垫层底面宽度（m）；

θ——垫层的压力扩散角（°）；可按表 10-2 采用；$z/b < 0.25$ 时，仍按表中 $z/b = 0.25$ 取值。

整片垫层底面的宽度可根据施工要求适当加宽，垫层顶面宽度每边超出基础底边不宜小于 300mm。

10.2.2 施工要点

（1）坑底土层处理。基坑开挖时严禁扰动坑底土层，通常应保留约 200mm 厚的土层暂不挖去，防止被践踏、受冻或浸泡，待铺设垫层前再挖至设计标高。

（2）分层铺设的厚度。一般情况下，垫层的分层铺设厚度可取 200～300mm。接触下卧软土层的垫层底部厚度应根据施工机械设备及下卧层土质条件确定。

（3）填料含水量。粉质黏土和灰土垫层土料的施工含水量宜控制在最优含水量±2%范围内，最优含水量可通过击实试验确定。

（4）压实机械。应根据不同的换填材料选择施工机械，粉质黏土、灰土宜采用平碾，也可采用蛙式夯、柴油夯；砂土宜采用振动碾。

（5）地下水。除采用水撼法施工砂垫层外，换填垫层不得在浸水条件下施工，地下水位较高时应注意基坑排水，必要时应采取降低地下水位的措施。

（6）局部处理。当垫层底部存在旧基础、古井等不良地质问题时，应提前予以处理，并经验收合格后再进行垫层施工。

10.2.3 质量检验

换填垫层的质量检验主要是对填料密实度的检验，必须分层进行，应在每层压实系数符合设计要求后再进行上层铺设。检验方法有环刀法、灌砂法、灌水法、贯入仪、静力触探等。

采用环刀法检验垫层的施工质量时，取样点应位于每层厚度的2/3深度处，对大基坑每50～100m^{2}不应少于1个检验点，对基槽每10～20m不应少于1个检验点，每个独立柱基不应少于1个检验点。

采用贯入仪或动力触探检验垫层的施工质量时，每分层检验点的间距应小于4m。

采用载荷试验检验垫层承载力时，每个单体工程不宜少于3点。

10.3 强 夯 法

与一般夯实、碾压、表面振动等浅层加密不同，强夯加密则属于深层加密法。是将几十吨的重型锤，从几十米高度自由下落，产生强大的夯击能量，在土中形成冲击波和很大的应力，各种纵波和横波直至地基深处，除了强制土粒重新排列密实，使土中气体体积大幅度减少外，还破坏土体结构，使土体局部液化，并在夯点周围产生裂缝形成良好的排水通道，加速孔隙水压力的消散，使土体固结。如图10-2所示。

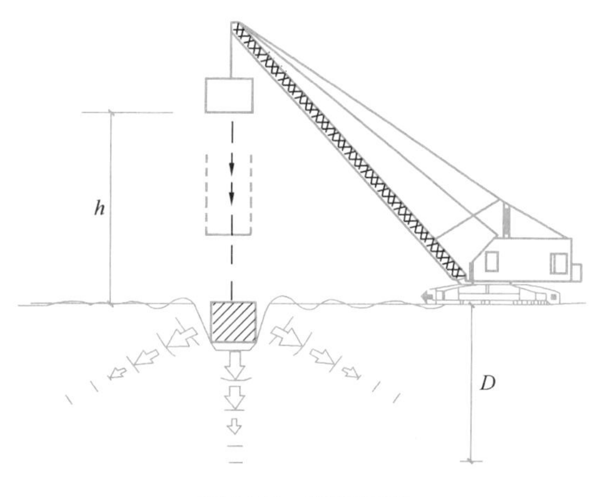

图10-2 强夯示意

强夯法适用于处理孔隙大而疏松的碎石土和砂土、低饱和度的粉土和黏土、湿陷性黄土、素填土和杂填土地基。可有效进行深层的地基加固，提高地基承载力，消除液化，消除湿陷性，减少地基沉降量。但振动大，在建筑密集的市区应慎重采用。

10.3.1 设计要点

（1）根据工程规模与特点，结合地基土层情况，初步估算强夯的有效加固深度，通过现场试夯后最终确定。

（2）强夯的单位夯击能是指单位面积上所施加的总夯击能，它的大小应根据地基土的类别、结构类型、荷载大小和处理深度等综合考虑，并通过现场试夯确定。

（3）根据有效加固深度与单位夯击能选用夯锤与落距。

（4）通常每个夯点需多次重复夯击，才能达到有效加固深度。为此需由现场试夯所得夯击次数与沉降量关系曲线确定最佳夯击次数。夯击遍数应根据地基土的性质确定，如渗透性较差的细颗粒土，必要时夯击遍数可适当增加。

（5）两遍夯击之间应有一定的时间间隔，间隔时间取决于土中超静孔隙水压力的消散时间，对于渗透性较差的黏性土地基，间隔时间不应少于3～4周。

（6）夯点平面布置可根据强夯处理范围及夯击应力扩散、起重机开行路线等因素确定夯击点位置、间距，常采用等边三角形、等腰三角形或正方形布置。

（7）根据初步确定的强夯参数，提出强夯试验方案，进行现场试夯。根据不同土质条件待试夯结束一至数周后，对试夯场地进行检测，并与夯前测试数据进行对比，检验强夯效果，确定各项强夯参数。

10.3.2 施工要点

（1）选择机具设备，主要是夯锤、起重机和自行脱钩装置。

（2）当地表土软弱或地下水位较高，夯坑底积水影响施工时，宜采用人工降低地下水位或铺填一定厚度的松散材料，坑内或场地积水应及时排除。

（3）施工前应查明场地范围内的地下构筑物和各种地下管线的位置及标高等，并采取必要的措施避免造成破坏。

（4）当强夯施工所产生的振动对邻近建筑物或设备会产生有害影响时，应设置监测点，并采取挖隔振沟等隔振或防振措施。

（5）施工步骤：①清理平整场地，标明第一遍夯点位置，并测量场地高程；②起重机就位，夯锤置于夯点位置，测量夯前锤顶高程；③将夯锤起吊到预定高度，开启脱钩装置使夯锤自由下落，测量锤顶高程，若发现因坑底倾斜造成夯锤歪斜时，应及时将坑底整平；④重复步骤③，按设计规定的夯击次数及控制标准，完成一个夯点的夯击；⑤换夯点并逐个完成第一遍全部夯点的夯击；⑥用推土机将夯坑填平，测量场地高程，标出第二遍夯点位置；⑦按规定的间隔时间，待前一遍强夯产生的孔隙水压力消散后，再逐次完成全部夯击遍数；⑧最后用低能量满夯，将场地表层松土夯实，并测量夯后场地高程。

10.3.3 质量检验

强夯处理的质量检验一般包括检查施工过程中的各项数据、施工记录和承载力检验。

承载力检验应在施工结束后间隔一定时间才能进行，对碎石土和砂土一般为 7～14 天，对粉土和黏性土一般为 14～28 天。检验方法应采用原位测试和室内土工试验。检验数量根据建筑物的重要性和现场复杂程度确定，对于简单场地上的一般建筑物，每个建筑地基的载荷试验检验点不应少于 3 点，对于复杂场地的重要建筑应适当增加检验点数。

需要说明，对于高饱和度的粉土与软塑～流塑的黏性土等地基上对变形控制要求不严的工程，也有采用强夯将级配良好的块石、碎石、矿渣等坚硬的粗颗粒材料击入软土层中，形成置换墩将荷载传递到下部好土层的处理方法。这种处理方法称为强夯置换法，与前述强夯法的处理机理完成不同，本书不再介绍。

10.4　地基处理的其他方法

10.4.1　机械压实法

机械压实法是修路、筑堤、加固地基表层最常用的处理方法。通过机械的夯击或碾压，使填土或地基表层疏松土孔隙体积减小，密实度提高，从而提高其抗剪强度和地基承载力，降低土的压缩性。

工程实践表明，黏性土进行压实时，土太湿或太干都不能把土压实，只有在适当的含水量范围才能压到最密实状态。这个含水量就称为最优含水量，对应的干密度就称为最大干密度，可通过击实试验测定。

影响黏性土压实的因素，还有压实功能大小与土的粒径级配。同一种土，压实功能加大，则最大干密度增大，相应的最优含水量降低。砂土的压实性能与黏性土不同，由于砂土的粒径大，孔隙大，强结合水的影响较小，比黏性土容易压实。干砂压实效果较好，稍湿的砂土压实效果稍差，饱和砂土的压实效果又变良好。

机械压实法目前常用的方法有分层碾压法、振动压实法、重锤夯实法等。

1. 分层碾压法

分层碾压法是用压路机、羊足碾、平碾等机械，在需要压实的场地上，按次序分层压实的方法。该方法适用于地下水位以上的大面积填土和含水量较低的素填土或杂填土。该方法要求土料处于最优含水量，压实质量由压实系数控制。压实系数为施工测得干密度与最大干密度之比 $\left(\lambda_c = \dfrac{\rho_d}{\rho_d \max}\right)$，在主要受力层范围内一般要求 $\lambda_c \geqslant 0.96$。

2. 振动压实法

振动压实法是用振动压实机在地基表层施加振动，将浅层松散土振实的方法。该方法适用于处理松散状态的砂土和由炉渣、碎砖、工业废料等组成的杂填土地基。

振动压实的效果取决于振动力的大小、填土的成分和振动时间。一般来说，振动时间越长效果越好，但振动超过一定时间后，振动效果将趋于稳定，因此在施工前应进行试振，确定振动效果稳定所需要的时间。

3. 重锤夯实法

重锤夯实地基处理施工

重锤夯实法是用小型起重机将重锤（1.5～3.0t）提升至一定高度（2.5～4.5m），让重锤自由下落，重复夯击（6～8 遍）达到压实的方法。该方法适用于处理地下水位埋深大于 1.5m 的稍湿黏性土、粉土、素填土、杂填土、砂土和湿陷性黄土地基。对饱和软黏土，在夯击时容易产生“橡皮土”，影响击实效果。

10.4.2 预压加密法

预压加密法又称排水固结法，主要包括堆载预压法和真空预压法。是利用地基排水固结的特性，通过施加预压荷载，设置砂井和砂垫层等排水系统，加速饱和黏性土固结，提高土体强度的一种处理方法。适用于处理淤泥、淤泥质土、冲填土等饱和黏性土地基。

软黏土层在荷载作用下，土中孔隙体积不断减小，孔隙水不断排出，发生固结变形。随着超静水压力逐渐消散，土的有效应力逐渐增大，地基强度则逐步增长。由此可见，预压荷载和良好的排水条件是影响处理效果的主要因素。目前排水系统主要采用水平排水砂垫层和砂井等竖向排水体组成。加压系统根据施加荷载不同，可分为堆载预压、真空预压、降水预压等。

1. 堆载预压法

如图 10-3 所示，堆载预压法是直接在地基上采用砂石等材料堆载。堆载范围应不小于建筑物基础外缘所包围的范围。堆载的大小应根据设计要求确定，对沉降有严格限制的建筑，可采用超载预压，超载量大小应通过计算确定，并宜使预压荷载下受压土层

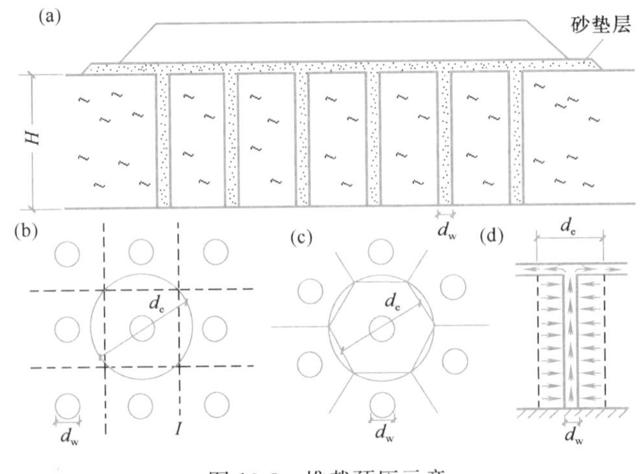

图 10-3　堆载预压示意

（a）剖面图；（b）正方形布置；（c）等边三角形布置；（d）砂井的排水途径

各点的有效竖向应力大于建筑物荷载引起的相应各点的附加应力。加载速率应根据地基土的强度确定，当天然地基上的强度满足预压荷载下地基的稳定性要求时，可一次性加载，否则应分级加载，待前期预压荷载下地基土的强度增长满足下一级荷载下地基的稳定性要求时方可加载。

排水竖井分为普通砂井、袋装砂井和塑料排水带。普通砂井直径宜为 300～500mm，袋装砂井直径宜为 70～120mm，塑料排水带的当量换算直径应按计算确定。砂井的平面布置一般采用等边三角形或正方形排列，间距应根据地基土的固结特性和预压时间内所要求达到的固结度来确定。砂井的砂料应选用中粗砂，其黏粒含量不应大于 3%。

预压法处理地基必须在地表铺设与排水竖井相连的水平排水砂垫层，厚度不应小于 500mm，砂料应选用中粗砂，其黏粒含量不宜大于 3%。

2. 真空预压法

真空预压法是利用大气压力作为荷载的处理方法。在设有排水竖井和水平排水砂垫层的表面，铺设一道不透气的薄膜与大气隔绝，用真空泵抽气形成真空，利用外部大气压对地基施加预压荷载，随着地基中气和水的排出，地基得到固结。如图 10-4 所示。

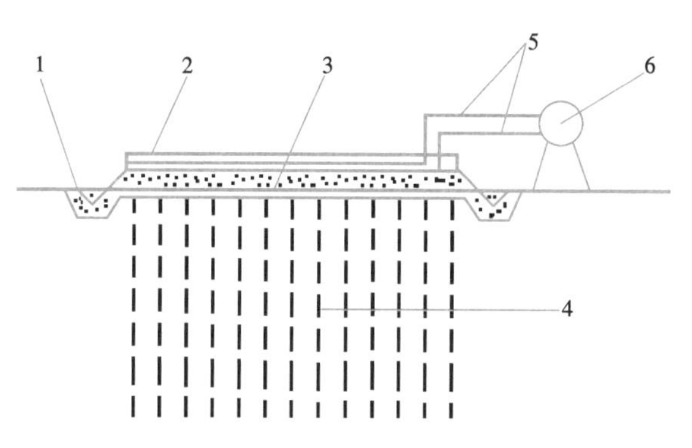

图 10-4　真空预压示意

1—黏土密封；2—密封薄膜；3—砂垫层；4—砂井；5—排水管；6—真空泵

真空预压与堆载预压相比，不需要堆载，但需要设置抽气设备、真空管路、滤水管、密封膜等设施。

3. 降水预压法

降低地下水位可减少地基的孔隙水压力，使有效应力增加，使地基得到固结。该方法适用于处理面积较大且地下水位较高的地基，但应注意对周边环境的影响。

10.4.3　深层密实法

预压地基施工

深层密实法是在软弱土层中以沉管、冲击、振冲等方式成孔，一方面从侧向将地基土挤密，另一方面将填料充填孔中并密实成桩体，两者共同工作协调变形，形成复合地基，有效提高承载力，减少地基变形的一种处理方法。该方法适用于处理松散砂土、粉土、黏性土、素填土、杂填土等地基。

1. 沉管挤密法

沉管加密法是将端部带有自动打开活瓣式桩靴（图 10-5）的套管（钢管），或在套管端部设混凝土锥形一次性桩靴（图 10-6），利用振动、锤击等方式挤土沉入成孔，在管内投料，一边上提套管（活瓣张开或一次性桩靴留在孔底），一边振动或分层夯实，填料入孔形成密实桩体，与挤密的桩间土组成复合地基，共同承受上部荷载的一种处理方法。

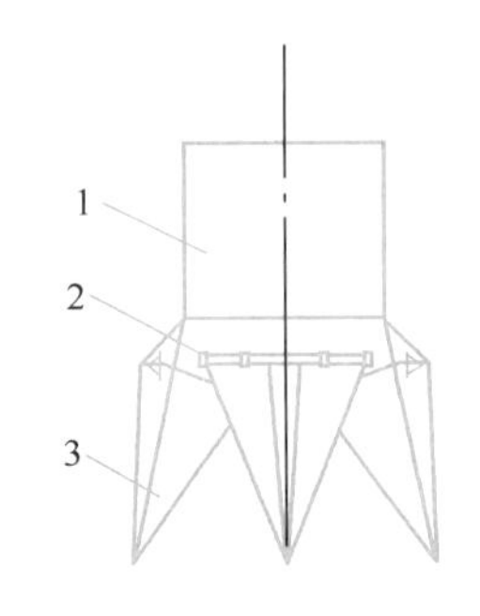

图 10-5 活瓣式桩靴示意

1—套管；2—转轴；3—活瓣

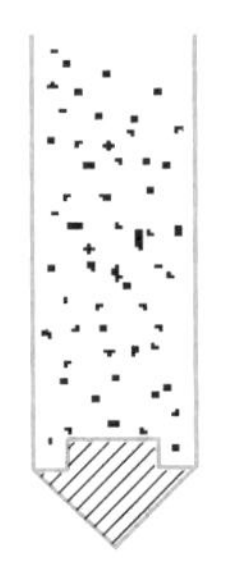

图 10-6 一次性桩靴示意

根据填入的桩体材料不同，可以分为碎石桩、砂桩、灰土桩、土桩等。

砂石桩桩体材料可用碎石、卵石、角砾、圆砾、砾砂、粗砂、中砂或石屑等硬质材料，含泥量不大于5%，最大粒径不宜大于50mm。在黏性土地基中可形成良好的排水通道，兼有加速排水固结效果。

灰土（石灰与土的体积比为2∶8或3∶7）挤密桩和土（黏性土）挤密桩采用分层填料，并分层夯实至设计标高的方法成桩，具有就地取材和费用较低的特点。常用于处理地下水位以上的湿陷性黄土、素填土和杂填土等地基，当地基土的含水量较大时不宜选用。

2. 振冲挤密法

振冲挤密法简称振冲法，是根据在砂土中注水振动容易密实的原理，利用专门的振冲器，启动潜水电动机带动偏心块高速转动，使振冲器产生高频振动，同时开动水泵喷射高压水流，在高频振动和高压水流的共同作用下产生侧向挤压作用，地基土被挤向周围成孔，同时边振冲边灌入砂石料，形成坚实的桩体，与桩间土构成复合地基，改善地基土的工程性质。在黏性土中，振冲主要起成孔作用，对周围的黏性土没有明显的加固作用。

该方法适用于处理砂土、粉土、粉质黏土、素填土和杂填土等地基。对处理不排水抗剪强度不小于20kPa的饱和黏性土和饱和黄土地基，应在施工前通过现场试验确定其适用性。不加填料的振冲加密适用于处理黏粒含量不大于10%的中砂、粗砂地基。

如图10-7所示，振冲器由起重机吊起就位，启动振冲器，打开下喷水口，将振冲器沉至需要加固的深度，然后关闭下喷水口，打开上喷水口，一边往孔内填砂石一边喷水振动，随着振冲器的上提形成振冲桩。

10.4.4 化学加固法

化学加固法是利用各种机具，通过灌注、喷射、搅拌等方法，在软土地基中掺入水泥、石灰、水玻璃等，经化学变化形成新的坚硬物质，以改

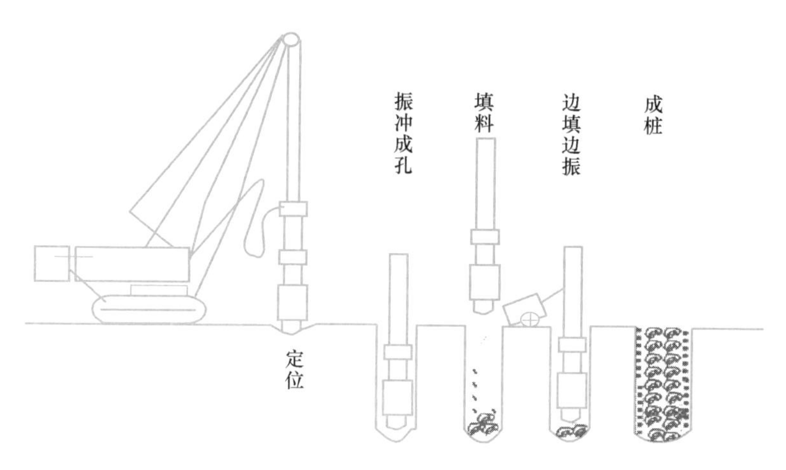

图 10-7 振冲法示意

善地基土的物理力学性质，达到加固软土地基的目的。

1. 水泥土搅拌法

水泥土搅拌法分为深层搅拌法（简称湿法）和粉体喷搅法（简称干法）。适用于处理正常固结的淤泥与淤泥质土、粉土、饱和黄土、素填土、黏性土以及无流动地下水的饱和松散砂土等地基。当地基土的天然含水量小于 30%（黄土小于 25%），大于 70% 或地下水的 pH 值小于 4 时不宜采用干法。当用于处理泥炭土、有机质土、塑性指数大于 25 的黏土、地下水具有腐蚀性以及无工程经验的地区时，必须通过现场试验确定其适用性。

湿法是通过搅拌机械、灰浆泵等设备，将按要求制备的水泥浆液边喷射边搅拌，与四周土均匀掺和，形成水泥土加固体，作为竖向承载的复合地基。施工时预搅下沉至设计加固深度后，边喷浆，边搅拌，边提升至规定的停浆面。然后重复搅拌下沉，喷浆或仅搅拌提升至预定的停浆面，关闭机械设备完成一个加固体的施工。如图 10-8 所示。

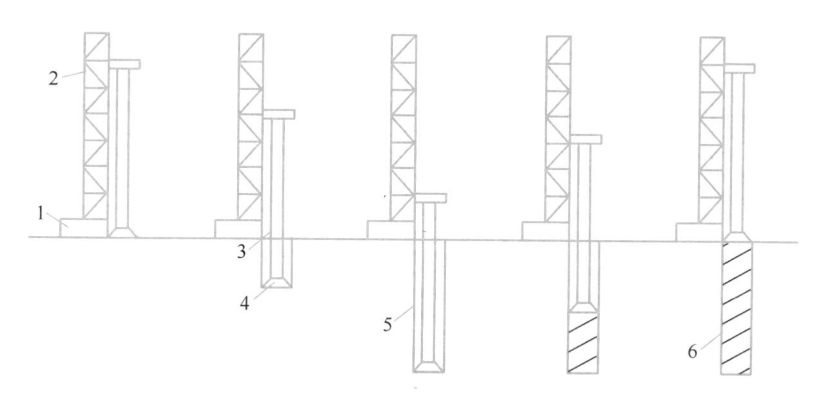

图 10-8 水泥土搅拌法示意

1—钻机；2—钻架；3—钻杆；4—钻头；5—钻孔；6—成桩

湿法的加固深度不宜大于 20m，水泥土搅拌桩的桩径不应小于 500mm。并应在基础和桩之间铺设厚度为200～300mm的褥垫层，其材料可选用中砂、粗砂、级配砂石等，最大粒径不宜大于20mm。

干法是通过喷水泥粉形成加固体，其处理深度不宜大于15m。施工设备包括搅拌机械、供粉泵、送粉管路及出粉量的计量装置等。施工步骤由于湿法和干法的施工设备不同而略有差异，其主要步骤大致相同，区别在于一个是喷浆一个是喷粉。

2. 高压喷射注浆法

水泥土搅拌桩地基施工

高压喷射注浆法是利用高压喷射化学浆液与土混合固化处理地基的一种方法。此法用钻机把带有喷嘴的注浆管钻至土层的预定位置后，用高压设备将水泥浆液从喷嘴喷出，冲击破坏土体，同时钻杆以一定的速度向上提升，将水泥浆液与土颗粒强制搅拌混合，硬化后在土中形成强度高、压缩性小、不透水的固结体，达到加固的目的。该方法适用于处理淤泥、淤泥质土、流塑软塑或可塑黏性土、粉土、砂土、黄土、素填土和碎石土等地基。可用于既有建筑和新建建筑地基加固、深基坑、地铁等工程的加固或防水。

高压喷射注浆法按注浆形式不同可分为旋转喷射注浆（旋喷法）、定向喷射注浆（定喷法）、摆动喷射注浆（摆喷法）三种类型。旋喷法旋转喷射可形成圆柱状固结体，定喷法固定一个方向喷射可形成墙壁状固结体，摆喷法按一定角度来回摆动喷射可形成扇形柱体状固结体。

高压喷射注浆法的施工工序如图10-9所示，大致为机具就位、贯入喷射管、喷射注浆、拔管和冲洗等。

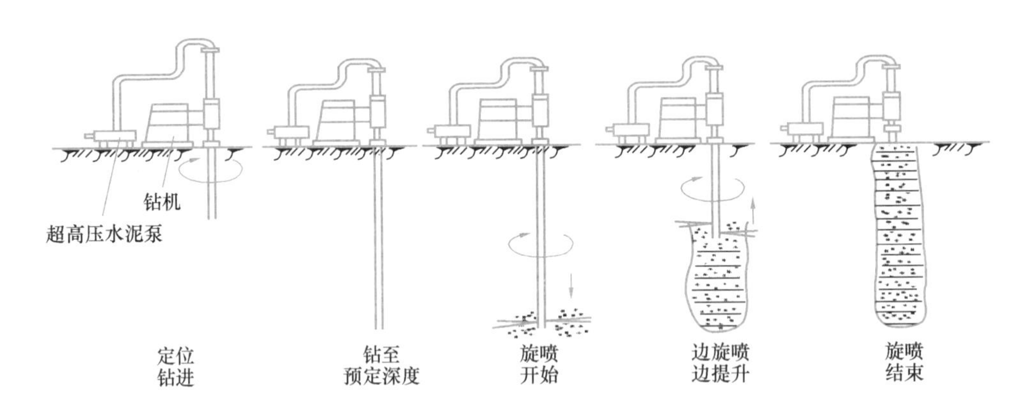

图10-9 高压喷射注浆法示意

根据工程需要和土质条件，可分别采用单管法、双管法和三管法。单管法只喷射高压水泥浆，如图10-10所示。双管法又称二重管法，采用同心圆内外两重管，内管喷射高压水泥浆，外管喷射压缩空气。三管法又称三重管法，为三根同心圆的管子，内管喷射高压水泥浆，中管喷射高压水，外管喷射压缩空气。喷射管增加，喷射流的压力和有效射程增大，破坏土体的能量显著提高，可在孔周围土中形成直径较大的坚固柱体。

注浆地基施工

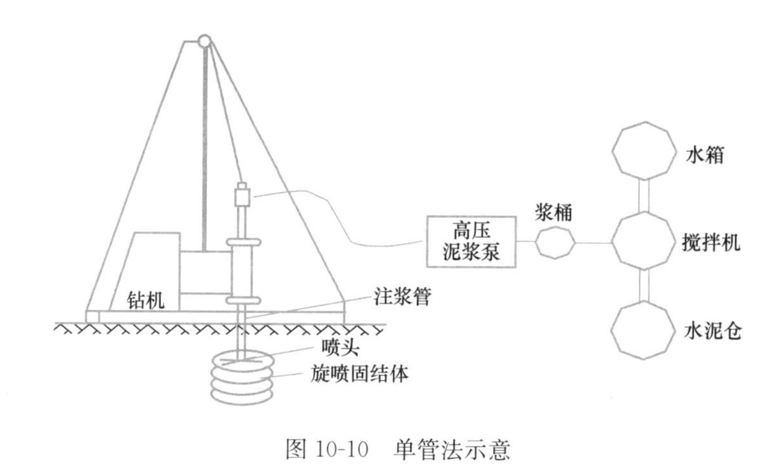

图 10-10　单管法示意

10.5　特殊土地基

我国疆域辽阔，地理环境、地质条件、气候条件等差异很大，再加成土过程、土的物质成分和次生变化等复杂性，形成了若干具有特殊性质的土，统称为特殊土。这些天然形成的特殊土在地理分布上存在一定的区域性，因此也称为区域性特殊土。当将其作为建筑地基时，如果不注意它们的特殊性，就可能引起工程事故。

常见的特殊土主要包括湿陷性黄土、膨胀土、红黏土、盐渍土和冻土等。

10.5.1　湿陷性黄土地基

1. 湿陷性黄土的特征

湿陷性黄土是指第四纪地质历史时期，在干旱、半干旱气候条件下形成的沉积物。颜色一般呈黄色或褐黄色；颗粒组成以黏土粒为主，含量约占 60%～70%；含有大量碳酸盐、硫酸盐及少量易溶盐；天然含水量低，一般约占 10%～20%；天然孔隙比一般大于 1.0，具有肉眼可见的大孔隙；具有竖直节理，天然条件能保持直立。如未受水浸湿，一般强度较高，压缩性较小。在一定压力下浸水，则土体结构迅速破坏，强度迅速降低并产生显著沉陷。

黄土在我国分布范围较广，但并非所有的黄土都具有湿陷性，具有湿陷性的黄土就称为湿陷性黄土，湿陷性是其典型特殊性质。

黄土地基的湿陷性评价主要包括三方面内容：判断黄土有无湿陷性；区分黄土的湿陷类型；判断地基的湿陷等级。通过室内浸水压缩试验与相关计算判别，可将黄土分为湿陷性黄土和非湿陷性黄土，湿陷性黄土又分为自重湿陷性黄土和非自重湿陷性黄土。湿陷性黄土地基的湿陷等级分为Ⅰ级（轻微），Ⅱ级（中等），Ⅲ级（严重），Ⅳ级（很严重）。非湿陷性黄土的工程性质接近一般黏性土，湿陷性黄土地基则对工程建筑具有一定危害性，必须针对具体情况采取必要措施予以处理。

2. 湿陷性黄土地基的工程措施

建造在湿陷性黄土地基上的建筑物，必须结合建筑物的重要性和湿陷等级，针对具体情况因地制宜地采取相应措施，消除地基湿陷的不良影响，保证建筑物的安全和正常使用。常用的工程措施主要有如下三个方面：

（1）地基处理措施

这是最主要的措施，其目的在于消除地基的全部或部分湿陷量，从根本上避免和削弱湿陷现象的发生。常用的地基处理方法有：

1）垫层法。先将基础下的湿陷性黄土一部分或全部挖除，然后用素土或灰土分层夯实做成垫层，以消除地基的部分或全部湿陷量。该方法一般可处理基底下 1～3m 厚度的湿陷性土层。

2）强夯法。通过对地基土体施加的冲击能量，使土体发生结构破坏、孔隙挤密等一系列变化，达到增大压实度，消除湿陷性等目的。该方法一般可处理基底下 3～6m 厚度的湿陷性土层。

3）挤密法。一般采用灰土挤密桩或素土挤密桩，通过成孔和桩体夯实过程中的横向挤压作用，使桩间土得以挤密，从而形成复合地基。该方法一般可处理基底下 5～15m 厚度的湿陷性土层。

4）桩基础。采用穿透湿陷性黄土层的桩基础，将荷载传至可靠的持力层。该方法一般可处理基底下≤30m 厚度的湿陷性土层。

5）预浸水法。预浸水法是在修建建筑物前预先对湿陷性黄土场地大面积浸水，使土体在饱和自重应力作用下，发生湿陷产生压密，以消除全部黄土层的自重湿陷性。该方法一般适用于湿陷性黄土厚度大、湿陷性强烈的自重湿陷性黄土场地。

（2）防水措施

其目的在于消除湿陷性黄土发生湿陷的外因，避免地基浸水湿陷。

1）基本防水措施。在建筑物布置、场地排水、屋面排水、地面防水、散水、排水沟、管道材料和接口等方面，应采取措施防止雨水或生产、生活用水的渗漏。

2）检漏防水措施。对防护范围内的地下管道增设检漏管沟和检漏井。

3）严格防水措施。提高防水地面、排水沟、检漏管沟和检漏井等设施的材料标准。

（3）结构措施

其目的在于对建筑物采取适当措施，以增强结构抵抗因湿陷引起不均匀沉降的能力。结构设计中，应考虑增强建筑结构的整体刚度。

10.5.2 膨胀土地基

1. 膨胀土的特征

膨胀土是指土中含有大量伊利土、蒙脱土等亲水矿物组成的黏性土，具有显著的吸水膨胀和失水收缩特征的土。一般颜色呈黄色、黄褐色、灰白色等；黏土颗粒为主，其

中 d<0.005mm 的颗粒约占 24%～40%；天然含水量接近塑限；天然孔隙比一般等于 0.5～0.8；干旱时地表常见竖向裂隙和斜交、水平向裂缝。这种土的结构致密、压缩性低，易被误认为是工程性能较好的地基土，但其吸水膨胀和失水收缩的特性会对建（构）筑物带来一定的危害，引起地基不均匀胀缩变形。

正确评价膨胀土地基具有重要的工程意义，其内容包括：膨胀土的判别；判别膨胀土的膨胀潜势；膨胀土地基的胀缩等级。首先根据土的浸水试验和场地工程地质特征甄别是否属于膨胀土，然后还需对膨胀土进一步判断其膨胀潜势，即可能产生胀缩变形的强弱，分为强、中、弱三类。膨胀土地基的胀缩等级分为Ⅰ、Ⅱ、Ⅲ级，等级越高膨胀性越大。

2. 膨胀土地基的工程措施

（1）建筑措施

建筑场地应尽量选择地形坡度小、土层厚度较均匀、胀缩性弱的地段。建筑体型力求简单，在挖方与填方交界处、地基土显著不均匀处、平面转折或高度（或荷载）显著差异部位、结构（或基础）类型不同部位应设置沉降缝。同时应采取必要的措施保证室外排水畅通，避免积水，防止浸水和渗漏现象。

（2）结构措施

主要是加强建筑物的整体刚度，如设置圈梁、构造柱，采用可靠拉结措施的实心砖墙等。不宜采用对变形敏感的结构。基础梁下应留有空隙，其值应大于土层浸水后的最大膨胀量，且不小于 100mm。

（3）地基处理

根据土的胀缩等级，一般采用换土、砂石或灰土垫层、土质改良等方法，必要时可采用桩基础。

（4）施工措施

在地基基础施工中，宜采用分段快速作业方法，防止暴晒或泡水，及时分层回填，避免雨期施工。

10.5.3 红黏土地基

红黏土是指石灰岩、白云岩等碳酸盐类岩石，在高温潮湿气候条件下，经红土化作用形成的高塑黏性土。一般颜色呈褐红、棕红、褐黄色等；黏土颗粒含量高，液限大于或等于 50%；天然含水量较高，为 20%～75%，多数处于饱和状态；天然孔隙比较大，一般等于 1.1～1.7；土体一般处于硬塑或坚硬状态，具有较高的强度和较低的压缩性。经搬运、沉积后，仍保留其基本特征，且液限大于 45%的黏土称为次生红黏土。

红黏土具有强烈的失水收缩特性，即原状土浸水后膨胀量很小，但失水后收缩量很大。土层厚度沿水平方向分布不均匀，沿深度方向呈上部硬、下部软。网状裂隙发育，破坏了土体的完整性，位于斜坡时可能形成滑坡。岩溶地区的红黏土常伴有土洞存在。因此将会对建造在红黏土地基上的建筑物产生一定的危害，设计与施工中必须针对具体情况采取必要的措施。

10.5.4 盐渍土地基

盐渍土是指土中易溶盐含量大于或等于0.3%，并具有融陷、盐胀、腐蚀性等工程特性的土。主要形成于干旱、半干旱地区，通常土的表面存在白色的盐壳，几乎无植被覆盖。越接近地表，易溶盐含量越多。

盐渍土的地基评价主要与其存在的溶陷性、盐胀性和腐蚀性有关。溶陷性是指易溶盐浸水后，会发生溶解和流失，导致土体结构松散，在荷载作用下产生土体沉陷，称为融陷变形。盐胀性是指因温度或湿度变化而出现的土体体积增大的特性。腐蚀性是指对钢结构、混凝土结构和砌体结构的腐蚀作用，以氯盐为主时主要对金属的腐蚀危害大，硫酸盐主要与混凝土、砂浆、黏土砖、石灰等发生物理化学反应，引起膨胀、腐蚀破坏。

建造在盐渍土地基上的建筑物必须针对含盐量的种类、大小以及环境条件等情况，结合工程具体情况采取必要的措施。

10.5.5 冻土地基

冻土是指高寒地区具有负温或零温度并含有冰的土，一般分为季节性冻土和多年冻土。季节性冻土是指寒季气温降至0℃以下冻结，暖季气温上升而融化的土，冻土的深度不大，在我国华北、东北、西北大部分地区为此类冻土。多年冻土是指含有固态水，且冻结状态持续两年或两年以上的土，冻土层很厚，常年不融化，主要集中在我国的严寒地区。

冻土地基对工程的危害主要是冻胀性和融沉性（也称融陷性），以及冻土中所含易溶盐或有机质对其热学性质和力学性质产生的影响。冻胀是指土冻结后体积增大的现象，可分为不冻胀、弱冻胀、冻胀、强冻胀和特强冻胀五类，主要与当地气温、土的类别、冻前含水量、地下水位等因素有关。融沉性是指冻土融化后引起沉陷的现象，可分为不融沉、弱融沉、融沉、强融沉和融陷五类。在设计、施工中必须针对具体情况采取防治措施。

复习思考题

1. 地基处理的目的是什么？需要解决哪几方面的问题？
2. 什么是软弱地基？简述软弱土的特性？
3. 什么是换填垫层法？如何确定垫层的厚度和宽度？
4. 换填垫层地基的质量检验要点有哪些？
5. 试述强夯法的加固机理？
6. 影响黏性土压实的因素有哪些？
7. 深层密实法的工作原理是什么？
8. 预压法的工作原理是什么？
9. 高压喷射注浆法有哪些特点？适用范围如何？

10. 什么是特殊土?
11. 湿陷性黄土的主要特征是什么? 工程中要注意哪些问题?
12. 膨胀土的主要特征是什么?
13. 红黏土地基的不良影响有哪些?
14. 什么是盐渍土的盐胀性?
15. 盐渍土的腐蚀性有什么特点?
16. 冻土分为哪几类? 对地基有什么危害?

习　题

某房屋拟采用换填法处理，换填材料为中砂，垫层厚度为 1m，基础剖面如图 10-11 所示，已知上部结构传到±0.000 标高处的荷载 $F=127$kN/m，自地面下 5m 均为淤泥质土，重力密度为 17.6kN/m^3，承载力特征值为 70kPa，不考虑地下水影响，试复核其下卧层承载力是否满足要求，并确定该垫层宽度。

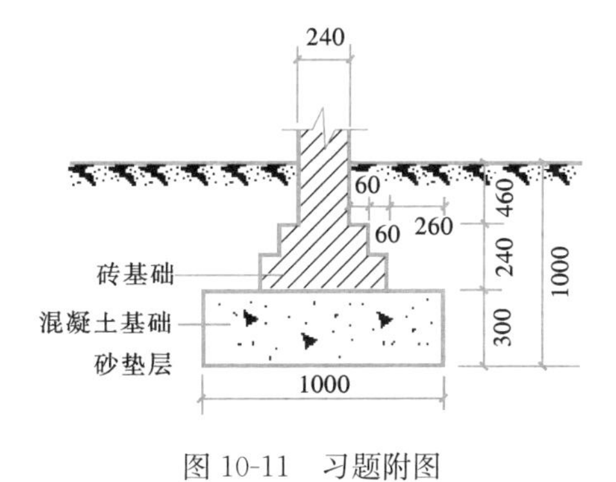

图 10-11　习题附图

主要参考文献

[1] 高大钊. 天然地基上的浅基础［M］. 第 2 版. 北京：机械工业出版社，2002.
[2] 陈兰云. 土力学与地基基础［M］. 第 1 版. 北京：机械工业出版社，2001.
[3] 郭继武，郭瑶. 地基基础［M］. 第 3 版. 北京：清华大学出版社，2002.
[4] 黄林青. 地基基础工程［M］. 第 1 版. 北京：化学工业出版社，2003.
[5] 陈晓平，陈书申. 土力学与地基基础［M］. 第 1 版. 武汉：武汉工业大学出版社，1997.
[6] 凌治平，易经武. 基础工程［M］. 第 1 版. 北京：人民交通出版社，2002.
[7] 顾晓鲁，钱鸿缙. 地基与基础［M］. 第 3 版. 北京：中国建筑工业出版社，2003.
[8] 陈晓平，陈书申. 土力学与地基基础［M］. 武汉：武汉理工大学出版社，2003.
[9] 沈克仁. 地基与基础［M］. 第 1 版. 北京：中国建筑工业出版社，1995.
[10] 王成华. 土力学原理［M］. 第 1 版. 天津：天津大学出版社，2002.
[11] 陈希哲. 土力学地基基础［M］. 第 3 版. 北京：清华大学出版社，2000.
[12] 杨润林. 基础工程与地基处理［M］. 第 1 版. 北京：中国建筑工业出版社，2020.
[13] 朱建群，李明东. 土力学与地基基础［M］. 第 1 版. 北京：中国建筑工业出版社，2017.